DES

MICROSCOPES

ET DE LEUR USAGE.

DES

MICROSCOPES

ET

DE LEUR USAGE.

DESCRIPTION D'APPAREILS ET DE PROCÉDÉS NOUVEAUX, SUIVIE D'EXPÉRIENCES MICROSCOPIQUES PUISÉES DANS LES MEILLEURS OUVRAGES ANCIENS ET LES NOTES DE M. LE BAILLIF, ET D'UN MÉMOIRE SUR LES DIATOMÉES, ETC., PAR M. DE BRÉBISSON.

MANUEL COMPLET DU MICROGRAPHE.

PAR

Charles Chevalier,

Ingénieur-Opticien, membre de la Société d'encouragement pour l'industrie nationale; l'un des lauréats (Médaille d'or) à l'exposition de 1834, etc.

Paris,

CHEZ L'AUTEUR,	CHEZ CROCHARD, LIBRAIRE,
PALAIS-ROYAL, GALERIE DE VALOIS, 163.	PLACE DE L'ÉCOLE DE MÉDECINE.

1839

AVANT-PROPOS.

Depuis la fin du seizième siècle jusqu'à l'époque actuelle, depuis l'enfance de l'instrument jusqu'à l'état de perfection qu'il a atteint aujourd'hui, on a publié de nombreux traités, des ouvrages plus ou moins importans sur la science microscopique. Quelques unes de ces œuvres portent le nom des savans les plus illustres, toutes, en général, appartiennent à des hommes distingués par leur savoir.

En parcourant ces lignes, une idée bien naturelle frappera l'esprit du lecteur. En effet, s'il existe tant de travaux sur la science microscopique, s'ils se présentent au monde revêtus du cachet d'une brillante renommée, pourquoi cette nouvelle publication, quel est le but de ce livre?

Cette objection a dû me frapper tout d'abord lorsque j'ai pris la plume. Néanmoins, c'est dans l'argument même que je puiserai ma réponse, et que l'on ne m'accuse pas de présomption, car, loin de prétendre audacieusement rivaliser avec mes maîtres, je me suis réservé la tâche la plus modeste, j'ai pris ce qu'ils ont paru dédaigner.

Un examen scrupuleux des nombreuses micrographies dont j'ai fait une étude spéciale, m'a démontré que ces travaux remarquables offraient tous une lacune plus ou moins complète. Ouvrez les *micrographies, les cabinets microscopiques*, etc., etc.; parcourez-en les divers chapitres, fermez le livre et placez-vous devant un microscope, mille difficultés surgiront à l'instant, et c'est en vain que vous en chercherez la solution dans le traité que vous avez choisi pour guide.

Chaque jour la vérité de cette assertion se manifeste par de nouvelles preuves. Avez-vous une bonne instruction sur l'usage des microscopes? — Pouvez-vous nous indiquer un guide sûr qui nous apprenne à disposer l'instrument avant de faire des expériences; car si la cause est incomplète ou entachée d'erreurs, l'effet devra nécessairement s'en ressentir? — Je l'ai dit, chaque jour on m'adressait les mêmes questions et chaque jour me trouvait dans la même impuissance lorsqu'il fallait répondre. Que si l'on demande l'explication de ce fait, je dirai : — Les auteurs qui ont écrit sur le microscope ont bien donné la théorie optique de l'instrument et quelques détails sur la partie mécanique, mais bientôt, abordant le point scientifique ou expérimental de l'ouvrage, ils ont justement omis de nous indiquer la route à suivre pour arriver aux résultats qu'ils nous montrent avec tant de soin.

Dans quelques anciens ouvrages on rencontre parfois des indications précises; mais aurez-vous la patience de feuilleter plusieurs volumes souvent fort rares, pour ne trouver que des aperçus incomplets, noyés au milieu d'un fatras inintelligible; car les anciens n'aimaient pas à divulguer leurs secrets, ou bien les livraient à la curiosité du public, enveloppés d'une teinte mystérieuse dont les études cabalistiques coloraient la plupart des productions de l'époque; d'ailleurs, ces instructions ne seraient plus suffisantes avec les nouveaux instrumens et leurs accessoires.

Parmi les auteurs modernes il en est qui ont mieux compris leur mission ; cependant ils n'ont pas réuni leurs préceptes en un seul corps d'ouvrage , et se laissant aller tantôt à l'admiration, tantôt à la critique, ils font passer sous vos yeux une multitude de combinaisons qui finissent par se confondre, s'effacer mutuellement et ne laissent dans votre esprit qu'un chaos inextricable et une sensation pénible. Néanmoins, si votre organisation vous permet de résister , si votre intelligence sort victorieuse d'une pareille lutte, quel résultat aurez-vous obtenu ?....

Ces pensées nous occupaient depuis long-temps ; nous avions peine à réprimer le désir impatient qui nous poussait à compléter l'œuvre ; toutefois les matériaux s'accumulaient, et bientôt la résistance fut impossible. Les demandes de renseignemens devenaient plus pressantes. On m'engageait à publier les résultats de mes recherches ; je cédai enfin , d'une part , effrayé de l'accusation d'égoïsme, de l'autre , menacé de voir ma tentative considérée comme trop ambitieuse et au dessus de mes forces.

Les documens historiques placés au commencement de l'ouvrage ont exigé de pénibles et longues recherches. Il m'a fallu parcourir un grand nombre d'ouvrages peu connus et qu'il est fort difficile de se procurer. Nulle part on ne trouvera une histoire aussi complète du microscope. Ces recherches forment , à mon avis, l'introduction la plus convenable. Les chapitres microscope simple et composé renferment des détails intéressans sur les appareils , leur théorie, et sont terminés par le *modus agendi,* ou manuel des opérations.

L'éclairage nous a paru mériter un chapitre spécial. Cette partie si importante au succès des observations, vient d'être agitée récemment, et notre travail donnera une idée exacte des tentatives modernes et des anciennes expériences.

La polarisation, la préparation des objets, les méthodes d'observation, le choix des *test-objects* (objets d'épreuve), la micrométrie, le dessin des objets, etc., etc., compléteront l'ouvrage.

Maintenant ce travail est livré au tribunal de la publicité : s'il obtient quelques succès, s'il popularise la science, nous serons amplement dédommagés de nos peines; si malheureusement il est rejeté au nombre des œuvres inutiles, nous supporterons l'arrêt avec courage, et de nouvelles études nous mettront peut-être à même de réparer un jour ce premier échec.

RECHERCHES HISTORIQUES

L'ORIGINE ET LES PROGRÈS DU MICROSCOPE.

Il serait difficile de peindre l'étonnement qui dut frapper l'homme, lorsque, pour la première fois, il soumit les corps à l'analyse microscopique même la plus imparfaite. Là où ses yeux ne voyaient qu'une réunion de molécules, là où n'apparaissait aucune organisation à ses sens trop grossiers, vinrent tout à coup se manifester les formes les plus variées, les tissus les plus délicats : un nuage obscur semblait s'entr'ouvrir et dévoiler les secrètes merveilles de la nature.

Bientôt le mouvement fut découvert au sein de l'immobilité, la matière inerte s'anima, ce fut toute une révélation, et l'homme put croire que le jour était enfin venu où rien ne résisterait à son ardente investigation; de nouvelles pages s'ajoutaient au livre de la nature.

Le progrès des sciences et des arts fit sentir sa féconde influence, la soif du savoir s'accrut avec les nouvelles découvertes, et bientôt on voulut franchir les obstacles qui entravaient la route. Les instrumens furent perfectionnés, et de nos jours on est arrivé si loin que l'on ne saurait prévoir le terme où viendra se briser la persévérance humaine.

Qu'un observateur laborieux se place devant un microscope, qu'il admire le spectacle merveilleux qui frappera ses regards, et bientôt il nous pardonnera l'enthousiasme qui nous dicta ces réflexions; bien plus, il nous taxera peut-être de froideur et d'indifférence.

Il est impossible de préciser l'époque de l'invention du microscope composé. L'Italie et la Hollande se disputent la palme, et peut-être ces prétentions sont-elles justes de part et d'autre. Plus d'une fois, en effet, la même découverte jaillit presque simultanément au sein de deux nations souvent éloignées, et alors la plus légère différence dans les époques devenait un argument redoutable trop souvent jeté comme une pomme de discorde, au milieu des savans qui sacrifiaient à de longues polémiques le temps qu'ils auraient dû consacrer aux progrès de la science. Sublimes lorsqu'ils enseignaient la sagesse, les philosophes retombaient de leurs sphères élevées au rang du vulgaire, car la passion s'était emparée d'eux, et la désunion faisait crouler leur puissance.

Si l'on considère le microscope dans sa première simplicité, c'est-à-dire comme un instrument composé d'une seule lentille, son origine pourra se perdre dans l'antiquité la plus reculée. Parmi les travaux des anciens qui sont parvenus jusqu'à nous, on en rencontre, dit Adams, dont le travail est si délicat qu'il est difficile de comprendre comment leur exécution eût été possible sans le secours d'un instrument amplificateur. Dépourvus de cette puissance, les curieux possesseurs de ces travaux n'auraient pu admirer la perfection des détails et même de l'ensemble. Dans l'*Histoire de l'Académie des Inscriptions*, t. I, p. 333, on trouve la description d'un cachet gravé qui ne présente à l'œil qu'une image confuse, qu'une énigme indéchiffrable, et se transforme en un admirable travail lorsqu'on le soumet à l'examen microscopique.

Pline, Sénèque, Plutarque, nous fournissent encore des preuves de l'antiquité des verres grossissans. Sénèque nous apprend que des caractères très petits et peu distincts paraissent plus grands et sous une forme plus nette, vus au moyen d'un globe de verre plein d'eau. Aristophane, dans ses *Nuées*, donne la description d'une sphère ardente ; Pline parle de globes de verre ardens ; Lactance attribue la même propriété à un globe plein d'eau. Les Vestales employaient des verres pour allumer le feu sacré aux rayons du soleil. Quelques anciens chirurgiens firent usage du verre ardent en l'appliquant à leur thérapeutique. Ptolémée parle de la réfraction dans ses *Discours sur l'optique* qu'il traduisit de l'arabe (1).

Jusque dans le onzième siècle, l'optique fut presque oubliée ; ce fut Alhazen qui ramena cette science de chez les Arabes, et reconnut le pouvoir amplifiant des sphères ; il en donna toutefois une fausse théorie.

Ces indications puisées dans divers ouvrages sur l'optique pourraient être bien plus nombreuses ; mais il nous suffit d'avoir donné quelques preuves de l'antiquité des verres grossissans.

Voyons maintenant s'il est plus facile de remonter à l'origine du microscope composé ? On attribue le plus communément l'invention de cet instrument à Cornélius Drebbel, alchimiste hollandais, mort en 1664 ; mais il paraît certain qu'il ne fit que reproduire l'instrument du Hollandais Zacharias Jansen ou Zansz qui construisit le premier microscope en 1590. Il en offrit un à l'archiduc Charles Albert d'Autriche qui le donna à Drebbel. Cet alchimiste, astronome de Jacques Ier, l'emporta en Angleterre en 1619, et le fit voir à W. Borelli et à plusieurs autres savans. Adams pense que cet instrument n'était pas positivement un mi-

____

(1) Les anciens donnaient le nom de *dioptra* aux instrumens amplificateurs simples.

croscope mais une espèce de télescope microscopique à peu près semblable à celui que décrivait Æpinus dans une lettre adressée à l'Academie des sciences de Saint-Pétersbourg. Quoi qu'il en soit, l'appareil se composait d'un tube de cuivre long de six pieds et d'un pouce de diamètre, supporté par trois dauphins également en cuivre, fixés à une base d'ébène sur laquelle on plaçait les objets à examiner.

Drebbel fit des microscopes à Londres en 1621, et passa pour leur inventeur.

Le Napolitain Fontana, en 1646, fut le premier qui donna une description de cet instrument dans son *Novæ terrestrium et cælestium observationes*. Il prétendit l'avoir découvert en 1618, un an avant que Cornélius Drebbel ne l'eût importé en Angleterre. Cependant Sirturus, qui écrivit en 1618 un livre sur l'origine et la construction des télescopes, ne dit pas un mot de cette invention, et il est difficile de penser qu'il eût passé sous silence la prétendue découverte de Fontana.

Pour nous, laissant Drebbel et Fontana se disputer la priorité, nous pensons qu'à Zacharias Jansen appartient tout l'honneur de la découverte.

N'oublions pas que la création et l'application des mots *télescope* et *microscope* (1) appartiennent à Démisiano. Un nom remarquable, un titre qui promet sont choses plus importantes qu'on ne pense : nous vivons à une époque où cette vérité est incontestable.

Mais ici surgit un nouvel embarras. Roger Bacon, né en 1214, mort en 1292, avait donné dans son *Opus majus* des principes qui paraissent parfaitement applicables au microscope, et Record, dans son *Chemin de la science* (1551), rapporte que Bacon façonna

---

(1) Télescope de πῆλε loin et σκοπέω, regarder, microscope de μικρος petit et σκοπεω.

à Oxford un verre qui faisait voir des choses si curieuses que l'on attribuait généralement son effet à une puissance diabolique.

On a donné à Bacon l'invention des télescopes, des lunettes à lire et de la poudre à canon, on pouvait bien l'enrichir encore de la découverte du microscope. Puis, voici venir Viviani qui, dans sa vie de Galilée, raconte que ce grand homme fut conduit à la découverte du microscope par celle du télescope, et qu'en 1612 il en envoya un à Sigismond, roi de Pologne; il ajoute que ce philosophe travailla pendant vingt ans à perfectionner son appareil.

Reposons-nous un instant de cette longue généalogie microscopique en écoutant la petite histoire que va nous raconter Schottus (*Magie de la nature*).

A l'époque de l'invention de notre instrument, un philosophe bavarois parcourait le Tyrol. Arrivé dans un petit village, il tomba subitement malade et mourut. Les autorités de l'endroit, en visitant les poches du sage, découvrirent un petit tube portant une mouche fixée à l'une de ses extrémités. Les autorités s'empressèrent d'appliquer leurs yeux investigateurs à l'autre bout du tube; mais chacun se sentit frappé d'horreur en apercevant un monstre ailé d'une grosseur prodigieuse et tout hérissé de poils! Pauvre philosophe! peu s'en fallut qu'on ne lui refusât la sépulture chrétienne! Heureusement le mystère ne tarda pas à s'expliquer, et la terre consacrée reçut la dépouille du voyageur.

On nous permettra de passer sous silence tout ce qu'on a dit de Porta, considéré par quelques uns comme l'inventeur du microscope. Les hypothèses sont déjà trop nombreuses : passons à des faits positifs.

Tout le monde sait qu'il existe deux genres de microscope, l'un simple et l'autre composé. Ces deux instrumens ont subi de nombreuses modifications avant d'atteindre le degré de perfection qu'ils possèdent aujourd'hui.

Le microscope simple, en appliquant cette dénomination à tout instrument destiné à grossir les objets, fut d'abord une sphère en verre, creuse et remplie d'eau, ainsi que nous l'avons fait voir précédemment. Vint ensuite la lentille travaillée, à une époque difficile à déterminer, mais que l'on peut supposer appartenir au treizième ou quatorzième siècle, entre 1280 et 1311; car c'est dans cet intervalle que surgit l'invention des lunettes à lire, d'après le savant François Rédi. Ces lentilles furent d'abord bi-convexes. L'aberration de sphéricité était si prononcée, que lorsqu'on eut pensé à faire usage des diaphragmes, l'ouverture centrale de la lentille était à peine suffisante pour donner passage à la lumière, et le champ de vue se trouvait considérablement borné (1).

Il est vraiment curieux d'observer que les choses les plus simples ne viennent souvent qu'après les combinaisons les plus compliquées, et ce fait prouve l'importance des recherches nouvelles sur un sujet qui déjà pendant long-temps a exercé la sagacité des hommes de science. Souvent, il est vrai, le hasard seul fait découvrir ces procédés simples et faciles; mais si les esprits n'avaient été tendus, si l'attention ne se trouvait spécialement portée vers un seul point, le hasard même deviendrait impuissant.

Simplifier une science, c'est l'enrichir.

Hartsoeker nous raconte dans sa physique, qu'un soir de l'année 1665, en badinant à la flamme d'une chandelle avec un fil de verre, il s'aperçut que le bout de ce fil s'arrondissait. « Comme » je savais déjà, nous dit-il, qu'une boule de verre gros- » sissait les objets placés dans son foyer, je pris aussitôt deux pe- » tites plaques de plomb, et ayant mis entre deux ma petite boule » de verre et quelques cheveux à son foyer, à peu près comme je

(1) Les premiers artistes qui se distinguèrent dans l'art de travailler les verres, furent deux Italiens, Eustachio Divini à Rome, et Campani à Bologne : le dernier surtout exécuta des travaux remarquables.

» l'avais vu faire à M. Leeuwenhoek , lorsque je fus chez lui avec
» mon père, j'eus tout le plaisir imaginable de me voir possesseur
» d'un bon microscope et à si peu de frais.

» Il est digne d'admiration que jusqu'à Leeuwenhoek personne
» ne se soit avisé de se servir de petites boules de verre *pour voir*
» *contre le jour des objets transparens.* »

Hartsoeker tombe ici dans une erreur commune à plusieurs auteurs : Leeuwenhoek n'employait pas des globules de verre pour ses microscopes. Baker nous apprend qu'ayant eu à sa disposition les microscopes que cet illustre naturaliste avait légués en mourant à la Société royale de Londres , il put s'assurer que les vingt-six instrumens de cette collection étaient tous composés de lentilles bi-convexes , et nullement de sphères ou globules. Au surplus, leur découverte est attribuée par certains auteurs au docteur Hooke , qui décrivit la manière de les faire dans la préface de sa *Micrographia illustrata*, publiée en 1656 , l'année même de la naissance d'Hartsoeker. Il serait donc difficile de ne pas accorder la priorité au docteur Hooke ; cependant, quelques indications consignées dans des ouvrages antérieurs à ce dernier, donneraient à penser que les globules n'étaient pas inconnus à ses prédécesseurs. Hartsoeker avait un titre assez précieux, s'il est vrai qu'en 1674, âgé de dix-huit ans, il découvrit l'existence des animalcules spermatiques qu'il avait constatée à l'aide de ses globules; toutefois Leeuwenhoek revendique l'honneur de cette découverte.

A l'article microscope simple , nous indiquerons le procédé à suivre pour faire les globules suivant la méthode que M. Lebaillif tenait d'un de ses amis. M. Lalligant, Hooke , le père Dellatorre , Butterfield, Siwright, indiquèrent différens moyens plus compliqués, et dont les résultats sont moins satisfaisans.

Stephen Gray remarqua des taches à l'intérieur de ces globules, et trouvant qu'elles étaient considérablement amplifiées lorsqu'il rapprochait le verre de son œil, il pensa qu'en regardant à travers une goutte d'eau contenant des particules moins transparentes, il obtiendrait le même résultat, et son expérience fut couronnée de succès. Hooke fut encore le premier qui imagina de mettre en contact la lentille et le liquide soumis à l'examen : c'est la première idée des lentilles composées de solides et de fluides.

Ce fut avec le microscope simple à lentille bi-convexe que Leeuwenhoek, Swammerdam, Lyonet, Ellis, firent leurs observations, et malgré les défauts graves que présentaient leurs instrumens, ils dotèrent le monde savant des belles découvertes que nous admirons encore aujourd'hui.

On parle si fréquemment des microscopes de Leeuwenhoek et de Lieberkuhn, qu'il nous a paru nécessaire d'en donner une description succincte.

Les instrumens de Leeuwenhoek légués à la Société royale sont tous excessivement simples. Ils sont formés d'une très petite lentille bi-convexe placée entre deux lames de métal exactement réunies et percées d'une petite ouverture. L'objet est fixé sur une tige d'argent ou sur une aiguille qui, au moyen de vis convenablement disposées, peut se mouvoir dans tous les sens. Chaque instrument était spécialement destiné à l'examen d'un ou deux objets, et Leeuwenhoek en avait toujours des centaines à sa disposition.

Nous remarquerons ici que ce célèbre naturaliste, qui construisait ses instrumens en 1668 environ, employait un réflecteur en cuivre poli pour l'observation des objets opaques ; Priestley en a fait dessiner un (*History of vision*, etc.), et il est probable que Lieberkuhn avait eu connaissance de cet instrument lorsqu'il construisit le sien ; cependant on le regarde généralement comme l'inventeur.

Quoi qu'il en soit, ce fut une importante modification, car les corps opaques jusqu'alors difficiles à étudier, rentrèrent tous dans le domaine du microscope et reculèrent les limites de l'observation.

De même que son prédécesseur, Lieberkuhn avait un microscope pour chaque objet. Il employait un tube en cuivre fort court, portant à son extrémité oculaire la lentille grossissante fixée au centre du réflecteur en argent poli, et à son autre extrémité une lentille plano-convexe destinée à condenser la lumière sur le miroir. L'objet était placé au milieu du tube, et un mécanisme fort simple permettait facilement de l'amener au foyer.

Tous ces microscopes se tenaient à la main et n'avaient point de miroir réflecteur pour les objets transparens. On verra dans l'article microscope simple que ce ne fut qu'après un certain temps qu'on imagina de fixer l'instrument sur une base solide.

Les microscopes simples les plus généralement employés autrefois, furent ceux de Wilson vers 1702 et ceux de Cuff. Plusieurs ouvrages nous donnent la description du premier; quant au second, il est décrit dans l'histoire de Corallines publiée par Ellis en 1756; au surplus il est encore en usage aujourd'hui, mais il a changé de nom. Quelques personnes le nomment microscope ou loupe montée de M. Raspail.

Bientôt les physiciens les plus distingués entreprirent successivement de perfectionner le microscope simple. Leurs recherches tendaient principalement à diminuer l'aberration de sphéricité tout en augmentant la puissance des lentilles.

La solution de ce problême offrait d'assez grandes difficultés : mais loin de se rebuter en face des obstacles, l'homme de science y puise une nouvelle énergie, et la difficulté même de la lutte augmente les jouissances qui accompagnent le succès. Wollaston, Herschell, Brewster, Goring, etc., se livrèrent à de curieuses recherches, et ce fut dans la lecture de leurs écrits que nous puisâmes la première idée de notre doublet microscopique. Mais, nous devons l'avouer, notre attention se porta spécialement sur les travaux du célèbre Wollaston. Le cachet d'un génie supérieur est empreint sur les moindres œuvres du physicien anglais, et dès nos premiers pas dans la carrière, nous avons voué une espèce de culte à cette grande intelligence. Cependant, loin de nous la pensée d'une admiration exclusive : à chacun selon ses œuvres!.....

Aujourd'hui la puissance et la perfection du microscope simple sont incontestables, et parfois on se prend à regretter qu'un pareil instrument n'ait pas été contemporain des micrographes illustres qui nous ont précédé. Toutefois cette pensée passagère s'évanouit bientôt lorsqu'on voit la science microscopique prendre un nouvel essor et devenir un levier puissant entre les mains des illustrations de l'époque actuelle.

L'histoire du microscope composé peut se diviser en deux parties bien distinctes : 1° l'époque antérieure à l'application de l'achromatisme aux lentilles objectives; 2° celle où l'on parvint à les achromatiser et à faire disparaître l'aberration de sphéricité par une disposition convenable.

Dans la première époque, on trouve parfois de curieuses tentatives; elles méritent d'attirer l'attention des hommes qui s'intéressent aux progrès des sciences. Nous avons parlé déjà de l'origine de cet instrument. Disons quelques mots de ses différentes combinaisons.

Parmi les premiers microscopes composés, on remarque ceux du docteur Hooke, d'Eustachio Divini et de Philippe Bonnani (1). Celui de Hooke (1656) avait trois pouces de diamètre, sept de long, et pouvait s'allonger au moyen de quatre tubes engaînés les uns dans les autres. Un petit objectif, un verre de champ et un puissant oculaire formaient la partie optique. Lorsque le docteur Hooke voulait obtenir un grand champ, il employait les trois verres; mais lorsqu'il s'agissait d'examiner scrupuleusement

(1) Voir l'article *Microscope composé.*

de petites parties, il supprimait le verre de champ, et obtenait par ce moyen plus de lumière et une grande netteté.

L'instrument d'Eustachio Divini (1668) était composé d'un objectif, d'un verre de champ et d'un oculaire formé de deux lentilles plano-convexes qui se touchaient par le centre de leurs courbures. Cette combinaison agrandissait le champ, diminuait l'aberration de sphéricité tout en augmentant la puissance amplifiante. Le tube était aussi volumineux que la cuisse d'un homme, et l'oculaire aussi large que la paume de la main. Fermé, ce microscope avait 16 pouces de long, et ses grossissemens variaient au moyen des tirages, depuis 41 fois jusqu'à 143 fois.

Quant à Philippe Bonnani (1698), on trouvera une courte description de son microscope à l'article *Microscope composé*. Ce dernier et celui de Hooke nous ont paru si curieux que nous n'avons pu résister au désir de les faire connaître. Les figures 2 et 3, pl. 2, en donnent une représentation exacte.

Jusqu'en 1736, la science microscopique fut stationnaire, et l'instrument dioptrique ne fit aucun progrès. Nous profiterons de cet interrègne pour placer quelques détails puisés dans la seconde édition de l'ouvrage de Jean Zahn (*Oculus artificialis teledioptricus*, etc.), imprimé à Nuremberg en 1702.

Ce docte religieux de l'ordre des Prémontrés, pose des principes vraiment remarquables; nous les traduirons littéralement:

1° Dans un microscope simple, l'objet paraîtra d'autant plus grand que la lentille convexe appartiendra à une plus petite sphère.

2° Si l'on ne possède pas une lentille d'une assez forte courbure, on pourra la remplacer par deux lentilles dont les courbures seront de moitié moins fortes.

3° Si l'on place l'objet au foyer de la lentille, il sera visible pour une vue ordinaire; mais pour les presbytes il faudra le mettre un peu plus loin, et pour les myopes un peu plus près que le foyer.

4° Dans les microscopes composés de plusieurs lentilles convexes, le verre objectif le plus convexe ne doit pas avoir une trop grande ouverture, etc. (environ **40** degrés).

5° Plus il y a de lentilles dans ces microscopes, plus leur matière doit être pure.

6° Il est nécessaire que le verre placé au devant de l'image formée dans le tube, et destiné à la transmettre à l'œil, soit le plus large ou le plus grand.

7° Pour que l'objet soit bien distinct, il doit être bien éclairé.

8° Lorsque dans le microscope composé il n'y a qu'une seule lentille objective, il faut placer l'objet un peu au-delà du foyer, de manière cependant qu'il ne soit pas à une distance double de celle du foyer.

9° Lorsqu'on fait usage de deux lentilles objectives, l'objet doit être situé entre l'objectif et le foyer.

10° Lorsqu'il n'y a qu'un seul verre oculaire, il faut, pour les vues ordinaires, qu'il soit disposé de telle sorte que l'image se forme à son foyer.

11° S'il y a deux verres oculaires, l'image doit être plus près du premier que son foyer.

Ces aphorismes sont fort curieux ; les précautions à prendre pour les différentes vues, la combinaison de plusieurs verres pour les microscopes simples, l'éclairage, la position des objets, etc., l'auteur n'a rien oublié d'important dans ces onze articles, et tous ces principes sont applicables aux instrumens modernes. Au reste, il complète ses instructions en parlant de la manière de construire les microscopes composés, et insiste particulièrement sur l'importance du centrage des lentilles. La lecture de cet ouvrage prouve évidemment que nos prédécesseurs avaient une connaissance profonde du microscope. Le même auteur nous donne les procédés de Marius Bettinus et de Frédéric Schraderus pour faire des globules. Ce dernier propose de les aplanir de manière à former une lentille plano-convexe, qui permettra de conserver un plus grand intervalle entre cette dernière et l'objet et d'éclairer plus facilement les corps soumis à l'examen.

Jean Zahn décrit plusieurs microscopes composés, ceux de Dechâles, de Monconys, et, entre autres choses curieuses, deux *microscopes binocles*. La construction de l'un d'eux lui fut enseignée par Jérôme Langenmantel.

Il indique également la disposition du microscope de François Griendelius dont nous possédons une curieuse micrographie imprimée à Nuremberg en 1687 (1). C'est dans cet ouvrage fort rare que nous avons copié la figure 1re, pl. 2.

Ces lentilles plano-convexes superposées ne sont-elles pas remarquables? N'est-ce pas un commencement de perfection et l'origine première des moyens destinés à détruire les aberrations? Malheureusement Griendelius ne donne aucun renseignement sur le but qu'il cherchait à atteindre par cette disposition.

Quant au nombre de verres qu'on fesait entrer dans la composition du microscope, il a varié suivant les idées des différens constructeurs. Les uns n'en mettaient que deux, les autres cinq, et dans celui de Griendelius, il y en a jusqu'à six. Au reste, en comparant ces microscopes à ceux que nous possédons aujourd'hui, on reconnaît aussitôt, que malgré tous les efforts de nos prédécesseurs, l'application de l'achromatisme aux très petites lentilles, était le seul moyen d'atteindre à la perfection.

En 1736, les modifications que l'on fesait subir aux téles-

(1) Il est probable que Griendelius emprunta la forme de son instrument au père Chérubin d'Orléans (*dioptrique oculaire*, 1671); mais la disposition des verres lui appartient, et c'est l'essentiel. Il en est de même de la vis pratiquée sur le tube et qui est encore employée de nos jours, par quelques constructeurs. Le Père Chérubin avait également décrit le microscope binocle de son invention, dans sa *Vision parfaite* publiée en 1681.

copes de réflexion, inspirèrent naturellement la pensée d'appliquer ce système au microscope. L'immortel Newton fut le premier qui en conçut la possibilité; vinrent ensuite les docteurs Robert Baker et Smith. La science microscopique parut sortir de l'espèce d'engourdissement où elle avait été plongée pendant soixante ans environ, et en 1738, Lieberkuhn inventa le microscope solaire qui produisit une sensation profonde et vint encore stimuler le zèle des savans. Ce fut environ à la même époque, qu'on vit surgir le fameux système des molécules organiques, inspiré à Buffon par ses études microscopiques.

De 1738 à 1770, nouvelle stagnation suivie des recherches des docteurs Hill, Hooke et de Custance. Ces deux derniers firent plusieurs tentatives pour augmenter le champ de vue en multipliant les oculaires et pour perfectionner l'éclairage au moyen de lentilles destinées à condenser la lumière; le succès répondit à leurs prévisions.

Adams le père, en 1771, publia, dans sa micrographie, plusieurs nouveaux procédés applicables surtout au microscope solaire. Lieberkuhn perfectionna son instrument en le rendant propre à l'observation des objets opaques. Æpinus, Ziehr et B. Martin s'occupèrent du même sujet; ce dernier l'emporta sur tous ses compétiteurs (1). Vers la même époque (1774), Georges Adams inventa le microscope lucernal qu'il a représenté dans son ouvrage.

Ce fut encore en 1774 qu'Euler proposa la combinaison achromatique pour les objectifs des microscopes; il appartenait à ce savant qui, le premier, en 1747, avait provoqué la construction des lunettes achromatiques, de résoudre le problème qui agitait

(1) Pour de plus amples détails sur l'histoire du microscope solaire, nous renvoyons au chapitre 2. Nous attachons trop d'importance à l'histoire du microscope composé, pour distraire en ce moment, l'attention du lecteur.

depuis long-temps l'Angleterre, la Hollande, l'Italie et la France.

Dollond lui-même, qui avait construit en 1757 des télescopes achromatiques, ne fit pas l'application de ce système à ses microscopes établis du reste, sur le modèle de l'instrument composé de Cuff et ce ne fut que long-temps après qu'Euler eut démontré la possibilité d'achromatiser l'objectif et donné clairement les principes de sa construction, que l'on conçut la possibilité de perfectionner définitivement le microscope. Notre devoir d'historien nous impose l'obligation d'ajouter que, d'après quelques auteurs, un savant d'Essex, M. Chester More Hall, fit en 1729 la découverte de l'achromatisme et construisit en 1733 des objectifs achromatiques pour les télescopes. *Si ce fait est vrai*, il aurait donc la priorité sur Euler et Dollond.

Néanmoins, malgré les indications précises du savant Euler, Dellebarre, en 1777, construisit un microscope qui était loin de remplir les conditions nécessaires, car il n'était pas achromatique et son mécanisme présentait de nombreuses imperfections.

En 1784, Æpinus essaya d'appliquer le principe achromatique, mais ses tentatives furent à peu près infructueuses, et s'il obtint quelque résultat du côté de la coloration, il diminua plutôt qu'il n'augmenta la puissance de l'appareil. Si je ne me trompe, c'est de cet instrument qu'Adams disait : « *L'appareil d'Æpinus* » *est plutôt un télescope microscopique qu'un microscope.* » Vint ensuite Charles, de l'Institut, de 1800 à 1810; mais il n'appliqua jamais ses lentilles à son microscope. En lisant notre chapitre 3, il sera facile de voir que les imperfections de ces lentilles auraient rendu cette application complètement impossible. En 1816, Frauenhofer fut plus heureux et construisit des objectifs achromatiques *épais*, d'un moyen diamètre *et d'un long foyer. Les deux verres juxta-posés n'étaient pas collés ensemble.*

Cet ouvrage était presque entièrement terminé, lorsque nous reçûmes une lettre de M. Domet de Mont, amateur distingué qui depuis long-temps, s'occupe avec succès du perfectionnement des lunettes achromatiques. Dans cette lettre, M. Domet réclame la priorité pour la construction en France des petites lentilles achromatiques (de 1821 à 1823). Mais si nous avons bien compris les communications de M. Domet, ses lentilles ne furent jamais appliquées au microscope, mais bien aux oculaires des lunettes et cette circonstance nous indique suffisamment que ces objectifs, comme ceux de Frauenhofer, n'étaient pas assez puissans pour le microscope et ne pouvaient augmenter *son efficacité*. (Ces verres avaient 20 à 24 lignes de foyer et 6 lignes de diamètre, M. Domet les superposait par paire.) — Du reste nous ignorions complètement ces travaux et nous n'étions pas les seuls. En 1821 , M. Biot écrivait (1) : que *les opticiens regardaient comme impossible la construction d'un bon microscope achromatique*. En effet , on n'avait encore fabriqué aucun instrument achromatique *assez puissant* et les seuls appareils employés à cette époque par les savans, étaient les microscopes dioptriques *non achromatiques* d'Adams, de Charles et catadioptrique de M. Amici. En 1824, M. Le Baillif plaçait en première ligne son microscope de Charles et M. Dumas donnait la préférence à celui d'Adams qu'il employait avec M. Prévost pour leurs expériences. — Celui même de Frauenhofer qu'on a beaucoup préconisé depuis en Allemagne, était rarement employé à l'étranger et pas du tout en France, car *son faible pouvoir amplifiant* n'était pas compensé par sa netteté. — Il restait donc encore beaucoup à faire.

On trouvera au chapitre *Microscope composé*, le récit des tentatives que nous entreprîmes en 1823 et qui furent enfin couronnées d'un plein succès. Nous espérons que les modifications et les perfectionnemens que nous avons fait subir tant à la partie mécanique qu'à la partie optique de l'appareil, en auront fait un microscope propre à tous les genres d'observation et que la fa-

(1) Physique de Biot.

veur qu'il a obtenue jusqu'à ce jour ne pourra que s'accroître, car loin de nous reposer sur nos succès, nous fesons constamment de nouvelles recherches. L'affection que nous portons à notre œuvre favorite et les bons conseils que nous recevons des savans les plus distingués, donneront peut-être naissance à d'heureuses modifications. C'est notre désir le plus ardent.

Dans ces recherches historiques, nous n'avons pas parlé de tous les microscopes construits à diverses époques; nous n'avions point à donner un catalogue détaillé de tous les appareils, mais bien l'histoire des progrès, des améliorations qui avaient graduellement transformé le microscope, de faible et restreint qu'il était, en arme puissante qui permet à l'homme de porter l'analyse jusque dans le monde invisible. Il fallait donc poser des jalons, signaler les œuvres principales autour desquelles viennent se grouper les imitations, les perfectionnemens de peu d'importance qui ne peuvent subsister comme monumens, mais indiquent la transition d'une époque à une autre.

Nos recherches ont été consciencieuses, et certes les matériaux ne nous fesaient pas faute; il fallait même quelque peu de philosophie pour résister au désir séduisant de faire de l'érudition.

Quelle indicible jouissance, pour un pauvre microscopomane, (qu'on lui pardonne l'expression), d'exhumer religieusement de leur vénérable linceuil de poussière, le microscope en compas, le microscope universel du baron de Gleichen, l'appareil de Milchmeyer qui servait aux curieuses expériences de l'ingénieux et naïf Ledermuller; comme il décrirait minutieusement ceux de Burucker et de Mann, celui de Joblot, l'instrument de Marshall ou de Hærtel avec son long tube et ses deux miroirs; puis viendrait le microscope de Kulpeper et Scarlet avec sa loupe placée au dessus d'une chandelle qui devait bientôt altérer le verre; enfin il vous dirait comment Michel Steiner horloger et opticien de Zurich, fit son appareil universel d'après le microscope manuel de

Wilson ou de poche de Kulpeper, etc., etc.; mais il vaudrait autant vous dire que Galilée fit sa première lunette avec un vieux tuyau d'orgue, ou bien vous raconter la fastidieuse histoire des enfans de Jansen; tout cela est curieux, mais utile, point!

NOTIONS PRÉLIMINAIRES.

L'intelligence des différentes parties de ce livre exige la connaissance préalable de quelques uns des principes généraux de l'optique.

Nous ne prendrons de cette science que ce qui est absolument nécessaire pour expliquer les phénomènes exposés dans le cours de l'ouvrage. Ceci n'est donc point un traité d'optique, c'est tout simplement la clé de notre traité du microscope.

La *lumière* est une émanation, ou, si l'on veut, une production des corps qui nous permet de *voir* ceux-ci par l'intermédiaire de nos yeux.

Tous les corps *visibles* peuvent être divisés en deux classes : les *corps lumineux par eux-mêmes* et les corps *non lumineux*.

Les corps lumineux par eux-mêmes, tels que le soleil, les étoiles, les flammes de toutes espèces, les corps qui brillent lorsqu'ils sont échauffés ou frottés, sont ceux qui possèdent en eux-mêmes la propriété d'émettre de la lumière.

On entend par *corps non lumineux* ceux qui n'ont pas cette propriété, mais qui *réfléchissent* (renvoient) la lumière projetée sur eux par les corps lumineux.

Un corps non lumineux peut recevoir de la lumière d'un autre corps non lumineux et la réfléchir sur un troisième ; mais, dans tous les cas, la lumière doit venir originairement d'un corps lumineux par lui-même.

Lorsqu'une chandelle allumée est portée dans une pièce obscure, la lumière émise par la flamme fait voir la forme de la flamme elle-même ; mais les objets qui sont dans la chambre ne sont vus que parce qu'ils reçoivent la lumière de la chandelle et la renvoient aux yeux des spectateurs. Enfin, les objets qui, dans cette même pièce, ne reçoivent pas la lumière directe de la chandelle, sont néanmoins vus parce qu'ils reçoivent cette même lumière réfléchie par le plafond, les murailles, ou autres parties de la chambre qui sont éclairées directement.

Tous les corps lumineux ou non, émettent ou réfléchissent une lumière de même couleur qu'eux. Une flamme *rouge*, un corps chauffé au *rouge*, émettent une couleur *rouge* ; un morceau de drap *rouge* réfléchit une lumière *rouge*, bien qu'il soit éclairé par la lumière blanche du soleil.

La lumière est émise ou réfléchie de tous les points des corps lumineux ou éclairés.

La lumière se meut en ligne droite et consiste en parties séparées et indépendantes qu'on appelle des *rayons*. Si l'on admet la lumière du soleil par un très petit trou dans une chambre obscure, elle ira éclairer sur la muraille ou sur le plancher un point qui sera exactement à l'opposé du soleil ; le milieu de la partie éclairée, le milieu du trou et le milieu du soleil étant exactement sur la même ligne droite, s'il y a dans la chambre de la poussière ou de la fumée, on verra très distinctement la direction en ligne droite de la lumière. Si l'on diminue le trou de plus en plus, les parties du mur qui resteront éclairées n'en seront nullement affectées et conserveront le même éclat. La plus petite partie de lumière que par la pensée on puisse ainsi laisser passer, est ce qu'on appelle proprement un *rayon* ; mais comme toutes les ouvertures que l'homme pourrait faire, auraient encore des dimensions considérables, comparées à l'extrême ténuité d'un véritable *rayon de lumière*, toute lumière ainsi admise par une ouverture quelconque est ce qu'on appelle un *pinceau de rayons*. Toutefois nous nous servirons fréquemment dans la théorie, du *rayon* abstrait, c'est-à-dire du rayon considéré comme isolé, parce que l'étude de la marche de ce rayon nous fera connaître celle des autres rayons qui composent un ou plusieurs pinceaux de rayons.

La lumière du soleil, ainsi que celle des autres corps lumineux, n'est pas homogène, c'est-à-dire qu'elle est composée de différentes espèces de lumières qui se distinguent chacune par une couleur particulière, savoir : *violet, indigo, bleu, vert, jaune, orangé* et *rouge*. Toutes ces lumières réunies forment la lumière blanche du soleil ; diverses causes déterminent leur séparation. L'une, ainsi que nous le verrons plus tard, est la *réfraction*, phénomène qui se présente dans le passage de la lumière blanche à travers un corps transparent ; une autre est l'*absorption*, phénomène qui est dû à la propriété que possèdent les corps d'absorber certaines lumières et de réfléchir les autres ; c'est cette propriété qui constitue la couleur particulière à chaque corps. Ainsi un corps est rouge parce qu'il absorbe toutes les couleurs excepté le rouge, et que par conséquent il le réfléchit ; un corps est blanc parce qu'il n'absorbe que peu ou point de lumière et qu'il réfléchit toute celle qui tombe sur lui ; il est noir lorsqu'il absorbe tout ou presque tout et n'en réfléchit que peu ou point. En général, les corps polis réfléchissent mieux la lumière que ceux qui ne le sont pas.

De la CATOPTRIQUE *ou des* LOIS *de la* RÉFLEXION.

Lorsqu'un rayon de lumière tombe sur une surface réfléchissante, la direction qu'il suit après la réflexion forme, avec la perpendiculaire au plan sur lequel il est tombé, un angle égal à celui qu'il fesait avec cette même perpendiculaire avant la réflexion, ou, en d'autres termes, *l'angle de réflexion est égal à l'angle d'incidence*.

Cette loi est générale et s'applique à toutes les surfaces réfléchissantes, planes, concaves ou convexes, parce que le point sur lequel tombe le rayon, peut toujours être considéré comme fesant partie d'un plan qui passerait par la tangente menée en ce point concave ou convexe de la surface courbe réfléchissante.

On peut donc reconnaître facilement la direction que suit un rayon après la réflexion sur une surface quelconque. Nous ne nous occuperons toutefois ici que des surfaces planes et des surfaces concaves, les seules dont on fasse usage pour le microscope.

De la réflexion par les surfaces planes.

Les *rayons incidens*, c'est-à-dire ceux qui, partis du corps lumineux, viennent frapper le miroir, peuvent être *parallèles* entre eux et c'est ce qui a lieu lorsqu'ils arrivent directement du soleil ; ils peuvent être *divergens*, c'est-à-dire s'écarter les uns des autres à mesure qu'ils s'éloignent de leur point de départ, par exemple, lorsque le corps qui envoie la lumière à la surface réfléchissante est placé plus ou moins près de celle-ci, la *divergence* des rayons étant d'autant plus grande que le corps est plus près du miroir. Enfin les rayons peuvent être *convergens*, c'est-à-dire tendre à se rapprocher pour se réunir en un seul point, au-delà duquel ils deviennent divergens, s'ils continuent leur marche. Lorsque les rayons incidens sont *parallèles* entre eux, leur parallélisme se continue après la réflexion, ainsi qu'on le voit dans la figure 1re, où AD et A'D' sont deux rayons incidens tombant sur le miroir MN. Les rayons réfléchis BD, B'D' font, avec les perpendiculaires ED, E'D' des angles égaux à ceux que font avec les mêmes perpendiculaires les rayons incidens AD, A'D' ; si l'espace entre AD et A'D' est rempli d'autres rayons parallèles, de manière à former un faisceau de lumière, tous ces rayons seront réfléchis parallèlement. Cependant le faisceau réfléchi sera renversé, car le côté AD qui est en dessus avant la réflexion, se trouve en dessous en DB après la réflexion.

Supposons que les rayons incidens *divergens* AD AD' AD'' partent du point A fig. 2, et se séparent de plus en plus à mesure qu'ils avancent, ainsi qu'on le voit en AD, AD', AD''. Lorsque ces rayons tombent sur un miroir plan MN, ils sont réfléchis dans les directions DB, D'B', D''B'', fesant avec les perpendiculaires au miroir E E' E'', les angles ADE, A'D'E', A''D''E'', respectivement égaux aux angles BDE, B'D'E', B''D''E''. Si l'on suppose les rayons réfléchis continués en ligne droite derrière le miroir, ils s'y réuniront en un point A', aussi éloigné au dessous de ce miroir que le point A l'est au dessus. C'est là en effet que l'œil, placé dans la direction des rayons réfléchis, verrait l'image du point A. Il résulte donc de cet exposé, que les rayons divergens ont, après la réflexion, la même divergence qu'auparavant. On remarquera en outre qu'il y a renversement du pinceau de rayons comme dans le cas des rayons parallèles, et que par conséquent, l'image qu'ils produisent doit paraître renversée. Les mêmes principes s'appliquent à la réflexion des rayons convergens. Supposons, en effet, que dans la fig. 2, les rayons convergens B, B', B'', soient les rayons incidens; ils seront réfléchis vers le point A, fesant, après la réflexion, les mêmes angles avec les perpendiculaires E E' E'', qu'ils fesaient auparavant avec les mêmes perpendiculaires, et le point A où ils se réuniront, sera aussi éloigné de la surface supérieure du miroir que le serait en dessous le point A', où les rayons incidens se réuniraient s'ils étaient prolongés au-delà du miroir, ou plutôt si le miroir était supprimé. Ces rayons ont donc, après la réflexion, le même degré de convergence qu'auparavant.

Réflexion par les surfaces concaves.

Rayons parallèles. Soit M N, fig. 3, un miroir concave dont le centre de concavité soit en C, c'est-à-dire dont la courbure soit décrite par un rayon CM ou CN ; soient AM, AD, AN, des rayons parallèles ou un faisceau de rayons parallèles tombant sur ce miroir. Les lignes CM et CN sont aux points M et N perpendiculaires à la surface du miroir ; et en ces points, les angles d'incidence des rayons AM et AN sont AMC et ANC fesant les angles de réflexion FMC, FNC égaux aux angles d'incidence, les deux rayons réfléchis viendront se couper en F sur la ligne AD. Le rayon AD tombant sur le centre du miroir, est réfléchi sur lui-même, de sorte que les trois rayons se coupent en F. La même construction s'applique à tous les rayons intermédiaires qui seraient également réfléchis au point F. Ce point F s'appelle le *foyer principal* du miroir ou le *foyer* des *rayons parallèles*. Si l'on considère que le faisceau de rayons qui avant de frapper le miroir occupait un grand espace, se trouve resserré sur un seul point en F, on concevra facilement pourquoi les miroirs concaves s'appellent aussi des *miroirs ardens* et pourquoi ils ont la propriété de brûler les corps placés à leur foyer, car c'est là qu'est concentrée toute la chaleur répandue dans le faisceau de rayons ; *le foyer principal de tous les miroirs concaves est toujours placé à la moitié de leur rayon de courbure.*

Rayons divergens. Soit MN, fig. 4, un miroir concave dont le centre de courbure est en C, soient les rayons divergens AM, AD, AN, partant du point A et tombant sur le miroir aux points MDN ; les lignes CM, CD et CN étant perpendiculaires en ces points à la surface du miroir, on aura la direction des rayons réfléchis MF et NF en fesant les angles FMC et FNC égaux aux angles AMC et ANC, et le point F où ces rayons réfléchis se coupent, sera le foyer des rayons divergens partis du point A.

En comparant les fig. 3 et 4, on voit que le rayon AM de la fig. 4 est plus près de la perpendiculaire CM que le même rayon dans la fig. 3. Le rayon réfléchi MF doit donc aussi être plus près de cette même perpendiculaire dans la fig. 4 que dans la fig. 3 ;

il s'en suit donc que le foyer F est plus près de C dans celle-là que dans celle-ci et que pour les rayons divergens, le foyer d'un miroir concave est plus éloigné de ce miroir que pour les rayons parallèles.

Si nous supposons que le point A, fig. 4, se rapproche successivement du point C, les rayons divergens qu'il émettra, se rapprocheront successivement des perpendiculaires CM et CN; par conséquent les rayons réfléchis s'en rapprocheront aussi ; de sorte que lorsque A se trouvera au point C, le point F s'y trouvera aussi ; d'où nous pouvons conclure que lorsque les rayons divergens partent du centre de courbure d'un miroir concave, ils sont réfléchis au même point. Si le point A continue de s'avancer dans le même sens vers F, le foyer des rayons divergens passera de l'autre côté de C , et lorsque le point A sera en F le foyer se trouvera en A ; ainsi il y aura un changement complet de position entre le foyer et le point rayonnant F. Ces deux points A et F s'appellent les *foyers conjugués* du miroir, parce que, lorsque le point rayonnant se trouve sur l'un d'eux, le foyer se trouve sur l'autre.

Si dans la fig. 3 nous supposons que F soit le point rayonnant, le foyer des rayons réfléchis se trouvera à une distance infinie, ou, ce qu'on entendra peut-être mieux, ces rayons n'auront point de foyer, puisqu'ils seront réfléchis parallèlement les uns aux autres.

Rayons convergens. Soit M N, fig. 5, un miroir concave dont le centre de courbure soit en C; soient les rayons AM, AD, AN, convergeant vers un point A' placé derrière le miroir. En répétant les constructions déjà plusieurs fois décrites, on trouvera que le point F, ou le foyer des rayons convergens, se trouve plus loin du centre de courbure C, et par conséquent plus près du miroir, que dans le cas des rayons divergens, ou, si l'on veut, que la distance focale conjuguée DF du miroir est moindre pour les rayons convergens que pour les rayons divergens ou les rayons parallèles.

Si nous supposons que la convergence des rayons augmente, c'est-à-dire que le point A' où ils se réuniraient derrière le miroir, se rapproche de plus en plus de celui-ci, les rayons incidens s'écarteront de plus en plus des perpendiculaires CM et CN, les rayons réfléchis s'en écarteront dans le même rapport et le foyer se rapprochera du miroir.

Ce serait le cas contraire, si les rayons devenaient moins convergens, ou, ce qui est la même chose, si leur point de convergence A' s'éloignait du miroir. Lorsque ce point A' serait à une distance infinie, ou plutôt lorsque les rayons incidens seraient devenus parallèles, leur foyer, comme dans la fig. 3, serait à moitié de la distance entre le miroir et le point C.

De la DIOPTRIQUE, *ou du passage de la lumière à travers les corps transparens.*

Jusqu'ici nous avons supposé que la lumière marchait sur une même ligne droite depuis le corps qui la produit jusqu'au corps qui la reçoit. C'est effectivement ce qui a lieu lorsque, depuis son point de départ jusqu'à son arrivée, la lumière se trouve dans le même milieu (On nomme milieux les corps à travers lesquels d'autres corps peuvent se mouvoir : tels sont, pour la lumière, tous les corps transparens). Mais si elle est obligée de traverser des milieux différens, elle peut éprouver des déviations auxquelles on a donné le nom de *réfraction.*

Si en quittant un milieu quelconque, l'air, par exemple, pour entrer dans un autre (l'eau, le verre, etc.), le rayon incident tombe perpendiculairement à la surface de ce dernier, il n'éprouvera aucune déviation dans sa marche et continuera à se mouvoir en ligne droite.

Si au contraire, le rayon incident tombe obliquement sur la surface du nouveau milieu qu'il va traverser, il y éprouve une dé-

viation, une réfraction dont nous allons exposer les lois principales.

Soit fig. 6 le rayon incident CB tombant obliquement sur la
surface GH d'un corps transparent et plus dense que l'air qu'il a
traversé d'abord ; au lieu de continuer sa marche suivant la ligne
droite CBF, il se brisera en B pour se rapprocher de la perpendiculaire AE, et fera par conséquent, avec cette perpendiculaire,
un angle DBE moindre que l'angle CBA qu'il fesait dans l'air
avec cette même perpendiculaire.

Cette propriété des corps transparens, se nomme leur *pouvoir
réfringent ;* ce pouvoir varie dans tous les corps transparens et
celui qui appartient à l'un de ces corps en particulier, s'appelle
son *indice de réfraction.*

L'expérience a démontré que parmi les corps employés le
plus généralement en optique, *l'indice de réfraction* pour l'air est
1.000294, pour le verre ordinaire, 1.525 à 1.534, pour le flint
glass anglais, 1.830, pour le saphir, 1.794, et pour le diamant,
2.439.

Voyons maintenant, comment se comportera le rayon en sortant
du verre, c'est-à-dire en passant dans un milieu moins dense ?
Soit ABCD, fig. 7, un morceau de verre dont les surfaces opposées AB et CD sont parallèles, et HG un rayon incident tombant
obliquement sur la surface AB du verre. Là, il éprouvera une réfraction qui le rapprochera de la perpendiculaire FR dans la direction GE ; arrivé en E, il sortira du verre pour rentrer dans l'air
où il éprouvera une nouvelle réfraction en sens contraire, dans la
direction EI, et s'écartera alors autant de la perpendiculaire NO,
qu'il s'était rapproché de la perpendiculaire FR en traversant le
verre. Si enfin nous prolongeons vers L, le rayon incident HG, et
vers M, le rayon émergeant (sortant) IE, nous reconnaîtrons que
ces deux rayons sont parallèles entre eux et que le brisement d'un
rayon dans un milieu réfringent à surfaces parallèles, n'a d'au-

tre résultat, que de donner à ce rayon une direction parallèle à celle qu'il avait avant de traverser ce milieu. Mais si les surfaces du corps transparent traversé par le rayon de lumière, ne sont pas parallèles, le rayon émergeant ne sera plus parallèle au rayon incident.

Soit ABC fig. 8, une section du prisme *a*BC; le côté AB sera perpendiculaire au rayon incident RO et par conséquent ce rayon RO traversera la face AB sans se briser et parviendra jusqu'au point O; mais en passant du verre dans l'air, il suivra la direction OS et s'éloignera de la perpendiculaire P*p* à la surface BC, parce qu'il ne tombera pas perpendiculairement sur la surface de l'air déterminée en ce point par la surface BC du prisme.

Si nous prenons le rayon SO comme rayon incident, il sera brisé suivant la direction OR en se rapprochant de la perpendiculaire *p*P à la surface d'incidence BC. Réunissons maintenant les deux moitiés de prisme ABC, *a*BA, nous obtiendrons le prisme *a*BC qui brisera également le rayon incident, des deux côtés, à l'entrée et à la sortie.

L'angle B du prisme se nomme *angle réfringent*, de sa grandeur, dépend celle de l'angle de réfraction.

De ce qui précède, nous pouvons déjà déduire un principe qui nous servira par la suite. Supposons qu'un objet se trouve en S'; l'œil placé en S, le verra dans le prolongement du rayon SO et il y aura nécessairement un changement dans la position ou l'aspect général de l'objet.

DES LENTILLES.

Les lentilles sont des pièces de verre ou d'autres corps transparens, dont deux surfaces opposées ont une forme telle, qu'en traversant ces corps, les rayons de lumière changent de direction, de manière à devenir divergens ou convergens, de parallèles qu'ils étaient d'abord et à devenir parallèles, de divergens ou convergens qu'ils étaient auparavant. Les lentilles prennent diverses dénominations d'après la forme particulière à chacune d'elles.

On les distingue généralement en lentilles *convexes* et en lentilles *concaves*; chacune de ces deux espèces se subdivise ainsi qu'il suit :

1° Lentille *bi-convexe*, fig. 9. Les deux courbures peuvent être inégales, c'est-à-dire décrites par deux rayons différens, fig. 10.

2° Lentille *plano-convexe*, fig. 11, c'est-à-dire ayant un côté plan et un côté courbe.

3° Lentille *ménisque*, fig. 12, c'est-à-dire ayant un côté concave et un côté convexe. Lorsque, comme dans cette figure, les deux courbures se coupent, la lentille est classée parmi les lentilles convexes ; on lui donne aussi le nom de lentille *périscopique*.

4° Lentille *bi-concave*, fig. 13, c'est-à-dire ayant les deux côtés concaves. Les courbures peuvent être inégales, c'est-à-dire décrites par deux rayons différens, fig. 14.

5° Lentille *plano-concave*, fig. 15, c'est-à-dire ayant un côté plan et un côté concave.

6° Enfin lentille *concavo-convexe*, fig. 16, ayant comme le ménisque une surface concave et une surface convexe ; mais ses deux courbures ne peuvent se couper, la surface convexe étant décrite par un rayon plus grand que celui de la surface concave. Cette lentille est classée parmi les lentilles concaves.

On donne aussi quelquefois, mais improprement, le nom de lentilles, à des sphères de verre d'un diamètre plus ou moins grand.

Si nous considérons l'inconcevable ténuité des molécules de la lumière, et qu'un rayon, théoriquement parlant, n'est qu'une série de ces molécules placées à la suite les unes des autres, il est évident que la très petite partie d'une surface courbe sur laquelle il tombe et qui détermine sa réfraction, peut à son tour être considérée comme un plan. On démontre en mathématiques qu'une ligne droite qui touche une courbe en un point quelconque, et qu'on appelle une *tangente*, peut être considérée comme coïncidant avec une partie infiniment petite de la courbe ; de sorte que lorsqu'un rayon de lumière AB, fig. 17, tombe en B sur une surface courbe réfringente, son angle d'incidence doit être ABD, angle que le rayon AB fait avec la ligne DC perpendiculaire au point B à la tangente MN. Dans toutes les surfaces sphériques, comme celles des lentilles, la tangente MN est toujours perpendiculaire au rayon CB de la surface courbe ; de sorte qu'on peut éviter la considération de cette tangente, le rayon mené du centre au point d'incidence B, étant toujours la perpendiculaire qui détermine l'angle d'incidence. On trouvera bientôt l'application de ces principes.

Nous allons successivement passer en revue l'action qu'exercent les diverses espèces de lentilles sur les rayons qui les traversent.

Quant aux sphères, nous aurons occasion d'y revenir dans le cours de l'ouvrage ; il nous suffira ici, de dire que dans cette espèce de verre, la réfraction se fait absolument comme dans une lentille bi-convexe dont les courbures appartiennent à une même sphère ; seulement, dans cette dernière, les deux surfaces sont plus rapprochées que dans la sphère et conséquemment les rayons réfractés par la première surface, éprouvent plus rapidement la deuxième réfraction ; on conçoit que cette circonstance déterminera nécessairement un changement dans la situation du foyer.

Le pouvoir réfringent d'une sphère peut être tel, que le foyer se forme à l'intérieur même du corps ; c'est ce qui arriverait dans une sphère en diamant ; dans ce cas, l'instrument deviendrait absolument inutile.

Nous examinerons en premier lieu, cette action sur les *rayons parallèles*, et nous prendrons pour point de départ la lentille plano-convexe, comme étant la plus simple.

Soit *a b c*, fig. 18, une lentille plano-convexe dont le centre de courbure est en C. Soient AEB, trois rayons parallèles tombant perpendiculairement sur la surface plane *ab* de la lentille. Il est évident qu'ils traverseront le verre sans y éprouver de réfraction jusqu'à la seconde surface *a c b*. Arrivé au point *e*, le rayon A rencontrant un milieu moins dense que le verre, se réfractera en s'éloignant de la perpendiculaire qui, comme nous l'avons déjà vu, n'est autre chose ici que le rayon de courbure de la lentille, mené en *e* et prolongé vers P. Le rayon réfracté prendra donc la direction *e* F. Quant au rayon E il ne se réfractera pas dans le verre, puisqu'il y entre sous les mêmes conditions que le rayon A ; mais il ne se réfractera pas non plus en rentrant dans l'air, attendu qu'il traverse l'axe de la lentille et qu'il coïncide dans toute sa longueur avec son rayon de courbure; il continuera donc sa route en ligne droite, et ira couper le rayon A en F. Quant au rayon B que nous supposons à la même distance de l'axe de la lentille que le rayon A, il se comportera comme ce dernier, s'écartera, en sortant du verre, de la perpendiculaire CP' et ira couper les deux premiers rayons au même point F qu'on désigne sous le nom de foyer principal ou foyer des rayons parallèles. Il est évident, d'après ce qui précède et ce que nous avons dit du passage de la lumière à travers les prismes, fig. 8, que dans la figure 18, la lentille *a b c* peut être considérée, par rapport aux rayons A et B, comme formée de deux prismes *m d k* et *m d l* opposés base à base et qui agiraient sur ces deux rayons de la même manière que nous avons vu le prisme ABC, fig. 8, agir sur le rayon RDE.

Les rayons parallèles qui traversent une lentille bi-convexe éprouvent deux réfractions, ainsi qu'on le voit dans la fig. 19. Le rayon AB coïncide avec l'axe de la lentille, et par conséquent, continue sa route en ligne droite. Le rayon C d a pour angle d'incidence l'angle C d g qu'il fait avec la perpendiculaire d g prolongement du rayon de courbure E' d de la face d o de la lentille ; en pénétrant dans le verre , il se rapproche de la perpendiculaire qui est encore ici le rayon de courbure E' d. Arrivé en e , il repasse dans l'air et s'écarte alors de la perpendiculaire eG, prolongement du rayon de courbure Ee de la seconde face du prisme et vient couper en F le rayon A. On démontrerait de la même manière que le rayon D , que nous supposons également éloigné de l'axe de la lentille, vient couper cet axe au même point F ; on voit que ces deux rayons C et D subissent la même réfraction que s'ils avaient traversé deux prismes semblables à celui représenté par les tangentes d' l, d' i.

Le point F où se réunissent les rayons parallèles, s'appelle aussi foyer principal ou foyer des rayons parallèles.

Dans l'examen du phénomène qui nous occupe, nous avons considéré les rayons incidens non seulement comme parallèles entre eux, mais encore comme parallèles à l'axe de la lentille ; et nous avons vu que, dans ce cas, les rayons qui coïncident avec l'axe, n'éprouvent pas de réfraction. Tel est, fig. 20, le rayon RC que les rayons RL RL parallèles à l'axe, vont couper en F après la réfraction. Mais lorsque les rayons parallèles tombent sur la lentille obliquement à l'axe , comme on le voit en SL , SC et SL, ou en TL, TC et TL, les rayons SC et TC qui passent par le centre C de la lentille, éprouvent deux réfractions , l'une en la traversant, l'autre en la quittant ; mais comme ces deux réfractions sont égales et dans des directions opposées, les rayons réfractés Cf et Cf' sont toujours parallèles à SC ou à TC. En fesant les constructions nécessaires, on verra que les rayons SL SL devront aller se couper en un point f dans la direction du rayon central S f et les rayons TL, TL. en un point f', dans la direction du rayon central T f'.

D'après ce que nous venons d'exposer, on n'éprouvera aucune difficulté à suivre la marche des rayons parallèles dans une lentille concave quelconque.

En effet, en fesant les constructions convenables, on verra que les rayons parallèles RL, RL, fig. **21**, tombant sur la lentille bi-concave LL, divergeront après la réfraction dans les directions Lr, Lr, comme s'ils partaient d'un point F, auquel on a donné le nom de foyer *virtuel* ou imaginaire de la lentille.

Nous allons maintenant examiner l'action de ces mêmes lentilles sur les rayons divergens, c'est-à-dire venant d'objets plus rapprochés de la lentille, que le soleil et les planètes.

Soient, fig. **22**, les rayons divergens RL, RL, partant du point R et tombant sur la lentille bi-convexe LL dont le foyer principal serait en O ou en O', le foyer de ces rayons se trouvera en un point quelconque F, plus éloigné de la lentille que son foyer principal O.

En fesant les constructions nécessaires, on verra que si le point R se rapproche de la lentille, le foyer F s'en éloignera. Lorsque ce point R sera en P, ou à une distance PC égale à deux fois la distance focale CO' ou CO, le foyer F se trouvera en P', c'est-à-dire aussi éloigné de la lentille d'un côté, que le point P de l'autre. Lorsque R arrive en O', le foyer F se trouve à une distance infinie, c'est-à-dire que les rayons émergens sont rendus parallèles, et ils deviennent divergens lorsque le point R est placé entre le foyer principal O' et la lentille.

Lorsque des rayons divergens RL, RL, fig. **23**, partant d'un point R, tombent sur une lentille concave LL, la réfraction les fait diverger davantage dans les directions Lr, Lr, comme s'ils partaient d'un foyer virtuel F, plus éloigné de la lentille que son foyer principal O.

Passons maintenant à l'action des lentilles sur les rayons convergens.

Lorsque des rayons RL, RL, convergeant vers un point f, fig. 24, tombent sur une lentille convexe LL, ils sont réfractés de manière à se couper en un point F plus rapproché de la lentille que son foyer principal O. A mesure que le point de convergence f s'éloigne de la lentille, le point F s'en éloigne aussi en se rapprochant de O. Lorsque le foyer F est arrivé en O, le point f est à une distance infinie, c'est-à-dire que les rayons incidens sont alors parallèles. On conçoit en outre, que plus le point de convergence f, se rapproche de la lentille, plus le foyer F s'en rapproche aussi.

Lorsque des rayons RL, RL, fig. 25, convergeant vers un point f, tombent sur une lentille concave LL, ils sont réfractés de manière à avoir leur foyer virtuel en F.

Réfraction de la lumière dans les ménisques.

L'effet général d'une lentille ménisque pour la réfraction des rayons parallèles, divergens et convergens, est le même que celui d'une lentille convexe et d'une même distance focale ; celui d'une lentille concavo-convexe, est à son tour le même que celui d'une lentille concave de même distance focale.

De la formation des images par les lentilles et de leur pouvoir amplifiant.

Nous avons dit que chaque point d'un objet éclairé envoie des rayons dans toutes les directions. Ces rayons sont par conséquent divergens et restent tels par rapport aux lentilles sur lesquelles ils tombent, lorsque les objets d'où ils partent ne sont pas comme le soleil à des distances immenses de la lentille. Les règles données pour les rayons divergens, sont donc celles que nous aurons principalement à appliquer aux phénomènes dont nous nous occupons. Chaque point d'un objet éclairé envoyant des rayons divergens dans toutes les directions, si l'on place une lentille devant cet objet, chaque point enverra sur la surface de la lentille, un cône de rayons qui couvrira cette surface tout entière, ces divers cônes se croisant, se penchant les uns sur les autres sans qu'aucun des rayons appartenant à chaque côté, soit dévié de sa route. Chaque rayon, en traversant la lentille, y subit une réfraction, puis une autre en la quittant, de sorte que tous les rayons partis d'un même point vont se réunir derrière la lentille et y former une image du point de l'objet éclairé d'où ils partent. Il se formera donc derrière la lentille, autant de foyers qu'il y aura dans l'objet de points éclairés qui peuvent envoyer des rayons à la lentille, et par conséquent tous ces foyers réunis formeront une image complète de l'objet ; mais dans les lentilles convexes, cette image sera renversée, c'est-à-dire, dans une position inverse de celle de l'objet et sa grandeur sera à celle de l'objet, comme sa distance à la lentille sera à la distance de l'objet à cette même lentille.

Soit par exemple un objet MN, fig. 26, placé devant une lentille convexe LL. Chaque point de cet objet envoie des rayons dans toutes les directions. (Nous n'avons indiqué dans la figure que trois de ces points, et seulement trois rayons pour chaque point, les deux rayons extrêmes de chaque cône, tombant sur les deux extrémités du diamètre de la lentille. Le lecteur pourra facilement suppléer à la marche des rayons omis pour ne pas rendre la figure confuse.) Ceux de ces rayons qui tombent sur la lentille, sont réfractés par elle et forment en arrière autant de foyers qu'il y a dans l'objet de points éclairés envoyant des rayons à la lentille.

Nous avons vu que le foyer où viennent se réunir tous les rayons émanés d'un même point, est sur une même ligne droite que le centre de la lentille et le point d'où les rayons émanent ; il en résulte que le point supérieur M de l'objet, aura son image quelque part sur la ligne droite MC*m*, et que celle du point inférieur N, sera quelque part sur la ligne droite NC*n*, c'est-à-dire en *m* et en *n* où les rayons LM , LM et L*n* , L*n*, coupent les lignes MC*m* et NC*n*; par conséquent *m* donnera l'image de la partie supérieure M de l'objet , et *n* celle de la partie inférieure N. Il est évident aussi , que dans les deux triangles MCN et *m*C*n* , la longueur *mn* de l'image , est à la longueur MN de l'objet, comme C*a* distance de l'image, est à C*b*, distance de l'objet.

Nous pouvons donc , au moyen d'une lentille , former derrière elle l'image d'un objet placé devant et rendre cette image aussi grande que nous le voudrons , par rapport à l'objet. Pour avoir de grandes images , il nous suffira de rapprocher l'objet de la lentille et de l'en éloigner, pour avoir de petites images. Ces effets peuvent encore être variés davantage, en employant des lentilles dont les foyers principaux seraient différens.

Lorsque les lentilles ont le même foyer , on peut augmenter l'éclat de l'image en augmentant le diamètre et par conséquent la surface de la lentille. Il est évident qu'une lentille de 12 pouces carrés de surface reçoit deux fois autant de rayons partant d'un même point de l'objet, qu'une lentille dont la surface n'aurait que 6 pouces carrés ; de sorte que lorsqu'il nous est impossible d'augmenter l'éclat de l'objet en l'éclairant davantage, nous pouvons augmenter celui de l'image en augmentant le diamètre de la lentille. Jusqu'ici, nous avons supposé que l'image *mn* était reçue sur une surface blanche, où elle se peignait d'une manière distincte; mais si on la reçoit sur un verre dépoli et si on place l'œil à 6 , 8 pouces ou plus , derrière ce plan demi-transparent interposé en *mn*, on verra l'image renversée *mn* aussi distinctement qu'auparavant. Si, conservant cette position de l'œil , on enlève l'écran semi-transparent, on verra distinctement l'image dans l'air, mais elle sera plus brillante. On se rendra facilement compte de ce phénomène, si l'on remarque que tous les rayons qui par leur convergence, forment tous les points de l'image *mn*, ne s'arrêtent pas là, mais se croisent en divergeant exactement de la même manière que s'ils partaient d'un objet réel de la même grandeur et aussi éclatant, placé en *mn*. L'image *mn* peut donc être considérée comme un nouvel objet et si les rayons qui en émanent sont reçus par une autre lentille, elle formera une autre image de *mn*, ayant exactement les mêmes dimensions et occupant la même place que si *mn* était un objet réel. Mais cette nouvelle image sera dans une position renversée relativement à *mn*, elle sera donc une image droite de l'objet MN obtenue au moyen de deux lentilles, de sorte qu'en employant une ou plusieurs lentilles, nous pouvons avoir à volonté des images droites ou renversées des objets. Mais si l'objet MN est mobile et à notre portée, il est inutile d'employer deux lentilles pour en avoir une image droite ; il suffira de le renverser lui-même et nous aurons avec une seule lentille, une image droite en réalité, quoique renversée par rapport à la position de l'objet.

Mais il existe encore un autre moyen d'augmenter la grandeur apparente des objets, surtout de ceux qui sont à notre portée.

Pour obtenir une vision distincte des objets, il suffit de faire en sorte que les rayons divergens qui en émanent, deviennent parallèles en pénétrant dans l'œil, comme si l'objet était très éloigné. Si nous mettons un objet ou son image très près de l'œil, de manière à lui donner une grandeur apparente considérable, l'objet ou son image, sera peu distinct ; mais si, par un moyen quelconque, nous rendons parallèles les rayons qui en émanent, nous le verrons très-distinctement, quelque rapproché qu'il soit, et nous avons déjà vu que les rayons divergens partant du foyer principal d'une lentille, sont rendus parallèles après l'avoir traversée. Si par conséquent, nous plaçons un objet ou son image, au foyer même d'une lentille dont la distance focale serait très petite ; si nous appliquons l'œil tout contre la lentille, les rayons émanés de l'objet, entreront parallèles dans l'œil, nous le verrons très-distinctement et grossi en outre, dans le rapport de sa distance actuelle à la lentille, à la distance de la vision distincte.

Une lentille employée pour augmenter ainsi les dimensions d'un objet, est un *microscope simple* et lorsque cette lentille sert à augmenter l'image déjà produite par une autre, les deux lentilles constituent ensemble un *microscope composé*.

De l'aberration de sphéricité.

Jusqu'ici, nous avons supposé que les rayons réfractés par des surfaces sphériques, se rencontraient tous en un même foyer. Mais si le lecteur a essayé de faire les expériences plusieurs fois décrites, il a dû remarquer que les rayons les plus voisins de l'axe de la lentille, se réunissaient en un foyer beaucoup plus éloigné que celui des rayons qui tombaient vers les bords de la même lentille.

Soit par exemple fig. 27, la lentille plano-convexe LL, dont la surface plane reçoit les rayons parallèles ; soit F le foyer des rayons R'L', R'L' très voisins de l'axe AF ; soient enfin RL et RL, deux rayons également parallèles, tombant tout à fait au bord de la lentille. Si l'on exécute le dessin sur une plus grande échelle et si l'on détermine la marche des rayons RL et RL, on trouvera que ces deux rayons se rencontrent en un foyer f, plus rapproché de la lentille que le foyer F. On trouverait de même que tous les rayons intermédiaires entre RL et R'L', ont leur foyer entre F et f. Continuez les rayons Lf, Lf jusqu'à ce qu'ils rencontrent en G et en H un plan placé en F ; la distance Ff sera ce qu'on appelle *l'aberration longitudinale de sphéricité*, et GH *l'aberration latérale de sphéricité* de la lentille. Dans une lentille plano-convexe, comme celle de la figure, l'aberration longitudinale n'est pas moindre de quatre fois et demie l'épaisseur *mn* de la lentille. Il est évident qu'une pareille lentille ne peut former une image nette d'un objet, à son foyer F. Si elle est exposée aux rayons du soleil, la partie centrale L'*m*L', dont le foyer est en F, y formera une image très brillante du soleil ; mais comme les autres rayons qui passent entre L' et L ont leur foyer entre F et *f*, ces rayons après s'être croisés entre ces deux points, tomberont sur GH et y formeront un cercle dont le diamètre sera GH. Par conséquent, l'image du soleil, au foyer F, sera un disque brillant environné d'un halo de lumière, fig. **28**, qui ira en s'affaiblissant de F en G et de F en H. De même tout objet vu à travers la lentille, ou toute image formée par elle, manquera de netteté et de précision à cause de l'aberration de sphéricité.

En couvrant de papier les bords de la lentille, on diminuera la grandeur du halo GH et on aura une image plus nette. Si l'on couvre toute la lentille, à l'exception d'une très petite partie au centre, l'image sera parfaitement distincte quoique moins brillante, et son foyer sera en F. Si, au contraire, on couvre la partie centrale, ne laissant qu'un anneau étroit à découvert vers les bords de la lentille, on aura une image très distincte au foyer *f*.

Mais bien qu'on ne puisse diminuer l'aberration de sphéricité d'une lentille au-delà de 1,07 de son épaisseur, en combinant deux ou plusieurs lentilles, de manière que leurs aberrations soient opposées et se détruisent l'une par l'autre, on peut remédier dans beaucoup de cas à ce défaut, soit en le diminuant considérablement, soit même en le détruisant tout à fait.

De l'achromatisme ou correction de l'aberration de réfrangibilité.

En traitant du passage des rayons à travers les lentilles, nous avons supposé que la lumière était homogène et que tous les rayons qui avaient le même angle d'incidence, avaient aussi le même angle de réfraction, ou ce qui revient au même, que chaque rayon avait le même indice de réfraction. Les observations ont prouvé qu'il n'en était pas ainsi et que dans le cas où la lumière tombe sur le crown-glass, il y a des rayons qui ont tous les indices de réfraction possibles depuis 1,5258 indice de réfraction pour le rouge, jusqu'à 1,5466 , indice de réfraction pour le violet. Comme la lumière du soleil qui rend tous les objets visibles, est blanche, la différence de réfrangibilité de ses parties, modifie beaucoup la formation des images par les lentilles de toute espèce.

Pour mieux nous faire comprendre , supposons les rayons de lumière blanche RL et RL, fig. 29, tombant sur la lentille biconvexe de crown-glass LL , parallèlement à son axe Rr. Comme chacun de ces rayons est composé de sept rayons différemment colorés et ayant différens degrés de réfrangibilité ou différens indices de réfraction , il est évident que tous les rayons qui composent RL, ne peuvent être réfractés dans la même direction et tomber sur un même point. Le rayon extrême rouge par exemple, dont l'indice de réfraction est 1,5258 , aura son foyer en r, et Cr sera la distance focale de la lentille, pour les rayons rouges. De même le rayon violet extrême qui a un indice de réfraction plus fort (1,5466) , sera réfracté en un foyer v , beaucoup plus rapproché de la lentille, et Cv sera la distance focale de celle-ci, pour les rayons violets. La distance vr s'appelle *aberration chromatique* et le cercle dont le diamètre est ab passant par le foyer des rayons de réfrangibilité moyenne en o , s'appelle *cercle de moindre aberration*. On peut expérimenter ces effets, en exposant la lentille aux rayons du soleil. Si l'on reçoit son image sur un morceau de papier placé entre o et C , le cercle lumineux aura un bord rouge, parce qu'il sera une section du cône LabL dont les rayons extérieurs LaLb sont rouges. Mais si le papier est placé à une plus grande distance que o , le cercle lumineux aura un bord violet, parce qu'il sera une section du cône $l'ab'l'$, dont les rayons *a'b'* sont violets, n'étant que la continuation des rayons violets L*v*L*v*. Comme l'aberration de sphéricité de la lentille se combine ici avec son aberration chromatique, on verra mieux l'effet propre de cette dernière, en prenant une grande lentille bi-convexe, et en couvrant sa partie centrale, de manière à ne conserver qu'un anneau étroit sur la circonférence, pour laisser passer les rayons de lumière. On verra alors parfaitement la réfraction des rayons différemment colorés, en examinant l'image du soleil sur les différens côtés de *ab*.

Il résulte de ces observations que la lentille formera une image violette du soleil en *v*, une image rouge en *r* et des images portant les autres couleurs du spectre, aux points intermédiaires à *v* et *r*, de sorte que si nous plaçons l'œil derrière ces images, nous ne verrons qu'une image confuse, dépourvue de la netteté qu'elle présenterait si elle était formée par une seule espèce de rayons. Les mêmes observations s'appliquent à la réfraction de la lumière blanche par une lentille concave. Seulement, les rayons parallèles divergeront entre eux comme s'ils émanaient de foyers différens *r* et *v*, au devant de la lentille.

Si, maintenant, nous plaçons derrière la lentille LL, une lentille bi-concave également de crown-glass GG, ayant ses deux surfaces de la même courbure que la lentille LL, il est évident que puisque *v* est le foyer virtuel pour le violet, et *r* le foyer virtuel pour le rouge, si l'on place le papier en *ab* foyer des rayons de réfrangibilité moyenne et où les rayons rouge et violet se croisent en *a* et en *b*, l'image sera plus distincte que dans toutes les autres positions du papier. D'un autre côté, quand des rayons convergent au foyer d'une lentille concave, ils sont réfractés parallèlement entre eux ; c'est-à-dire, que la lentille concave réfractera ces rayons convergens suivant les lignes parallèles G*l*, G*l*, et il se reformera de la lumière blanche. En fesant la construction nécessaire, on acquerrait la preuve de cette réunion. Mais il est évident, d'un autre côté, que les deux lentilles LL, GG, ne forment qu'une seule masse de verre à surfaces parallèles, GG, LL.

Bien que par la combinaison de ces deux lentilles, nous ayons corrigé les couleurs produites par LL, nous n'avons obtenu aucun résultat utile, car les deux lentilles n'agissent alors que comme un morceau de verre plan et ne peuvent former d'images. Si nous fesons la lentille concave GG, d'un foyer plus long que la lentille LL, les deux lentilles agiront ensemble comme une lentille convexe, et les rayons G*l*, G*l* convergeront vers un foyer placé derrière LL et formeront des images. Mais comme l'aberration chromatique de GG serait alors moindre que celle de LL, l'une ne pourrait corriger ou compenser l'autre, de sorte que la différence entre les deux aberrations continuerait d'exister. Donc, il est impossible de former une image exempte de coloration, au moyen de deux lentilles de même verre.

Nous avons vu que les corps transparens ont des pouvoirs dispersifs différens ou produisent différens degrés de coloration, avec la même réfraction moyenne. Il s'ensuit donc, que différentes lentilles peuvent produire les mêmes degrés de couleurs lorsqu'elles ont des longueurs focales différentes ; de manière que si l'on fait la lentille LL en *crown glass* dont l'indice de réfraction est 1, 519 et le pouvoir dispersif 0, 036, et la lentille GG en *flint glass* dont l'indice de réfraction est 1, 589 et le pouvoir dispersif 0, 0393 ; enfin si l'on donne à la lentille convexe de crown glass 4 1\|3 p° de longueur focale et 7 2\|3 p° à celle de flint glass, leur combinaison formera une lentille composée, ayant 10 p° de foyer et réfractant la lumière blanche en un foyer unique. Cette lentille composée se nomme *lentille achromatique*.

CHAPITRE PREMIER.

DU MICROSCOPE SIMPLE.

Toute lentille convexe est un microscope simple; les sphérules de verre, les loupes de tous genres, rentrent dans la même catégorie.

Depuis le globe de verre rempli d'eau ou microscope simple des anciens, jusqu'aux doublets que nous employons aujourd'hui, l'instrument a subi de nombreuses modifications; mais avant d'entrer dans des détails plus étendus sur ces divers changemens, donnons quelques instans à la théorie.

Nous pourrions renvoyer nos lecteurs aux préliminaires, mais nous attachons une grande importance à ce que l'on comprenne bien l'action du microscope simple, d'ailleurs quelques mots suffiront.

Etablissons d'abord que le point de vision distincte pour les vues ordinaires, est à 8 ou 9 pouces, ou bien, *pour se conformer au système décimal et faciliter le calcul,* $0^{m},25$. — Néanmoins la vision sera encore plus ou moins distincte, en certains points intermédiaires à cette distance et à celle où les objets paraissent troubles. Maintenant supposons que l'œil soit placé en O fig. 30, pl. 1re et l'objet en SS; cet objet paraîtra plus grand qu'il n'est en réalité, parce que l'angle sous lequel on le voit, est plus grand que si cet objet était placé à la distance de la vue distincte; mais on verra l'objet confusément, parce qu'il se trouvera en deçà des limites auxquelles la vision distincte peut naturellement s'opérer. Dans ces circonstances, on place tout près de l'œil, une lentille convergente et l'objet est transporté en deçà de la distance focale de la lentille, précisément autant qu'il le faut pour que son image ff' se trouve reportée à la distance Of, Of' à laquelle s'opère naturellement la vision parfaite. Lorsqu'au moyen de quelques essais, on aura trouvé la distance où l'objet doit être placé, l'image ff' sera vue distinctement et en outre l'angle visuel fAf' qu'elle sous-tend, sera égal à l'angle SAS sous lequel l'objet paraîtrait à la vue simple, si on pouvait le voir distinctement d'aussi près que AP. On aura donc le double avantage de voir distinctement et sous un angle plus grand qu'à l'ordinaire. Mais par cela même qu'il ne nous sera jamais arrivé de voir ainsi l'objet que nous observons, l'idée que nous nous formerons de sa grandeur réelle, ne sera modifiée par aucune expérience préalable sur les rapports des distances avec les angles visuels; et comme nous verrons l'objet sous un angle beaucoup plus grand qu'à la vue simple, quoiqu'avec la même netteté et à la même distance où nous cherchions à le placer pour l'apercevoir distinctement, nous jugerons qu'il est en effet grossi sous toutes ses dimensions (1).

Il est facile de concevoir que l'image sera en même temps beaucoup plus claire, car la réfraction rassemble et ramène dans l'œil, un grand nombre de rayons lumineux qui, sans l'interposition du verre, tomberaient en dehors de l'ouverture pupillaire.

Est-il nécessaire d'ajouter que, plus la lentille sera convergente, plus l'angle visuel sera agrandi et conséquemment, plus l'objet paraîtra grand ?

La manière la plus simple de se servir de la lentille, est de l'enchâsser dans un cercle solide muni d'un manche qui permet de

(1) Biot, *Physique*.

le tenir dans une main, tandis que l'autre fait l'office de porte-objet ; mais il serait difficile et même impossible de mettre ce procédé en usage, lorsque les lentilles ont un court foyer et par conséquent, une grande puissance d'amplification. Si les plus petits objets paraissent considérablement amplifiés lorsqu'on les examine avec une lentille puissante, on conçoit que les plus légers mouvemens subiront la même loi et que la main la plus ferme ne sera jamais assez immobile pour éviter les changemens de rapport entre l'œil, la lentille et l'objet. S'il fallait à chaque instant remédier à ces déplacemens, il en résulterait une grande perte de temps et une fatigue capables de dégoûter l'homme le plus persévérant, des recherches microscopiques.

Aussitôt que l'on fut parvenu à construire des lentilles à court foyer, on sentit le besoin impérieux de les fixer d'une manière invariable ; chacun disposa l'appareil suivant ses goûts et les exigences des différentes espèces d'observations.

Nous pensons qu'il est inutile de décrire tous les changemens éprouvés par la monture de l'instrument ; l'important est de faire connaître la construction généralement adoptée de nos jours et surtout les modifications apportées à la pièce principale, *la lentille*.

Occupons-nous d'abord de cette dernière.

Une bonne lentille doit être formée d'une substance parfaitement homogène, très transparente, jouissant d'une grande puissance réfringente et d'un très faible pouvoir dispersif. Il faut joindre à ces qualités, l'exactitude des formes et la perfection du travail.

En examinant les différens microscopes simples, nous verrons comment on a cherché à remplir ces conditions.

Le moyen le plus simple pour faire une lentille, a été indiqué par Stephen Gray. Ordinairement il pratiquait dans une lame de métal, une ouverture très étroite sur laquelle il déposait une goutte d'eau contenant des animalcules ; cette goutte prenait une forme plus ou moins sphérique et jouait assez bien son rôle dans certaines circonstances.

Ce fut peut-être cette idée qui conduisit le docteur Brewster à faire des expériences sur différens liquides ; car l'eau ne possède qu'un faible pouvoir réfringent, son évaporation rapide altère promptement la forme de la lentille et d'ailleurs, on ne peut conserver un pareil amplificateur. Le savant docteur employa successivement l'acide sulfurique et l'huile de ricin qui jouissent d'une plus grande puissance de réfraction. Les huiles essentielles et l'alcool pourraient être mis en usage, si leur volatilité n'était un obstacle insurmontable.

Mais le docteur Brewster affectionne surtout les lentilles suivantes. Il pose une goutte de baume de Canada ou de vernis à la térébenthine sur une lame de verre et suivant que la quantité de liquide est plus ou moins abondante, ou que l'on a fait sécher la goutte sur la partie supérieure ou inférieure du verre, la lentille sera plus ou moins convexe et l'amplification plus ou moins forte. Le même auteur nous apprend qu'il a obtenu de bons résultats, en employant des yeux d'ablettes et d'autres petits poissons, en guise de lentilles.

Nous passons rapidement sur ces procédés auxquels nous attachons peu d'importance parce qu'ils sont plus curieux qu'utiles ; nous n'en dirons pas autant des globules de verre fondu. Les premiers observateurs ont employé ces globules et leurs belles découvertes ainsi que nos propres expériences, nous ont prouvé que l'on peut en obtenir de fort beaux résultats.

La manière de les fondre est très simple et les amateurs nous sauront peut-être gré de leur donner le procédé que M. Laligant de Saulieu avait communiqué à M. Le Baillif. Si nos indications paraissent insuffisantes, on trouvera la description originale dans les *Annales de l'industrie nationale et étrangère*.

Deux conditions sont nécessaires pour obtenir des globules parfaits : 1° Il faut leur donner une forme sphérique. 2° Il importe que le verre dont on fait usage, soit pur et exempt de bulles.

Pour éviter les bulles, il faut prendre un morceau de verre à vitre facile à fondre et passablement pur. Si on dirige brusquement sur ce verre, la flamme d'une chandelle animée par le chalumeau, il se fendille et souvent même on peut, en conduisant la pointe du jet sur l'extrémité d'une fente, parvenir à donner aux fragmens une forme allongée (Il est bon que leur largeur n'excède pas 5 à 6 millimètres). Par ce moyen, on évite les éraillures que le meilleur diamant occasionne aux angles des bandes qu'il détache ; les bulles sont presque toujours le résultat de ces éraillures qui persistent malgré la fusion.

On prend un de ces fragmens que l'on soude par ses deux bouts à des morceaux de verre ou aux extrémités de deux petits tubes ; saisissant alors à deux mains, ces appendices accessoires, on présente le fragment central à la partie la plus chaude de la flamme, et bientôt il prend à peu près la forme d'un cylindre d'un demi-millimètre de diamètre. Lorsqu'on a une suffisante longueur de verre ainsi façonné, il est bon de l'examiner à la loupe pour choisir les parties les plus pures, puis on les remet au feu pour les allonger en fils dont on proportionne la grosseur à celle des globules que l'on veut obtenir. Si l'on est parvenu à détacher des fragmens de verre assez longs, il devient inutile de les souder aux appendices.

Il nous reste maintenant à fondre les globules en leur conservant une forme sphérique. Pour y parvenir, on prend un morceau de fil de verre que l'on coupe par un bout dans la flamme, car la fracture pourrait déterminer des inégalités. Alors on saisit le fil par une de ses extrémités avec une pince d'horloger et en présentant le bout opposé à la flamme, il se contracte en un globule qui ne remontera jamais jusqu'à toucher les pinces, parce qu'elles empêchent le morceau de fil qu'elles contiennent, de s'échauffer assez pour se fondre et se réunir au globule. Ce dernier reste suspendu par un pédicule fort délié que l'on place de côté dans la monture, pour qu'il ne trouble en aucune manière, la netteté de la vision.

Ces globules sont d'autant plus ronds, qu'ils sont plus petits.

Pour s'assurer de leur pureté, on les saisit avec la pince par leur pédicule et on les place entre l'œil et la lumière. Ils paraîtront parfaitement nets s'ils sont purs, et parsemés de taches noires, s'ils contiennnent des stries ou des bulles.

Une lampe à l'esprit de vin est préférable à une chandelle; on est moins exposé à ternir ou à tacher son ouvrage.

On trouvera dans divers articles de Hook, du père Della Torre, de Butterfield et de Sivright (1), les différens procédés que ces auteurs employaient pour obtenir des globules fondus; nous n'avons rapporté que celui qui nous a été indiqué par M. Le Baillif, parce que ses résultats nous ont paru supérieurs à tous les autres.

Le lecteur pensera peut-être, qu'il eût été convenable de suivre un certain ordre chronologique dans nos descriptions, mais notre but était de nous débarrasser d'abord de tout ce qui n'était pas réellement *une lentille travaillée par l'opticien;* seulement nous avons été du simple au composé, de la goutte d'eau au globule de verre fondu.

La lentille bi-convexe paraît être la première *lentille travaillée* que les opticiens employèrent pour le microscope simple. Les instrumens de Wilson et de Cuff furent long-temps les plus usités, mais le verre bi-convexe avait de grands défauts inhérens à sa forme. Plus la courbure était prononcée, plus les aberrations étaient manifestes.

Pour remédier à ces défauts, on employa des diaphragmes qui

(1) Voir les Recherches historiques.

diminuaient considérablement l'ouverture et forçaient l'observateur à ne se servir absolument que du centre de la lentille. On s'aperçut bientôt, que l'on n'avait fait que remplacer un défaut par un autre non moins important, car, d'une part, l'étroitesse de l'ouverture ne permettait de voir qu'une très-petite partie de l'objet, et de l'autre, la faible quantité de rayons lumineux qui traversait l'ouverture, était souvent insuffisante pour que la vision fût distincte.

On ne songeait pas, comme le dit si ingénieusement M. le baron Séguier (1), *qu'en circonscrivant la vision, ce moyen ne fesait que soustraire à l'œil, des défauts auxquels il ne remédiait pas.*

Frappés de ces graves défauts, les plus habiles physiciens cherchèrent à résoudre le problême. Wollaston, Herschell, les docteurs Brewster et Goring, se livrèrent à des expériences ingénieuses et savantes, et s'ils n'atteignirent pas positivement le but, ils rendirent la tâche moins difficile.

Hâtons-nous d'ajouter qu'à Wollaston était réservée la gloire de l'emporter sur tous les autres, mais nous pensons sincèrement, qu'une telle victoire et le nom du vainqueur, doivent consoler de la défaite.

Toutefois, la première tentative connue, appartient au docteur Brewster. Dans son *Traité des nouveaux instrumens de Physique*, publié en 1813, ce savant écrivait : « L'on ne peut espérer d'améliorations essentielles pour les microscopes simples, qu'autant que l'on découvrira quelque substance douée comme le diamant, d'un fort pouvoir réfringent combiné avec un léger pouvoir dispersif. »

Guidé par cet aperçu, le docteur Goring, avec son ardeur habituelle, engagea M. Pritchard à faire des tentatives pour confectionner une lentille en diamant ; M. Goring voulut même fournir les

____

(1) Rapport fait à la Société d'encouragement le 8 janvier 1834.

matériaux et après un long travail et de nombreux accidens, M. Pritchard termina en 1826 sa première lentille, de moins d'un millimètre de foyer. D'autres opticiens suivirent cet exemple et moi-même je fis en 1832, des lentilles en pierres fines. Dès cet instant, les pierres précieuses eurent au moins quelqu'utilité réelle et non plus seulement une valeur de convention.

Les avantages de ces lentilles sur celles en verre; dépendent de leur plus grand pouvoir réfringent.

Ainsi, à courbure égale, l'amplificateur en pierre fine, donnera un grossissement plus considérable et par conséquent, on pourra, avec une lentille légèrement convexe, obtenir les mêmes amplifications qui exigeraient une grande convexité dans une lentille de verre ; il résulte encore de ce fait, 1° que l'aberration de sphéricité sera moins prononcée dans les lentilles en pierres précieuses, puisque ce défaut est le résultat d'une trop grande courbure, et 2° que le faible pouvoir dispersif des pierres fines, rendra ces lentilles presque entièrement achromatiques.

Aussi, dans son enthousiasme, M. Goring s'écrie : « Je regarde les lentilles en diamant comme le *nec plus ultrà* de la perfection pour le microscope simple ! »

Il est vraiment pénible de faire crouler un si bel édifice d'espérances. Les lentilles en pierres précieuses ont certainement de grands avantages et la science est redevable à celui qui le premier eut cette belle idée ; mais l'état de cristallisation des pierres, s'oppose souvent à ce qu'on puisse les mettre en œuvre. Il suffira de lire le récit des difficultés éprouvées par M. Pritchard, pour se convaincre de la vérité de ce fait. Plusieurs de ces pierres ont une double réfraction, polarisent la lumière et sont par conséquent, impropres à l'usage auquel on les destine. Quelquefois même, la polarisation a lieu dans certaines parties de la pierre, tandis que d'autres en sont exemptes. On répondra qu'en les taillant dans le sens de l'axe optique, on peut remédier à ce grave inconvénient ;

mais le travail de ces pierres est tellement difficile, que les meilleurs lapidaires étaient d'avis, qu'on ne parviendrait jamais à leur donner une forme convexe ou plano-convexe et surtout, à obtenir un poli parfait. Quoiqu'on ait vaincu en partie ces difficultés, les inconvéniens signalés plus haut, n'en subsistent pas moins. Ceci nous conduit naturellement à parler du prix élevé d'une pareille lentille, quoique pour quelques personnes, ce soit un argument bien faible. Une bonne lentille en diamant coûterait 500 fr. ou plutôt serait sans prix.

Un bon doublet en verre ne revient qu'à 10 ou 20 fr.

Les lentilles en grenat, n'ont pas les mêmes inconvéniens, mais on leur reproche leur coloration qui existe toujours plus ou moins, lors même qu'elles sont très-peu convexes. Ce défaut peut être favorable dans certaines circonstances, lorsqu'on veut, par exemple, observer un objet très-brillant.

J'ai fait avec cette substance, des doublets d'un prix modéré et qui parfois peuvent être utiles.

Je passerai sous silence les lentilles en cristal de roche, en tourmaline, etc., parce qu'elles ne me paraissent pas mériter une mention spéciale et que l'expérience les a fait abandonner complètement, même par leurs inventeurs.

En définitive, nous poserons une seule question qui nous paraît devoir terminer le conflit entre les pierres précieuses et le verre. A-t-on jamais vu, à l'aide des pierres précieuses, quelqu'objet que l'on n'ait pu voir aussi distinctement avec nos *doublets?* — Non. — Dès-lors toute discussion devient inutile.

Laissons là les pierres fines et suivons la voie qui nous conduira jusqu'à l'époque actuelle.

Wollaston, dont il faut toujours citer le nom quand il s'agit d'idées ingénieuses et de perfectionnemens utiles, fut le premier à faire exécuter des lentilles composées de plusieurs verres, pour remédier aux imperfections du microscope simple.

Il est vrai de dire, qu'à une époque antérieure, on avait déjà conçu la possibilité de cette combinaison (1), mais les auteurs qui en ont parlé, paraissaient ignorer complétement ses principaux avantages.

Dans les bulletins de la société d'encouragement (février 1837), M. Francœur nous apprend qu'il fesait usage de lentilles semblables depuis trente ans et qu'il fut surpris de voir attribuer cette invention au physicien anglais.

Quoi qu'il en soit, on peut lire dans les *Transactions Philosophiques* (année 1812, page 375), les raisons qui portèrent Wollaston à construire son *doublet périscopique*. Nous les donnons ici d'une manière succincte.

1° La lumière est insuffisante dans les lentilles à forts grossissemens, à moins que l'on ne donne au diaphragme une large ouverture pour obvier à ce défaut ;

2° Si l'objet est d'une certaine étendue, l'aberration de sphéricité s'oppose à ce que l'on voie distinctement toutes ses parties ;

3° Ce n'est qu'en rétrécissant beaucoup l'ouverture du diaphragme, que l'on parvient à se servir d'une pareille lentille ; tout en détruisant l'aberration, ce moyen limite nécessairement le champ de vue et s'oppose à ce qu'une quantité suffisante de rayons lumineux arrive à l'œil.

Wollaston fit construire son doublet périscopique composé de deux lentilles plano-convexes de même courbure, opposées par leur côté plan et séparées par un diaphragme dont l'ouverture centrale ne donnait passage qu'aux rayons perpendiculaires aux surfaces courbes de la lentille. Le diamètre de cette ouverture devait être égal au cinquième de la longueur focale du doublet. La fig. 31, pl. 1re, représente la disposition des verres et la marche des rayons.

(1) Voir les *Recherches historiques.*

Mais cette lentille composée de deux verres plano-convexes, ne formait pas une sphère complète et par conséquent, les rayons qui la traversaient ne se réunissaient pas tous au même foyer. Wollaston avait encore signalé la perte de lumière déterminée par la pluralité des surfaces qu'il fallait traverser.

Pour perfectionner ce doublet, le docteur Brewster proposa plusieurs sphères ; les unes, composées de deux lentilles réunies par leur centre, au moyen d'un tube rempli d'un liquide possédant le même pouvoir réfringent que le verre, ou même, d'une petite pièce de verre de même forme que le tube ; fig. **32**, pl. 1re; les autres, séparées par des plaques de verre et un diaphragme intermédiaire aux plaques ou aux surfaces planes des lentilles ; enfin le docteur anglais construisit la sphère rodée d'une seule pièce, fig. **33**, qui, légèrement modifiée par M. Coddington, porte le nom de lentille *œil d'oiseau*, fig. **34**.

Mon père construisit en France, les premières lentilles œil d'oiseau, qu'il nomma *coniopsides* et fit l'application du même principe aux oculaires de lunette, mais, M. Francœur(1), signala plusieurs inconvéniens attachés à cette construction et entre autres, la difficulté d'exécution, le prix élevé, l'affaiblissement de la lumière qui avait à traverser une grande masse de verre, etc. Néanmoins, nous construisons toujours des lentilles de Coddington, fixées dans une monture qui permet de les tenir à la main. Dans quelque position qu'on les place, l'axe visuel passe toujours par le centre de la sphère et cette circonstance les rend d'un usage excessivement facile. Ces petites loupes peuvent être employées avec avantage par les naturalistes.

Il ne nous paraît pas nécessaire de décrire les *lentilles dites sans aberrations* et le doublet *périscopique* du célèbre John Herschel ; ces combinaisons ne sont pas ordinairement employées.

(1) *Bulletins de la Société d'encouragement*, février 1837.

Nous arrivons enfin au perfectionnement le plus réel subi par cet instrument.

Ainsi que nous l'avons dit, Wollaston avait déjà fait des tentatives dans le but de perfectionner le microscope simple, mais l'esprit positif et consciencieux de cet illustre physicien, ne pouvait se contenter d'un essai qui n'avait pas rempli le but qu'il se proposait. Il fit de nouvelles recherches et un mois avant sa mort, le **27** novembre **1828**, atteint d'une affection cérébrale qui le conduisit au tombeau, il publia son Mémoire sur le doublet microscopique dont nous allons nous occuper. Ce fut son dernier legs scientifique, son dernier mot d'adieu à la science!....

Citons textuellement :

« L'examen de l'oculaire des télescopes astronomiques d'Huygens, me fit soupçonner qu'une combinaison semblable, appliquée dans un sens inverse au microscope, pourrait également avoir l'avantage de corriger les aberrations de sphéricité et de réfrangibilité. »

Wollaston ajoute, « que son doublet, ressemble assez bien à
» deux dés à coudre ajustés l'un dans l'autre, au moyen d'une
» vis et perforés à leurs extrémités. Au moyen de cette disposi-
» tion, les surfaces planes des deux lentilles plano-convexes, per-
» mettent de les ajuster facilement dans le même axe et la vis
» fournit les moyens de varier leur écartement, de manière à leur
» faire produire le meilleur effet possible. »

» D'après mes expériences, je suis porté à croire, que la meil-
» leure proportion entre les foyers des lentilles, doit être de 3
» à 1 et que leur réunion produira l'effet le plus satisfesant,
» lorsque la distance des deux surfaces planes sera environ
» de 1, 4/10 du foyer le plus court...... »

Dans notre chapitre *Eclairage*, nous reviendrons sur l'appareil de Wollaston ; pour le moment, ce qui nous importe, c'est de bien décrire son doublet.

La fig. 35, pl. 1ʳᵉ, nous représente cet appareil. A est le dé ou la

monture qui contient la plus grande lentille, B est le dé inférieur muni de la lentille la plus forte.

La monture inférieure B, présente un épaulement C qui la retient
dans l'anneau du porte-lentille. Cet ajustage est, d'après
Wollaston, bien préférable à une vis et permet de changer les
doublets plus facilement.

La coupe des deux lentilles isolées, est représentée en AB, fig. 36.

« Avant de terminer, dit Wollaston, je ferai remarquer un
» grand avantage qui m'a confirmé dans le choix que j'ai fait des
» lentilles plano-convexes convenablement disposées ; je veux par-
» ler de la direction du côté plan vers l'objet, car si la lentille tou-
» che au liquide que l'on examine, la vision ne sera pas empêchée,
» mais au contraire favorisée par le contact des deux milieux ; tan-
» dis qu'en employant une lentille bi-convexe, un pareil accident
» (qui n'est pas rare avec les verres à court foyer), forcerait de
» suspendre l'expérience jusqu'à ce que la lentille ait été enlevée,
» nettoyée et remise en place. »

On ne nous accusera sans doute pas de présomption, si nous
disons, que cette ingénieuse lentille avait pourtant ses défauts
et pour ne nous attacher qu'au plus important, nous ferons remarquer, que l'épaisseur du doublet de Wollaston, nécessitée par l'é-
loignement des lentilles, était un véritable obstacle lorsqu'il s'agissait de disséquer sur le porte-objet, car le foyer se trouvait tellement rapproché des lentilles, qu'il devenait impossible de faire
agir les instrumens de dissection et surtout d'employer de forts
grossissemens. C'étaient là de graves défauts, compensés à peine
par l'absence presque complète d'aberrations.

Néanmoins, frappé d'un perfectionnement aussi remarquable,
je me hâtai de construire le microscope de Wollaston avec toute
l'exactitude qu'il me fut possible d'apporter à ce travail et bientôt, je pus le mettre sous les yeux de MM. Audoin, Brongniart, de
Mirbel, Breschet, Le Baillif et Baron Séguier.

Ces messieurs s'accordèrent tous à reconnaître, que les prévisions de Wollaston étaient fondées, que l'instrument produisait des effets remarquables, mais ce fut avec la même unanimité, qu'ils signalèrent les défauts dont j'ai déjà parlé.

L'écartement des verres, dans le doublet de Wollaston, n'était destiné qu'à produire l'achromatisme; je pus me convaincre, que cette condition n'était pas d'une grande importance pour le microscope simple; l'aberration de sphéricité seule, me parut être le point capital.

Je réussis enfin à terminer le doublet que je vais décrire et qui est aujourd'hui généralement adopté par les savans les plus distingués.

Il se compose de deux verres plano-convexes de foyers égaux, A, B, fig. 37 et 38, pl. 1re; l'un très large B, placé du côté de l'objet, l'autre plus petit et supérieur A. Leurs faces planes sont toutes deux tournées vers l'objet. Entre ces deux lentilles serties séparément dans leurs montures a, b, j'ai placé un diaphragme d dont l'ouverture o varie suivant le foyer du doublet. De cette manière, la lentille est beaucoup moins épaisse et plus lumineuse que celle de Wollaston. Je dois ajouter, qu'elle présente un immense avantage, puisqu'elle permet de conserver entre elle et le porte-objet, un espace très suffisant pour faire agir commodément les instrumens de dissection.

Un autre avantage qu'on ne contestera sans doute pas à mon doublet, c'est qu'il peut se démonter lorsqu'il est nécessaire de nettoyer les verres et qu'en revissant les différentes pièces dont il se compose, elles se trouvent toujours parfaitement centrées.

Souvent même, on peut désirer un très faible grossissement que l'on obtient avec la plus grande facilité, en n'employant que la moitié du doublet.

Mes efforts ont été amplement récompensés par le succès que

j'ai obtenu, l'approbation des savans et le témoignage flatteur de la Société d'Encouragement (1).

Notre microscope simple perfectionné, fig. 2, pl. 3, est renfermé dans la boîte X sur laquelle on le visse, lorsqu'on veut observer.

TT, tige carrée creusée carrément pour recevoir la seconde tige G, dont la face postérieure porte une crémaillère et qui se meut au moyen du bouton à pignon R.

Nous avons rendu la partie optique mobile, parce que le microscope simple est particulièrement destiné aux recherches et aux dissections anatomiques et qu'il faut conserver à la platine la plus grande solidité, pour que les mains trouvent un point d'appui immobile qui leur permette de faire agir les instrumens de dissection, sans déranger l'objet du foyer, ce qui arriverait ifailnliblement par suite de la pression exercée sur une platine mobile.

Au sommet de la tige G, est ajusté à angle droit le bras *a*, terminé par un anneau A qui porte les doublets.

L'ancienne méthode qui consistait à visser les amplificateurs, avait plusieurs inconvéniens ; nos doublets entrent à frottement dans l'anneau.

P, platine large et percée à son centre, d'une ouverture circulaire.

D, diaphragme variable qui peut être enlevé à volonté.

M, Miroir qui glisse à frottement sur la tige T, au moyen de la boîte B.

La figure 3, représente le microscope anatomique de M. Le Baillif.

La tige T, est solidement fixée à la table P. Cette table est large et percée à son centre, d'une ouverture circulaire qui reçoit le tambour B également à jour en O et couvert d'une plaque de verre.

____

(1) Médaille d'or.

C C, sont deux colonnes ou pieds de la table, solidement fixés sur la boîte.

M, miroir mobile sur cette dernière, au moyen du pivot V.

La tige SA, se meut d'avant en arrière dans la boîte L, au moyen du pignon S ; cette boîte peut elle-même exécuter un mouvement horizontal sur la tige G. Cette disposition permet de parcourir en tout sens une surface, de retrouver facilement les parties déjà disséquées et de poursuivre son travail sans déranger la préparation. On enlève *ad libitum* le tambour B.

Pour se servir du microscope simple, il faut d'abord placer convenablement l'objet sur la table anatomique ou sur la platine. On trouvera au chapitre *Préparation des objets*, la manière de disposer un certain nombre de corps avant de les soumettre à l'investigation microscopique. Ces exemples suffiront pour guider les observateurs dans leurs premières tentatives, l'expérience fera le reste.

L'objet placé sur la platine, on choisit un doublet d'un pouvoir amplifiant proportionné à la nature du corps à étudier ou bien, au genre de recherches que l'on veut entreprendre. Au reste, pour procéder suivant la meilleure méthode, il faut commencer par les plus faibles grossissemens qui donnent une idée exacte de l'ensemble, passer ensuite à de plus fortes lentilles, pour dévoiler successivement les moindres détails et enfin, employer alternativement ces différens amplificateurs. C'est ainsi que l'on parvient à une connaissance parfaite des divers corps de la nature, sans craindre les erreurs ou les illusions qui sont toujours le résultat d'une observation mal faite.

Lorsqu'on a fait choix d'un doublet, on règle la distance focale au moyen de la crémaillère et on s'occupe de l'éclairage, ainsi que nous l'avons indiqué au chapitre 5.

Pour les dissections, il faut appuyer les deux poignets sur la table anatomique, de manière à faire agir librement les pointes , ciseaux, scalpels, etc.

Nous terminerons ce chapitre, par la description d'un nouveau microscope simple qui peut être fort utile aux anatomistes.

Lorsqu'il s'agit de faire des dissections minutieuses , il arrive parfois , qu'on est arrêté dans ses recherches, par l'impossibilité où l'on se trouve d'employer de forts grossissemens, car il n'y aurait plus assez d'espace entre la lentille et la platine, pour admettre les instrumens de dissection.

J'ai donc imaginé, en 1835, de placer au dessus du doublet, *une lentille achromatique concave* que j'avais construite en 1827 et qui peut s'en éloigner ou s'en rapprocher à volonté ; l'effet de cette combinaison , est d'augmenter le grossissement et de reculer le foyer. Ainsi disposé, cet instrument sera le plus puissant de tous les microscopes simples et cependant, l'espace destiné au passage des scalpels, pointes, etc. , sera plus considérable que si l'on fesait usage du doublet seul. Plus le verre concave sera éloigné de ce dernier, plus le grossissement sera fort; cette puissance sera également en raison directe de la concavité.

Je ne sais si cette combinaison a été employée par nos prédécesseurs ; je ne le pense pas et d'ailleurs, s'il en était ainsi, je ne la considérerais pas moins comme ma propriété, car elle me fut suggérée par le désir de faire disparaître les inconvéniens dont j'ai parlé plus haut et non par une réminiscence.

Au moment de publier cet ouvrage , nous venons de reconnaître une application importante de ce dernier instrument.

Plusieurs ophthalmologistes distingués nous avaient souvent demandé une loupe ou microscope simple assez puissant, pour examiner les yeux malades des personnes qui se confiaient à leurs soins. La difficulté n'était point de construire un microscope puissant, mais de le disposer de telle sorte, que le grossissement demeurant le même, le foyer ne fût pas trop près de la lentille. En effet, quand on place un corps trop près d'un œil, surtout lorsqu'il est malade, les paupières se ferment à l'instant et l'on est obligé de les maintenir ouvertes, soit avec les doigts, soit au moyen d'instrumens appropriés ; mais cette violence, quelquefois très douloureuse, a encore pour effet d'irriter l'œil et d'augmenter sa disposition à la mobilité et la difficulté de suivre ses mouvemens.

On évite ces inconvéniens avec notre nouveau microscope et déjà, nous avons reçu les remercîmens de plusieurs personnes qui en ont fait usage.

CHAPITRE II.

Au microscope simple, nous ferons succéder le microscope solaire qui n'est autre chose que le premier de ces instrumens disposé de manière à se prêter à un autre mode d'éclairage et à produire d'autres effets.

Ce fut en 1738 que J. Nathanael Lieberkuhn célèbre anatomiste de Berlin, publia la description de ce nouvel instrument qu'il venait d'inventer. Il était composé d'une lentille puissante destinée à condenser les rayons solaires sur l'objet et d'un microscope simple. Il n'avait pas de miroir réflecteur et ne pouvait servir que durant une faible partie de la journée, en d'autres termes, tant que la lentille condensatrice pouvait être dirigée vers le soleil.

Dans cet état, ce microscope était fort imparfait et cependant ses effets merveilleux attirèrent l'attention générale.

Pendant l'hiver de l'année 1739, Lieberkuhn le fit voir à plusieurs membres de la société royale de Londres. Parmi les opticiens qui vinrent assister à ses expériences, se trouvait Cuff qui se mit de suite à l'œuvre pour perfectionner la découverte. Il construisit bientôt un appareil composé d'un tube, d'un réflecteur, d'une lentille convexe destinée à condenser les rayons et enfin du microscope simple de Wilson. Le miroir réflecteur était mobile comme celui que nous employons actuellement.

Stimulé sans doute par cette importante amélioration, Lieber-kuhn voulut aussi perfectionner son œuvre et par une nouvelle combinaison, le microscope solaire devint applicable aux objets opaques; mais le procédé employé par l'auteur n'est pas venu jus-qu'à nous. Æpinus qui fit de nombreuses recherches pour le décou-vrir, fut conduit à modifier avantageusement la disposition de l'ap-pareil. Néanmoins, son miroir réflecteur avait de trop petites di-mensions et l'éclairage était insuffisant. Ziehr et B. Martin s'oc-cupèrent du même sujet, et Martin parvint enfin à construire en 1774, un microscope qui donnait une représentation claire et exacte des objets opaques.

Ce dernier instrument ne nous occupera pas davantage; mal-gré toutes ces modifications, il ne produit que des résultats im-parfaits et la science ne saurait actuellement en retirer aucune utilité.

Baker et Adams le père ne furent pas les derniers à s'occuper de cette belle découverte et leurs ouvrages augmentèrent encore son importance. Le second de ces auteurs avait donné en 1771, un nouveau procédé pour réunir le microscope solaire à la chambre obscure; il indiqua en même temps la manière de l'employer le soir en l'éclairant avec une lampe. C'est à ce dernier instrument qu'il donna le nom de *microscope lucernal* (1).

Mais il appartenait encore à B. Martin d'ouvrir la plus belle voie de perfectionnement en proposant d'appliquer des lentilles achromatiques au microscope solaire. Il paraît probable que cet instrument serait arrivé à cette époque, au point où il est parvenu

---

(1) On trouve dans les *Amusemens microscopiques* de Ledermuller, im-primés en 1768, la description d'un microscope solaire associé à une petite chambre obscure. Cet appareil, destiné au dessin des objets microscopiques, était de l'invention du baron Gleichen.

Dans le même ouvrage il est fait mention d'un *instrument microscopi-que solaire vertical,* inventé récemment à Leipsig.

de nos jours, si l'on avait connu nos moyens de fabrication et la nouvelle disposition que l'on donne aux lentilles.

Dans son cours de physique, Mussenbroek rapporte que le célèbre Euler remplaça par un réflecteur métallique, le miroir en verre dont la double réflexion lui parut nuisible. En 1812, le docteur Brewster appliqua ses combinaisons fluides à l'achromatisme des lentilles du microscope solaire. Enfin, guidé sans doute par les travaux d'Adams, le docteur Goring modifia l'instrument et l'associa comme son prédécesseur, à la chambre obscure en perfectionnant l'appareil.

En 1822, je terminai avec mon père, un microscope à calquer qui fut présenté à la société d'encouragement. Quelques années plus tard, MM. Percheron et Lefebvre me donnèrent la première idée d'un nouvel instrument que je construisis d'après leurs indications. *Le mégagraphe* auquel j'appliquai mes lentilles achromatiques perfectionnées, est le plus commode et le moins cher de tous les appareils de ce genre. Les naturalistes l'emploient fréquemment pour dessiner des objets grossis depuis cinq, jusqu'à vingt-cinq fois et plus. On peut également obtenir des images de grandeur naturelle, au moyen d'une modification que j'ai fait subir au système optique. La lumière d'une lampe suffit pour éclairer parfaitement le mégagraphe.

Après avoir parlé des progrès du microscope solaire, nous allons décrire celui que nous construisons aujourd'hui; nous indiquerons les modifications qui nous appartiennent, puis nous donnerons successivement la théorie de cet instrument et la méthode à suivre pour en obtenir les meilleurs résultats.

AA BB, fig. 1re, pl. 3, plaque en bois ou panneau du volet, percé d'une ouverture circulaire qui doit être située exactement en face du tube T de l'instrument.

a u b b, plaque en cuivre fixée sur la précédente au moyen des petits boutons à vis *c c'*.

M, miroir plan réflecteur qui peut se mouvoir circulairement à l'aide du bouton C' qui fait tourner le disque S au moyen d'un engrenage.

C, second bouton qui imprime au réflecteur, un mouvement vertical.

D, échancrure nécessaire pour que le disque S ne soit pas arrêté dans sa marche par le bouton C.

Le mécanisme qui fait marcher le miroir est suffisant pour de petits appareils, mais les grands microscopes solaires, exigent plus de solidité, c'est ce qui nous a engagé à placer une roue d'engrenage sur le côté de l'appareil ; cette modification donne au mouvement vertical toute l'exactitude désirable et l'appareil est moins sujet à se fatiguer.

T est un tube conique qui porte à son extrémité évasée, le grand verre condensateur. Le sommet du cône est terminé par un tube à parois parallèles T', qui reçoit un autre tube *t* dont l'extrémité est garnie près du porte-objet d'un second verre condensateur que nous nommerons verre de *focus*.

Signalons ici une seconde modification.

Nous avons rendu cette dernière lentille mobile au moyen de la crémaillère à bouton E. On pourra donc changer le foyer de cette lentille ou en d'autres termes placer l'objet plus ou moins près de son foyer et cette circonstance est importante, car certains objets exigent peu de lumière et d'ailleurs, il en est qui seraient consumés ou altérés à l'instant même, s'ils étaient placés exactement au foyer des condensateurs.

N représente la platine formée de deux plaques qui s'écartent et se rapprochent à volonté, au moyen de petits ressorts Hélicoïdes. Autrefois on ne pouvait placer qu'un certain nombre d'objets dans le microscope ; cette dernière disposition permet de soumettre à l'action de l'instrument tous les corps imaginables et notamment nos boîtes à parois parallèles transparentes.

Jusqu'à présent, nous n'avons parlé que de la partie *éclairante* de l'appareil, passons au système amplificateur.

H est une tige carrée que le bouton d'engrenage F fait glisser dans la boîte G. A son extrémité se trouve fixée à angle droit, la pièce I qui reçoit les trois lentilles achromatiques K et dans certaines circonstances que nous indiquerons plus loin, la lentille concave L. Le mouvement lent produit par la vis de rappel dans notre microscope composé, nous a paru tellement indispensable que nous l'avons dernièrement appliqué au microscope solaire.

A l'époque où nous parvînmes enfin à construire de bonnes lentilles achromatiques, nous pensâmes que leur application au microscope solaire serait une heureuse innovation. Bientôt il fut évident que notre prévision était juste.

Aujourd'hui, tous nos microscopes solaires portent un objectif ou amplificateur disposé d'après les mêmes principes que celui de notre instrument composé et les résultats que l'on obtient au moyen de cette combinaison, sont de beaucoup supérieurs à tout ce qu'on pouvait espérer autrefois.

Examinons actuellement la disposition des différens verres et la théorie du phénomène optique.

M planche 2, fig. 4, est le miroir, C le grand condensateur, *c* le *fœcus*, L les trois lentilles achromatiques, A, la lentille concave également achromatique et P un prisme rectangulaire.

RR' représentent les rayons solaires réfléchis en *rr'* par le miroir M, réfractés par le condensateur C et enfin, par la lentille *c* qui les concentre sur l'objet *o*. Les rayons qui partent de l'objet, sont repris et réfractés de nouveau par les lentilles L et vont après s'être entre-croisés, former sur un écran placé au devant de l'instrument, une image renversée de l'objet, d'autant plus grande que cet écran sera plus éloigné de l'objectif.

Ceci nous conduit naturellement à parler de la lentille plano-concave A. On a déjà vu dans le chapitre 1er que nous avions augmenté le pouvoir amplifiant du microscope simple en y ajoutant une lentille concave achromatique; la même disposition nous a semblé applicable au microscope solaire et voici pourquoi.

Il arrive fréquemment, que la chambre dans laquelle se font les expériences, n'est pas assez profonde et que l'amplification se trouve restreinte. Nous avions cru remarquer encore, que si on pouvait rapprocher l'écran tout en augmentant l'amplification, on obtiendrait une image plus claire que dans le cas où le même grossissement était le résultat de la méthode ordinaire. Ces réflexions nous conduisirent à placer la lentille A devant l'objectif et l'on concevra facilement le résultat par l'inspection de la figure. En effet, la plus grande divergence des rayons BB' aura pour conséquence nécessaire, la production d'une image plus grande que si elle était formée par la prolongation des rayons *bb'* interceptés à la même distance. Le verre concave peut être supprimé à volonté, suivant les effets que l'on veut obtenir.

Quant au prisme P, nous en fesons usage pour reporter l'image sur une table, sur le parquet ou le plafond. Il pourrait encore se faire que le mur situé vis-à-vis de la croisée, présentât des accidens qui s'opposeraient à la reproduction des images; on peut dans ce cas, diriger les rayons vers une muraille latérale, en donnant au prisme une position convenable.

Pour employer ce microscope, il faut d'abord rendre la chambre complètement obscure, ce que l'on obtient facilement au moyen de volets bien joints.

Quant à la situation de la fenêtre, elle doit être telle, que les rayons solaires puissent y arriver sans obstacle. On fait ensuite adapter à la partie moyenne d'un des volets, la plaque AA BB, pl. 3, ou bien on fait pratiquer une ouverture circulaire dans l'un des panneaux sur lequel on fixe la plaque en cuivre *aa*, *bb*, au moyen des vis *cc'*.

Lorsque l'appareil est mis en place, le miroir M se trouve en dehors de la chambre ainsi que le grand verre condensateur qui devient la seule voie ouverte aux rayons lumineux. On enlève alors le porte-objectif I et l'on cherche à former sur l'écran, un disque lumineux bien net et parfaitement clair. Pour y parvenir, on fait mouvoir le réflecteur M en tournant peu à peu et successivement les boutons C et C' jusqu'à ce que le miroir reçoive directement les rayons solaires et les réfléchisse sur le condensateur. Puis, en fesant glisser le tube de focus *t*, on parvient à obtenir un champ parfaitement net. En hiver le soleil s'élève si peu au dessus de l'horizon, que ses rayons viennent frapper la fenêtre en suivant une direction presque horizontale ; il devient alors très difficile de les recevoir sur le réflecteur ou plutôt de les réfléchir sur la grande lentille. Mais si la situation de la croisée est telle que les rayons puissent arriver obliquement par la droite ou la gauche, on pourra former un beau disque, même pendant le mois de décembre.

Après avoir terminé ces manœuvres préparatoires, on remet le porte-objectif en place et glissant un objet entre les deux plaques de la platine, on cherche le foyer en tournant le bouton F.

Si l'objet à examiner est très transparent, délicat, liquide, vivant, etc., il faudra faire varier le *focus* de manière à ce que le sommet du faisceau lumineux ne tombe pas directement sur l'objet et qu'il s'en éloigne plus ou moins suivant sa nature, car très transparent, cet objet serait noyé dans la lumière et la plupart des détails seraient perdus pour l'observateur ; délicat ou très combustible, il serait bientôt réduit en cendres ; l'évaporation rapide amènerait promptement la dessication des corps liquides, et la mort qui frapperait l'être vivant, arrêterait à l'instant même ces beaux phénomènes de locomotion et de circulation qui forment l'un des plus admirables spectacles promis à l'observateur. On peut encore modifier l'éclairage, en fesant glisser le tube *t* dans le tube T.

Disons quelques mots de l'écran. On sait déjà que l'amplification dépend, non seulement de la puissance des lentilles, mais encore de la distance à laquelle on place l'écran. Il serait donc difficile d'assigner une limite au grossissement du microscope solaire, si la lumière conservait toujours la même intensité. Malheureusement, il n'en est pas ainsi. Plus on éloigne l'écran, moins la lumière est vive, moins l'image est nette.

On peut varier la manière de construire l'écran. Tantôt on fait tendre sur un châssis, une ou plusieurs feuilles de papier fin et uni, que l'on remplace quelquefois par le papier végétal ; tantôt on reçoit l'image sur une glace dépolie ou sur de la percale tendue et enduite de cire vierge, enfin on peut se servir tout simplement de la muraille, pourvu qu'elle soit bien blanche et parfaitement plane. Cependant, ce dernier moyen ne peut être employé lorsqu'on veut dessiner les objets, car si on se place devant l'écran, on intercepte les rayons et l'image disparaît. On a donc imaginé de se placer derrière le papier dont la transparence permet de voir l'objet aussi bien que si l'on était placé en avant. Toutefois, une glace nous paraît être le meilleur écran, lorsqu'on veut dessiner les objets ; elle présente un plan solide sur lequel on peut tendre du papier végétal, tandis que le papier ou la toile cèdent toujours à la pression de la main, quelque bien tendus qu'ils soient sur le châssis. Ces variations en amèneront dans la position de l'image et il sera impossible d'obtenir un résultat satisfesant.

Quand l'instrument est bien disposé, que l'image est bien nette, il reste encore à remplir une condition importante. Les mouvemens de la terre empêcheront nécessairement les rayons solaires de tomber toujours sur le même point. Le phénomène est trop connu pour qu'il soit nécessaire de s'y arrêter. Il faut donc que le miroir aille au devant des rayons qui l'abandonnent, ou bien, ils ne seront plus réfléchis perpendiculairement sur le condensateur et bientôt l'instrument ne pourra plus fonctionner. Les deux boutons C et C' nous fournissent les moyens de maîtriser les variations de la lumière ; en surveillant l'appareil avec soin, on pourra prolonger les expériences jusqu'au moment où le soleil sera trop peu élevé au dessus de l'horizon.

Avons-nous besoin d'ajouter, qu'on peut changer les séries de lentilles comme dans le microscope composé. Si l'on ne veut obtenir que de faibles grossissemens, on diminue le nombre des verres, si au contraire on veut forcer l'amplification, on remplace les numéros faibles par les fortes combinaisons.

Les effets du microscope solaire sont si remarquables, que l'on ne se rend pas bien compte de l'espèce d'abandon où il est demeuré pendant ces dernières années ; il faut l'avoir comparé à nos microscopes simple et universel, pour comprendre la supériorité de ces derniers lorsqu'il s'agit de recherches scientifiques. Dans un siècle où la science a repris tant d'empire sur les esprits élevés, un instrument destiné plutôt à satisfaire une curiosité passagère, qu'à augmenter nos connaissances, devait nécessairement perdre à la comparaison. Cependant, cet appareil peut être utile dans un cours ; les autres microscopes ne peuvent satisfaire que la curiosité d'un seul individu à la fois, tandis que le premier déroule au même instant ses tableaux variés devant une assemblée nombreuse.

Une ère nouvelle semble s'ouvrir pour ce curieux instrument et le mégascope. Messieurs Daguerre et Niepce ont reculé les limites de la physique, leur découverte admirable va rendre l'existence à plus d'un appareil. Il faut des satellites à cet astre naissant, et bientôt, sans doute, nous verrons ces instrumens sortir de l'obscurité où ils végétaient, pour venir partager la gloire réservée à l'œuvre nouvelle.

Le microscope solaire ne sera pas des derniers et déjà, M. Talbot a fait pressentir les résultats qu'on peut attendre d'une pareille association. Il faut espérer que cette merveilleuse production de l'esprit humain sera sous peu livrée à l'avidité du public !

Le microscope au gaz n'est autre chose que l'appareil solaire éclairé par une lumière artificielle. La découverte de M. Drummond est certainement une belle chose, mais l'œuvre de l'homme porte toujours son cachet et doit s'incliner humblement devant l'œuvre de la nature. Le microscope solaire est animé par cette dernière, tandis que le microscope au gaz, est l'esclave d'une lueur bien pâle si nous la comparons à la lumière brillante qui éclaire le monde.

M. Drummond destinait sa nouvelle lumière à l'éclairage des phares. M. Cooper de Londres ne tarda pas à reconnaître tout l'avantage qu'on pouvait en retirer, en la substituant aux rayons du soleil. Durant plusieurs mois de l'année, à certaines heures du jour, on ne peut faire usage du microscope solaire, car le principe qui l'anime n'est pas soumis à la volonté de l'homme.

Mais aussitôt que la lumière Drummond eût manifesté sa puissance, l'appareil solaire défia les caprices des saisons et l'on put admirer ses beaux phénomènes, même pendant la nuit la plus obscure.

Cette belle lumière est produite par l'action des gaz hydrogène et oxygène, sur le carbonate de chaux. La plupart de nos lecteurs ont sans doute vu la brillante expérience de la combustion du fer dans l'oxigène; le chalumeau de Clarke ou de Newmann est encore un instrument que l'on trouve dans tous les cabinets de physique; l'appareil destiné à la production de la lumière Drummond, n'est autre chose que ce chalumeau d'où les gaz combinés jaillissent contre une boule ou un cylindre de carbonate de chaux. Mais le mélange des deux gaz, dans les proportions nécessaires à la formation de l'eau, donne naissance à un composé détonnant, ainsi qu'on peut s'en assurer avec le pistolet de Volta.

Il fallait donc construire un appareil qui produisît séparément les deux gaz et ne leur permît de se combiner qu'en petites quantités et dans les proportions voulues.

Dans l'instrument que M. Warwick apporta en France, le mélange des gaz s'opérait presque aussitôt après leur formation et le réservoir commun contenait une trop grande quantité de gaz détonnant.

Quelques toiles métalliques étaient les seuls obstacles opposés à la communication de la flamme avec le gaz renfermé dans l'appareil ; en un mot, c'était une espèce de machine infernale dont plusieurs personnes firent usage, dans l'ignorance où elles étaient du danger qui les menaçait à chaque instant.

La réputation dont le microscope au gaz jouissait en Angleterre, avait précédé son importation en France. Nous étions en arrière, il était de notre devoir de chercher à reproduire l'instrument. M. Galy-Cazalat, professeur de physique, voulut bien nous associer à ses travaux, mais bientôt, nous reconnûmes avec lui, tout le danger inhérent à la construction anglaise et peu s'en fallut que nous ne fussions les premières victimes.

C'était un appareil à refaire, presque une nouvelle création. Des expériences répétées et souvent dangereuses pouvaient seules nous conduire au but, néanmoins il fallait y parvenir et notre persévérance ne tarda pas à être récompensée. Aujourd'hui nous pouvons dire, que si le microscope au gaz est d'origine anglaise, il peut, à bon droit, réclamer sa naturalisation en France.

Voici, en peu de mots, la description de notre appareil :

Chaque gaz est renfermé dans un réservoir séparé. La pression exercée par une colonne d'eau, les force à s'échapper toujours séparément, par deux tubes qui viennent plonger au fond d'un vase très-profond et presque entièrement plein d'eau. En se dégageant, les gaz montent à la surface du liquide où ils se combinent en très-petite quantité. L'orifice de ce premier vase de sûreté est fermé par un bouchon en liége qui serait bientôt chassé avec violence, s'il arrivait que le gaz vînt à détonner. Un tube adapté à ce vase, conduit le mélange détonnant dans une éprouvette également pleine d'eau et fermée par un autre bouchon. Un dernier conduit donne passage à la petite quantité de gaz développée à la partie supérieure de cette éprouvette de sûreté. Mais avant d'arriver à l'extrémité du chalumeau, il faut encore que le fluide traverse un tube de sûreté à peu près semblable à celui de Davy ou de Hemming, garni à l'intérieur de 400 toiles métalliques très-fines et superposées. Les quatre becs du chalumeau sont en platine et percés de très petits orifices.

Lorsque les gaz chassés par la pression du liquide, s'échappent par les quatre becs, ils viennent frapper sur un cylindre de carbonate de chaux maintenu en contact avec les petits orifices ; si l'on enflamme le mélange, la chaux devient incandescente et bientôt, animée par le gaz *oxyhydrogène*, produit une lumière tellement vive, que l'on a peine à en supporter l'éclat.

Les rayons lumineux sont réfléchis sur le verre condensateur par un réflecteur parabolique placé devant la lumière et derrière une cloison qui sépare la chambre en deux parties. La première renferme l'appareil éclairant ; le microscope également fixé à la cloison, se trouve dans la seconde.

Cet examen rapide suffit pour donner une idée générale du gazomètre.

Il est une autre application de cet appareil qui doit un jour, le rendre indispensable, surtout aux physiciens et aux chimistes. En supprimant le cylindre de carbonate de chaux, on obtiendra sur une plus grande échelle, le chalumeau de Newmann. Mais quelle puissance prodigieuse ! Le diamant se volatilise, le platine est fondu à l'instant même où ces corps sont soumis à la flamme. On n'avait encore étudié l'action du chalumeau que pendant quelques minutes ; notre nouvel appareil peut agir pendant des heures ou même des journées entières.

On ne saurait prévoir les résultats de ces expériences ; c'est une voie nouvelle que nous avons signalée aux savans depuis 1833. L'action prolongée de cette flamme énergique, doit faire éprouver aux corps, des transformations inconnues et qui pourront servir à expliquer certains mystères de la nature impénétrables jusqu'à ce jour!

Le microscope au gaz est utile pour la démonstration publique. Tous les corps soumis au microscope solaire, peuvent l'être également à cet appareil. Mais son prix élevé, l'emplacement qui lui est nécessaire et le temps qu'il faut sacrifier à la préparation des gaz, sont autant de raisons qui militent en faveur du microscope solaire et le feront toujours préférer par les amateurs.

CHAPITRE III.

DU MICROSCOPE COMPOSÉ.

Le microscope simple conduisit à la découverte du microscope composé. Nous avons déjà parlé des modifications, des phases que subit ce précieux instrument, nous ne devons nous occuper ici que du microscope tel qu'il est aujourd'hui. Nous indiquerons toutefois quelques particularités relatives à ses derniers progrès en prenant l'application de l'achromatisme pour point de départ.

La manie du néologisme s'est étendue jusqu'aux instrumens qui nous occupent. Le mot *microscope*, aussi expressif que possible, avait duré trop long-temps pour plaire encore aux novateurs. L'instrument jouait toujours le même rôle, mais il avait subi des perfectionnemens et l'ancien nom ne pouvait convenir aux nouveaux appareils. Il fallait un second baptême, le docteur Goring fut le parrain et le microscope composé devint l'*engyscope* (de εγγυς près et σκοπεω voir). Cette dénomination était un emprunt fait par le docteur anglais à ses prédécesseurs, pour distinguer le microscope simple de l'instrument composé.

Nous aimons à rappeler, que le docteur Goring a des titres plus solides à la reconnaissance des observateurs. Nous apprécions ses travaux remarquables, nous profiterons souvent de son expérience, mais, routiniers que nous sommes, nous appellerons toujours un *microscope* un microscope.

Le microscope composé est un instrument d'optique destiné comme le microscope simple à l'amplification des objets. Mais avec ce dernier on obtient le résultat au moyen d'une seule lentille ou d'une combinaison de lentilles qui agit immédiatement sur les rayons lumineux, en d'autres termes, qui grossit les objets et transmet directement à l'œil l'image amplifiée, tandis que dans le microscope composé, l'image n'est perçue qu'après avoir subi une seconde amplification produite par un autre système de verres.

Ces derniers prennent le nom d'*oculaires*, et sont dirigés vers l'œil, tandis que ceux qui produisent la première amplification, se nomment *objectifs* et sont tournés vers l'objet.

Dans son rapport sur le microscope achromatique (*Annales des sciences naturelles.* Novembre 1824), Fresnel donne une idée juste et succincte de l'instrument composé.

« On sait, dit ce savant physicien, que les microscopes sont composés comme les télescopes, d'un objectif et d'un oculaire. Le premier sert à produire une image amplifiée de l'objet, dont les rayons sont ensuite reçus par l'oculaire qui la présente à l'œil en l'amplifiant comme une loupe au travers de laquelle on regarderait les caractères d'un livre. Les corps célestes et même terrestres qu'on observe avec un télescope sont toujours infiniment plus éloignés de l'objectif que leur image ; c'est l'inverse dans les microscopes composés. L'objet est beaucoup plus près de l'objectif que son image et voilà pourquoi celle-ci est, absolument parlant, plus grande que l'objet. Si, par exemple, la distance de l'image est dix fois plus grande que celle de l'objet, le diamètre de l'image sera dix fois plus grand que celui de l'objet. »

Après avoir traversé l'objectif, les rayons s'entre-croisent et c'est dans cette position qu'ils sont repris par l'oculaire ; il arrive donc que l'objet paraît renversé et c'est là un des grands reproches que l'on adresse à cet instrument. Nous devons avouer que ce renversement pouvait entraver les dissections et même, les rendre presqu'impossibles.

Cet obstacle n'existe plus, heureusement ; nous indiquerons plus loin les procédés et les instrumens que nous avons imaginés pour le faire disparaître. On comprendra facilement que l'amplification sera bien plus considérable dans le microscope composé que dans le simple ; en effet dans l'un, on n'a qu'une puissance amplifiante tandis que dans l'autre, il y a double amplification.

On a construit différentes espèces de microscopes composés. Le premier, qui est généralement usité aujourd'hui, porte le nom de dioptrique ou microscope de réfraction. Mais une modification importante due au professeur Amici de Modène, en a· fait un microscope de réfraction et de réflexion qu'il faut distinguer de l'instrument du même physicien, connu sous le nom de catadioptrique.

Pour éviter la confusion, nous appellerons le premier : *dioptrique à prisme.*

On nous reprochera peut-être, les répétitions qui se rencontrent dans ce chapitre, elles étaient inévitables. L'histoire spéciale de l'appareil composé et des tentatives que l'on fit pour achromatiser ses lentilles, devait nécessairement emprunter quelque chose à l'histoire générale des microscopes.

DU MICROSCOPE COMPOSÉ DIOPTRIQUE.

Nous commencerons par la théorie de ce microscope en prenant pour exemple, l'appareil le plus simple, composé seulement d'une lentille et d'un oculaire.

Soit MN, pl. 2, fig. 5, un petit objet placé au foyer ou un peu plus loin que le foyer principal de l'objectif AB ; les rayons lumineux réfractés par cette lentille iront former en m,n, une image de l'objet MN. La grandeur de l'image m,n, sera à MN comme la distance $n,$A, est à la distance AM. Si nous examinons cette image m,n, déjà amplifiée, à travers un oculaire EF placé de manière à ce que *m,n*, se trouve à son foyer principal , nous ferons subir à cette image une nouvelle amplification, car l'œil placé en O verra l'objet sous l'angle E,O,F bien plus grand que *n*,O,*m*, et par conséquent bien plus grand encore que M,O,N.

On peut avec les mêmes verres obtenir une plus forte amplification en augmentant la distance entre E,F, et A,B, mais cette disposition rétrécit le champ de vue et empêche de voir l'ensemble des objets soumis au microscope. On a donc placé entre l'image et l'objectif un troisième verre nommé verre de champ. Dans la figure 6, MN est l'objet et *m,n*, l'image que formeraient les rayons réfractés par GH suivant la direction G*n*,H*m*, et *c*'est cette image qui est amplifiée par l'oculaire EF. On a encore augmenté le champ de vue en donnant la forme plano-convexe aux verres EFGH.

Ajoutons à cet appareil le prisme d'Amici, et nous aurons, pl. 2, fig. 7, MN l'objet, AB la lentille achromatique et P le prisme dont la face P réfléchira les rayons dans la direction PO. Le reste de la théorie est absolument semblable à celle du microscope vertical.

Il est une autre circonstance importante qui a conduit à construire le double oculaire dont nous venons de parler, c'est l'aberration chromatique.

Ce fut au télescope que l'on fit la première application de ce système, aussi est-ce d'après l'oculaire de cet instrument que nous allons expliquer la théorie.

Soit O, fig. 40, pl. 1re, l'objectif achromatique d'un télescope, et E l'oculaire simple ; F sera le foyer de l'objectif O et c'est en ce point que se formera une image renversée de l'objet.

Le rayon de lumière blanc A,*a,b*, réfracté par l'oculaire E sera décomposé de telle sorte que *b*, R sera la direction des rayons rouges et *b*,V celle des rayons violets ; l'angle V,*b*,R sera pour le crownglass 1/27me de *a,b*,R. Les rayons B,*a,d* , traversant la lentille en un point où ses surfaces sont moins inclinées l'une sur l'autre, éprouveront une réfraction moins forte et une dispersion qui suivra à peu près la même proportion. Il en résulte que d,I sera la direction des rayons rouges et ,d,v celle des violets; de cette manière les deux rayons violets seront à peu près parallèles lorsque les rayons rouges seront dans une semblable position respective.

Il arrivera donc que ces rayons colorés ne se réuniront pas au fond de l'œil; l'objet paraîtra bordé de franges colorées et le bord d'une ligne noire vue sur un fond blanc, aura une frange orangée en dehors et une coloration bleue en dedans. Cette aberration augmentera à peu près dans la même proportion que l'angle visuel bIc; donc, plus cet angle sera grand ou en d'autres termes plus l'amplification sera forte, plus la coloration sera manifeste.

Voyons maintenant de quelle manière l'oculaire composé de deux verres plano-convexes parvient à détruire cette aberration. Fig. 41, planche 1re, représente l'oculaire négatif ou achromatique. AB est un pinceau de lumière blanche déjà réfracté par l'objectif, BF est un verre de champ plano-convexe dont le côté plan est tourné vers l'oculaire E. Les rayons rouges du pinceau AB après avoir été réfractés par BF, iraient s'entre-croiser en R et les violets en V; mais en traversant l'oculaire E, les rayons rouges seront réfractés en c,r, les violets en c,d, et ils s'entre-croiseront en se réunissant sur l'axe au point c, car le rayon violet étant plus près de l'axe de la lentille E, éprouvera une réfraction moins forte que le rayon rouge, et lorsque l'œil sera placé dans l'axe en c, il verra les objets exempts de coloration. On a fait des oculaires composés d'un plus ou moins grand nombre de verres, mais nous avons adopté la disposition indiquée ci-dessus.

Le docteur Hooke en 1656, Eustachio Divini en 1668 et Philippe Bonnani en 1698, publièrent les descriptions de leurs microscopes que nous citons particulièrement, parce qu'ils furent sans contredit les premiers appareils bien disposés pour certaines observations. Le dernier surtout décrit par P. Bonnani dans son ouvrage intitulé : *Observationes circa viventia, quæ in Rebus non viventibus Reperiuntur,* est remarquable sous plusieurs rapports. Composé de trois verres ; un oculaire, un verre de champ et un objectif, ce microscope était placé *horizontalement* et la platine portait en arrière, un *petit tube garni d'une lentille convexe à chaque extrémité*, destiné à condenser la lumière sur l'objet. Une lampe complétait l'appareil mis en mouvement au moyen d'une crémaillère (pl. 2, fig. 3). Au reste, tous les microscopes plus ou moins anciens dont on possède les descriptions, avaient beau réunir toutes les conditions qui rendent un instrument commode et d'un usage facile, ils péchaient toujours par la base, c'est-à-dire par la partie optique. Les aberrations de sphéricité et de réfrangibilité étaient si apparentes, les procédés mis en usage pour remédier à ces défauts, rétrécissaient tellement le champ de vue, diminuaient la clarté ou remplissaient si imparfaitement le but, que le microscope composé, cet instrument aujourd'hui si précieux, fut rejeté par les savans, abandonné aux curieux et pour ainsi dire aux enfans, comme un jouet agréable, mais aussi comme un appareil inutile à la science et plus propre à induire en erreur, qu'à augmenter la somme de nos connaissances. Ces défauts devenaient encore plus apparens par l'effet de l'oculaire qui, grossissant l'image de l'objet, fesait subir le même grossissement aux vices de la réfraction objective.

Aussi, quant à l'instrument composé, ne doit-on dater l'ère microscopique, que du jour où l'achromatisme fut heureusement mis à contribution et rendit aux savans le plus précieux de leurs moyens d'investigation.

Le télescope, destiné à l'étude des phénomènes célestes, dut attirer spécialement l'attention des savans. Aujourd'hui que l'anatomie, la physiologie, la chimie, etc., sont parvenues à un rang si élevé, à une époque où ces sciences mettent toutes les autres à contribution, le microscope reprend ses droits et lorsque d'un côté, on place la science qui rétablit la santé et prolonge la vie, et de l'autre, les connaissances astronomiques si admirables du reste, on peut facilement prévoir de quel côté penchera la balance.

Néanmoins le télescope fut achromatisé long-temps avant le microscope. Les auteurs anglais rapportent qu'en 1729, deux ans après la mort de Newton, un savant d'Essex, M. Chester More Hall, fut conduit par l'étude de l'œil humain à la découverte de l'achromatisme et reconnut après beaucoup d'expériences, que deux espèces de verre combinées, réfractaient la lumière sans la décomposer. Vers 1733, il fit des objectifs achromatiques et deux de ses télescopes furent long-temps entre les mains de personnes qui ignoraient toute la valeur de ces instrumens. M. Hall mourut sans faire connaître son secret.

Il est juste de rappeler, que Grégory avait en 1713, donné dans sa catoptrique, les premières idées de la combinaison des milieux de densités différentes.

Probablement, la difficulté d'achromatiser de très petites lentilles, dut contribuer en partie à éloigner les esprits d'une pareille tentative pour le microscope, cependant l'impulsion était donnée. Dollond construisit en 1757 des télescopes achromatiques parfaits, mais il ne fit pas l'application de ce système à ses microscopes qui furent long-temps très estimés. Ces instrumens ainsi que ceux du duc de Chaulnes, de Dellebare, d'Adams, de Charles, etc., étaient plus ou moins remarquables par leur partie mécanique, mais l'appareil optique était toujours défectueux et le microscope semblait réduit à ne jamais sortir de sa médiocrité. Toutefois, on remarquait avec un sentiment de regret bien pardonnable et complètement évanoui au moment où nous écrivons, que l'Angleterre était plus laborieuse que nous et semblait avoir le monopole de la fabrication des meilleurs instrumens.

Cependant, une lacune se fesait vivement sentir dans les recherches scientifiques ; l'analyse réclamait impérieusement une nouvelle puissance et les belles découvertes faites par les observateurs à l'aide du microscope simple, inspiraient un désir ardent de pouvoir utiliser la puissance énergique du microscope composé.

De 1800 à 1810 Charles de l'Institut, avait fait des tentatives pour achromatiser de petites lentilles. On peut voir ces essais au Conservatoire des arts et métiers dans le cabinet de physique dont la direction est confiée à M. Pouillet, une des célébrités de notre époque. Au reste les lentilles de Charles n'étaient pas disposées de manière à être collées ni superposées et je ne pense pas qu'il eût été possible d'employer des verres dont le centrage et les courbures présentaient de si nombreuses imperfections.

En 1812 le docteur Brewster proposa des lentilles achromatiques composées de verres et de liquides de densités différentes. Mais ces lentilles curieuses sous le rapport scientifique, offrent tant d'inconvéniens dans la pratique, qu'il nous a paru suffisant de les indiquer sans nous y arrêter plus long-temps.

Vers l'année 1816, Frauenhofer savant opticien de Munich, fabriquait des objectifs de microscope à une seule lentille achromatique dont les deux verres n'étaient pas collés ensemble (1).

Quoi qu'il en soit de toutes ces tentatives, la première idée de l'achromatisme appliqué aux objectifs du microscope, appartient incontestablement à Euler. Nous n'avons pas suivi rigoureusement l'ordre chronologique dans cet exposé, parce que nous tenions à isoler Euler des autres auteurs. L'ordre de succession est indiqué dans nos recherches historiques.

Il existe un ouvrage assez rare publié à Saint-Pétersbourg en 1774, sous le titre suivant : « *Instruction détaillée pour porter les* » *lunettes de toutes les différentes espèces au plus haut degré de per-* » *fection, avec la description d'un microscope qui peut passer pour le* » *plus parfait dans son espèce, tirée de la théorie dioptrique de Léo-*

(1) Recherches historiques.

» nard *Euler,* et mise à la portée des ouvriers par *Nicolas Fuss.*

On y trouve une description de l'objectif du microscope dont voici la substance.

« L'objectif sera composé de trois verres dont le premier et le troisième seront en crown-glass et le second en flint. La distance focale sera d'un demi-pouce, et l'ouverture de la lentille, d'un huitième de pouce. On donnera au verre qui compose la lentille, le moins d'épaisseur possible ; les deux lentilles de crown-glass seront bi-convexes et la moyenne bi-concave, etc. »

En 1823 je travaillais encore avec mon père M. Vincent Chevalier, lorsque M. Selligue mécanicien, vint nous proposer de faire des objectifs achromatiques pour les microscopes, il nous fournit un dessin que je possède et d'après lequel il était difficile de construire un instrument ; néanmoins nous parvînmes à établir un microscope d'après ses indications ; mais il n'en fut point satisfait et il fallut six mois d'essais consécutifs, dispendieux et de modifications apportées au projet primitif, pour terminer enfin le premier instrument. L'objectif était d'abord composé d'une seule lentille, mais bientôt, on parvint à en superposer quatre, chacune de dix-huit lignes de foyer, six lignes de diamètre et deux lignes d'épaisseur au centre. L'ouverture était d'une ligne. Elles pouvaient être employées réunies ou séparément. Nous livrâmes ce microscope à M. Selligue qui le présenta à l'Académie des sciences le 5 avril 1824, et le 30 août suivant, Fresnel fit un rapport très favorable en signalant néanmoins plusieurs défauts. Dans ce rapport, il n'était nullement question des travaux que j'avais exécutés avec mon père ; Fresnel ignorait complètement notre collaboration avec M. Selligue.

Nous abandonnâmes alors M. Selligue, tous nos frais et son microscope imparfait. L'instrument dont nous venons de parler, avait un objectif composé de quatre lentilles composées elles-mêmes d'un verre plano-concave de flint-glass et d'un autre bi-convexe de crown-glass, réunis par leurs surfaces correspondantes. L'aberration chromatique était certainement bien diminuée, mais la face convexe de la lentille étant tournée vers l'objet, l'aberration de sphéricité était considérable, bien qu'on eût fait l'ouverture des lentilles excessivement étroite, dans l'intention de corriger ce défaut.

Frappé de tous ces graves inconvéniens, guidé par les travaux d'Euler, je fis des recherches qui me conduisirent à tourner le côté plan des lentilles vers l'objet et bientôt nous construisîmes des objectifs mieux achromatisés, d'un très petit diamètre et d'un foyer beaucoup plus court.

Il faut remarquer que le *collage des petites lentilles* au moyen de la térébenthine ou du baume de Canada, est une idée qui nous appartient. Non seulement ce moyen empêche l'introduction de l'humidité entre les deux verres, mais encore il évite la déperdition de lumière occasionnée par les réflexions multiples que produisent les faces juxta-posées.

En septembre 1824 nous fîmes la première lentille achromatique de quatre lignes de foyer, deux lignes de diamètre et une ligne d'épaisseur au centre. Si l'on n'était parvenu à faire des lentilles à court foyer et d'un très petit volume, il eût été impossible d'en superposer plusieurs et l'on n'aurait pu détruire l'aberration de sphéricité, comme on le fait aujourd'hui. Après avoir fait subir plusieurs modifications au microscope, nous le présentâmes le 30 mars 1825 à la Société d'Encouragement. M. Hachette chargé du rapport, observa que cet instrument était exempt de toute aberration sensible, et que, soit pour les objets opaques, soit pour les objets transparens, il présentait autant de netteté que les télescopes achromatiques.

De 1824 à 1825, M. Tulley, à l'instigation du docteur Goring, fit en Angleterre, le premier objectif achromatique dont le foyer était de 9/10es de pouce et qu'il perfectionna par la suite.

Nous reçûmes en 1826 une lettre du savant professeur Amici,

dans laquelle il nous annonçait quelques nouveaux travaux du même genre (1).

En 1815 ce physicien avait déjà fait des tentatives d'achromatisme, mais il les abandonna bientôt et ce ne fut qu'en 1824, après le rapport de Fresnel, qu'il reprit ses expériences et les poursuivit avec un tel succès, qu'en 1827, il apporta à Paris son microscope horizontal dont l'objectif était composé de trois lentilles superposées ayant chacune six lignes de foyer et une large ouverture. Son microscope avait en plus, des oculaires de rechange, condition précieuse pour varier les amplifications. Toutefois ses lentilles *n'étaient point collées*. Cet instrument excita une juste admiration dans le monde savant. Il est bon d'observer que le rapport de Fresnel sur le microscope achromatique que j'avais construit avec mon père pour M. Selligue, fut la cause première de tous les travaux qu'on exécuta depuis cette époque. Pendant le séjour de M. Amici à Paris, nous exposâmes au Louvre un microscope horizontal construit sur le modèle et d'après les avis de ce physicien ; le jury nous décerna la médaille d'argent sur le rapport de M. Arago qui déclara que l'instrument était *parfaitement exécuté*. Depuis lors, plusieurs objectifs furent construits par MM. Tulley, Amici, mon père et moi et devinrent les sujets des observations et des mémoires intéressans de messieurs Amici, Goring, Lister et Le Baillif, qui contribuèrent si efficacement au perfectionnement des microscopes achromatiques.

Je viens de nommer M. Le Baillif. Cet amateur éclairé des sciences ne refusa jamais aux artistes ses conseils et ses encouragemens. Plus que tout autre, je fus à même, d'apprécier cette affabilité qui ne se démentait en aucune occasion, car il me témoignait une affection particulière. De bonne heure il m'initia aux secrets de la science microscopique à laquelle il avait consacré la plus grande

(1) Voir les notes.

partie de sa vie. Lors de mes tentatives d'achromatisme, je lui portais chaque jour le résultat de mes travaux et ce patient observateur ne recula jamais devant les nombreuses épreuves comparatives qui seules pouvaient faire reconnaître le progrès.

M. Le Baillif fut mon premier guide et m'inspira le désir de perfectionner les instrumens ; si mes intérêts matériels en ont souffert, le suffrage et l'amitié des savans ont été pour moi de précieuses compensations.

Ce peu de lignes consacrées à la reconnaissance, n'expriment qu'une faible partie de mes sentimens. Plus loin, je reparlerai de M. Le Baillif dont malheureusement il ne nous reste plus qu'un souvenir.

En 1833, je séparai mon établissement de celui de mon père. Je fis construire dans mes ateliers, tous les instrumens de physique et spécialement mes nouveaux microscopes.

De nombreux changemens apportés à la partie mécanique de cet appareil, me permirent de lui donner justement, le nom de *microscope universel*. De jour en jour, les objectifs subirent des perfectionnemens et j'obtiens aujourd'hui les plus fortes amplifications, au moyen de trois lentilles superposées ainsi qu'on le voit, fig. 42, pl. 1re. La fig. 43 représente les deux verres qui composent chaque lentille. A , verre bi-convexe en crown-glass, B verre plano-concave en flint.

Une pièce accessoire que j'ai imaginée fournit les moyens de redresser l'image quand on se livre aux dissections microscopiques, et détruit complètement la principale objection des adversaires du microscope composé.

Le premier de ces microscopes , admis à l'exposition des produits de l'industrie en 1834 , était destiné au collège de France et fut construit à la demande de M. Savart. Dans leur rapport (1),

(1) Voir les notes.

MM. Séguier, Savart et Pouillet le déclarèrent supérieur à celui d'Amici. Conformément à leurs conclusions, le jury m'accorda la médaille d'or.

Dernièrement, l'Académie des Sciences vient de faire l'acquisition d'un instrument semblable pour son cabinet ; cette préférence et les noms des savans distingués qui font usage de mon microscope, suffiront pour marquer la place qu'il occupe aujourd'hui.

Dans l'état actuel, quels sont les avantages que présente cet instrument ?

D'abord, nous signalerons la position horizontale. Lorsqu'on a besoin de faire des observations prolongées avec le microscope vertical, on ne tarde pas à sentir un engourdissement douloureux dans les muscles postérieurs du cou, on est obligé de suspendre fréquemment l'expérience et chaque fois la douleur revient avec plus de rapidité. La position de l'œil est la plus désavantageuse pour les observations microscopiques ; en effet, le fluide qui lubréfie la surface antérieure de l'organe, suit les lois de la pesanteur et s'accumule dans le point le plus déclive ; lorsque l'œil est incliné en bas de manière à voir dans le microscope, ce fluide doit nécessairement se porter sur la cornée en face de l'ouverture pupillaire. Pour peu que l'œil soit prompt à se fatiguer, la sécrétion de l'humeur sera augmentée et dès lors il ne reste plus qu'à suspendre les recherches. Nous n'avons pas besoin de parler de la courbure du tronc, il suffit d'observer une seule fois avec le microscope vertical pour ressentir la fatigue qui résulte de cette position.

Avec le microscope horizontal au contraire, le corps reste parfaitement droit. Le fluide lubréfiant du globe oculaire s'amasse dans la gouttière que lui forme la paupière inférieure d'où il est repris par les conduits lacrymaux. On peut continuer les observations pendant une grande partie de la journée, sans éprouver la moindre fatigue corporelle. M. de Mirbel préfère la position oblique à 45 degrés, et dernièrement il nous a fait fixer dans cette direction le microscope vertical que nous lui avions fourni en 1825.

La vérité de ces remarques est incontestable, et bien que notre microscope universel soit disposé de manière à prendre toutes les positions, il est rare qu'on le place verticalement.

Il nous serait facile d'accumuler des preuves en faveur de la position horizontale, mais elles ne seraient utiles qu'aux personnes qui possèdent cet instrument et l'expérience leur en dira plus mille fois que tous nos raisonnemens.

Certains procédés micrométriques, l'application des diverses chambres claires, exigent la position horizontale d'Amici, c'est ce que nous démontrerons plus loin. Quant aux opérations chimiques, elles sont pour ainsi dire impraticables avec le microscope vertical, nous pouvons du moins affirmer qu'elles offrent d'innombrables et rebutantes difficultés.

La nouvelle disposition de la vis de rappel destinée à imprimer le mouvement lent à la platine, nous paraît être une des modifications importantes que nous ayons fait subir au mécanisme de l'instrument. Nous ne prétendons pas dire qu'avec la crémaillère on ne puisse parvenir à placer l'objet assez exactement au foyer, néanmoins ce n'est qu'avec la vis de rappel qu'on peut obtenir un résultat parfait. Elle peut encore être d'une grande utilité lorsqu'il s'agit de mesurer l'épaisseur des objets en fesant mouvoir la platine verticalement. Nous avons fait disparaître les vis de pression qu'on employait pour fixer la boîte de la platine et désormais il n'y a plus à craindre aucun dérangement de l'objet.

Tous les mouvemens imprimés au corps de l'instrument, soit latéralement, soit verticalement, n'occasionnent pas la moindre altération dans le centrage et la solidité; des butoirs limitent les mouvemens et déterminent exactement la position des différentes pièces lorsqu'on les replace dans leur situation primitive. Au reste notre microscope est vraiment un appareil universel, non seulement pour le présent mais encore pour l'avenir, car nous ne pensons pas qu'on puisse proposer une seule modification qui ne soit immédiatement applicable à notre modéle. Expliquons-nous.

L'agencement des pièces est tel, qu'on peut en enlever une et la remplacer par une autre, sans altérer en aucune manière l'exactitude de l'instrument. S'agit-il du microscope horizontal et veut-on faire subir quelque changement au prisme? La pièce qui porte ce verre s'enlève avec la plus grande facilité, on fait les changemens désirés ou bien l'on ajuste une nouvelle pièce. Pour les autres positions, on peut à volonté allonger le corps de l'instrument, changer et modifier les oculaires, appliquer tous les procédés de micrométrie imaginables, etc., etc. Enfin il n'est pas une seule disposition applicable aux autres microscopes, qui ne le soit également au nôtre, si toutefois elle n'existe déjà..

Au reste, toutes ces modifications, tous ces perfectionnemens, n'ont pas manqué de nous attirer de nombreuses et souvent d'injustes critiques ; la jalousie n'a pas ménagé les insinuations. Il a fallu bien de la persévérance et surtout la certitude d'arriver à un résultat, pour me donner la force de soutenir une lutte dans laquelle, seul contre plusieurs, je risquais ma fortune et ma santé.

Je commencerai par la description de mon microscope universel. Ensuite j'indiquerai la manière d'en faire usage.

L'instrument renfermé dans une boîte à compartimens sur laquelle on le visse au moment de faire les observations, est représenté planche 4, fig. 1. L'oculaire se trouve exactement à la hauteur de l'œil.

A boîte.

B tiroir.

C C colonne de support immobile.

D, pièce en cuivre horizontale articulée avec la colonne au moyen de la charnière E et à laquelle est fixée en D la tige carrée F dont la face postérieure est garnie de haut en bas, d'une crémaillère.

Cette tige est fixée à la colonne C par le bouton G.

H miroir concave.

I miroir plan placé sur la face opposée.

K bouton qui permet de faire tourner le miroir dans le demi-anneau en cuivre L qui lui-même jouit d'une mobilité latérale sur la boîte M.

N bouton qui fait courir cette boîte sur la crémaillère de la tige.

O pignon moteur de la boîte P.

Q vis de rappel à boule destinée à imprimer à la platine un mouvement insensible pour placer l'objet exactement au foyer. (Nous décrirons plus bas la platine.)

R corps de l'instrument mobile en deux sens, 1° horizontalement sur la pièce a, 2° verticalement au moyen de la charnière c. A son extrémité S, se placent les verres oculaires et tout l'intérieur du tube est garni en velours noir. Ce fut en **1823** que j'imaginai ce dernier moyen pour éviter la réflexion de la lumière par les parois du tube.

S oculaire.

T tube qui s'allonge ou se raccourcit au moyen d'une crémaillère et du pignon U. On a tracé sur ce tube une échelle qui permet d'apprécier l'allongement.

V tube fermé à son extrémité et portant à son intérieur le prisme réflecteur fixé par le petit bouton b. Ce tube est joint au corps R au moyen d'un assemblage à baïonnette.

X tube porte-lentilles.

Y lentilles.

Z platine mobile et ses accessoires.

Les mêmes lettres s'appliqueront à toutes les figures de la planche première.

Pour se servir de l'instrument, après l'avoir fixé sur une table solide et dirigé comme nous l'avons dit dans l'article éclairage, il faut déterminer la position la plus convenable pour le genre d'observations que l'on veut faire.

La position horizontale, figure première, est celle qu'on emploie le plus généralement. Dans cette position l'oculaire se trouve naturellement placé à la hauteur de l'œil.

Après avoir disposé l'objet sur la platine, on choisit l'objectif et l'oculaire suivant le grossissement que l'on désire obtenir, on fait parcourir un quart de cercle aux pièces **V X** et on fixe les lentilles sur l'extrémité **Y** qui se présente latéralement et donne la plus grande facilité pour les ajuster. On remet alors la pièce **X** dans sa position première et regardant par l'oculaire **S**, on règle en partie l'éclairage, puis on place l'objet au foyer de l'objectif au moyen du pignon **O**, ensuite on parvient à la plus grande exactitude en tournant la vis de rappel **Q**, enfin on perfectionne l'éclairage.

Si l'on veut augmenter l'amplification, il existe trois manières d'y parvenir.

1° En changeant l'objectif.

2° En allongeant le tube **T** sans changer les lentilles.

3° En conservant l'objectif et en changeant l'oculaire **S**.

Ces moyens peuvent encore se combiner entre eux, il faut toutefois observer qu'avec les objectifs les plus forts on ne doit pas employer des oculaires puissans et que l'on ne fait usage de ces derniers qu'avec de moyens grossissemens ou lorsqu'il s'agit d'étudier les détails les plus délicats.

S'agit-il d'avoir un microscope vertical, on peut l'obtenir immédiatement comme on le voit, fig. 2. On enlève la pièce **VX** que l'on remplace par la pièce **V**, fig. 2, et l'on fait exécuter au corps de l'instrument son mouvement vertical sur la charnière *c*. Il faut en même temps abaisser la table qui supporte l'instrument ou élever le siége sur lequel on est assis.

Pour les observations chimiques, fig. 3 et 3 bis, on fait parcourir un demi-cercle à la pièce VX. Par ce moyen l'instrument se trouve renversé, la face plane des lentilles est tournée vers le plafond et l'on peut faire des recherches qui étaient autrefois impossibles, car avec le microscope ordinaire, les gaz ou les vapeurs qui s'échappaient des substances placées sur la platine, ternissaient promptement la lentille et arrêtaient l'opération; certains acides pouvaient altérer le poli des verres et presque toujours, la garniture en cuivre portait des traces de la puissance corrosive. Quand on voulait étudier les corps soumis à l'action de la chaleur, l'évaporation était un obstacle insurmontable. Un autre avantage de cette position, c'est que l'on peut opérer sur une assez grande quantité de matière.

Pour les précipités, notre microscope est le seul véritablement utile, c'est surtout au fond des vases que l'on observe le mieux ces phénomènes.

Il serait trop long d'indiquer tous les avantages que l'on obtient de notre appareil chimique, l'expérience en fournira les meilleures preuves; au reste voici la description de cet appareil.

d figures 3 et 3 bis, anneau en cuivre qui glisse à frottement sur la pièce X.

e tige carrée adhérente à l'anneau et unie au moyen d'un pivot à la seconde tige *e*, *f*.

g miroir dont la surface réfléchissante est tournée en avant et en bas.

h diaphragme variable.

i boîte mobile sur la tige *f* au moyen d'une crémaillère et du pignon *k*.

l, porte-objet vu de face dans la figure 3 bis.

l' l', plaque en cuivre percée dans son centre exactement au dessus de l'objectif.

m, m, lampes à l'esprit de vin qui se meuvent à frottement sur les deux broches *n, n*.

o. capsule en verre qui se place sur l'ouverture de la plaque *l', l'*.

On peut appliquer un thermomètre à cet appareil, pour mesurer le degré de chaleur.

Nous avons construit pour MM. Biot et Dumas, des microscopes horizontaux exclusivement destinés aux expériences chimiques.

Pour étudier les actions chimiques qui n'exigent pas l'emploi de la chaleur, on peut enlever la plaque *l', l'*, et il reste un porte-objet de dimensions ordinaires. D'autres fois on conserve la grande plaque qui devient alors une table chimique sur laquelle on peut dresser de petits appareils.

Pour examiner l'action de la chaleur, on allume une ou les deux lampes suivant le degré de calorique que l'on veut obtenir, la plaque s'échauffe graduellement ainsi que la capsule et l'on n'a pas à craindre l'action des vapeurs sur l'objectif; la capsule ne peut se rompre, elle ne s'échauffe que d'une manière progressive et régulière.

Cette disposition du microscope est encore utile toutes les fois qu'on veut examiner des corps que leur pesanteur entraîne au fond, ou des animaux qui ne viennent que rarement à la surface des liquides, la circulation étudiée sur certains individus exige aussi cette position.

Lorsqu'on veut employer le microscope dans la position horizontale sans prisme, il faut nécessairement que la platine vienne se placer à l'extrémité objective de l'instrument. Il suffit de retirer le bouton G, fig. 1re, après avoir placé le corps R comme dans la fig. 2. Puis on fait exécuter à l'appareil un mouvement de rotation sur la charnière E, fig. 1 et 4, et l'on enlève le miroir H.

7

Si la lumière directe ne suffit pas, on ajuste quelquefois sur la tige l'appareil s, s', composé de deux lentilles fixées aux deux extrémités d'un tube qui se meut sur la tige au moyen de la boîte t. Une simple loupe plano-convexe peut remplacer ce condensateur, mais dans tous les cas, il faut toujours diriger le côté convexe de la lentille vers le point radiant.

Nous avons parlé d'un mouvement latéral ou horizontal sur la pièce a, fig. 1re; ce pivotement est utile dans les positions 2 et 4 pour changer les lentilles, il peut encore permettre, fig. 1re, de faire mouvoir l'objectif sur la platine, lorsqu'on veut parcourir un objet d'une certaine étendue sans le déplacer.

Il doit être maintenant bien démontré que notre appareil n'a pas usurpé le titre *d'universel*. Nous verrons plus loin, qu'on peut encore le convertir en microscope catadioptrique avec la plus grande facilité.

Toujours guidé par l'intérêt de la science, j'ai pensé que cet instrument pourrait être inaccessible à certaines fortunes et sachant bien que malheureusement la richesse ne marchait pas toujours de conserve avec le talent ou le désir d'apprendre, j'ai voulu que tout le monde pût jouir des avantages attachés au microscope universel.

J'ai donc construit l'appareil fig. 4, pl. 3, qui sous un moindre volume, possède la plupart des qualités de mon grand microscope. Je me contenterai de signaler les différences.

Le tube T ne se meut plus au moyen d'une crémaillère, le porte-prisme V est d'une forme plus simple, la pièce D, fig. 1re, pl. 4, est remplacée par la tige D qui pivote dans la pièce S. Nous verrons plus bas l'utilité de ce mouvement. A son autre extrémité, la tige D porte un pivot P qui permet de ramener le porte-lentilles sur le côté lorsqu'on veut visser les objectifs.

A, est un tube en cuivre qui s'emboîte à frottement dans la pièce V.

La pièce A P s'ajuste sur la tige D au moyen d'une broche semblable à celle qui est représentée en B, fig. 4 bis, et que l'on fixe avec le bouton *g*.

La pièce V entre à frottement sur le tube A et donne le moyen de faire pivoter le corps de l'instrument autour d'un axe qui passerait par l'objectif Y.

La tige CC est fixée inférieurement par le bouton G sur l'épaulement E.

Le miroir H se meut sur la tige, à frottement et non au moyen d'une crémaillère.

La platine est mise en mouvement par le pignon O. Mais la vis de rappel Q, fig. 1re, pl. 4, n'existe pas.

D diaphragme variable fixé en F au moyen d'une charnière ou d'une broche qui permet d'abaisser ou d'enlever le diaphragme.

Lorsqu'on veut avoir un microscope simple, on retire le bouton *g* et on enlève la pièce PA qui supporte le corps du microscope que l'on remplace par l'anneau M destiné à recevoir les doublets.

Pour obtenir un microscope composé vertical, on enlève la pièce V avec le corps de l'instrument, puis après avoir supprimé la pièce du prisme représentée en V', on emboîte le corps de l'instrument sur le tube A.

Pour convertir cet instrument en microscope chimique, on fait parcourir au corps de l'instrument un quart de cercle en le fesant pivoter de droite à gauche sur le tube A, ensuite on retire le bouton G et l'on fait parcourir un demi-cercle à la tige CC au moyen du pivot S. De cette manière, l'appareil se trouve complètement renversé, le corps de l'instrument est placé au dessous de la platine sur laquelle on peut ajuster la plaque *l'*, *l'*, fig. 3 bis, pl. 4.

Quant aux autres positions, elles s'expliquent d'elles-mêmes. Nous remarquerons seulement que pour la lumière directe, on peut employer deux procédés après avoir placé le corps de l'instrument dans la position verticale.

1° En fesant parcourir à la tige CC un quart de cercle sur le pivot S.

2° En fesant mouvoir l'appareil sur la charnière E.

Ce double mouvement permet à l'instrument de prendre toutes les positions imaginables.

La fig. 6 représente un petit microscope dioptrique que l'on a prétendu dans le temps opposer à mon instrument universel. Il est je crois inutile de décrire ce modèle construit par Frauenhofer en 1816. La figure en donne une idée suffisante. On vend beaucoup de ces microscopes, car il est des personnes qui placent avant tout la modicité du prix.

J'ai aussi construit l'appareil fig. 5 qui n'est pas propre à tous les genres d'expériences, mais peut à volonté servir de microscope simple ou composé vertical; M. le docteur Donné en conseille l'emploi pour l'examen pathologique des fluides, etc.

CHAPITRE IV.

MICROSCOPE CATADIOPTRIQUE.

Les imperfections du microscope dioptrique composé, durent nécessairement frapper les premiers observateurs, qui tout en poursuivant leurs recherches, avaient fini par se servir presque exclusivement, du microscope simple. Cependant, nous le répétons, la puissance de l'appareil composé, son vaste champ, avaient séduit ces ardens investigateurs, ils en avaient assez vu, pour diriger tous leurs efforts vers le perfectionnement d'un pareil moyen d'analyse. Durant une de ces périodes stationnaires que nous avons signalées dans nos recherches historiques, on vit tout à coup surgir l'idée d'une combinaison nouvelle; ne pouvant vaincre la difficulté, on avait changé le système. On prétend, que c'est à Newton qu'appartient l'invention du microscope catadioptrique. D'après le docteur Brewster, le célèbre philosophe communiqua son plan à Oldembourg en 1679. Tout en admettant la vérité du fait, nous pensons que ces microscopes ne furent construits et employés qu'après les télescopes réflecteurs et l'on sait que le premier de ces appareils, fut l'œuvre de J. Hadley qui présenta en 1723 à la société royale de Londres, un télescope réflecteur établi d'après les principes de Newton négligés depuis cinquante ans.

Le docteur Robert Baker, paraît être le premier constructeur du microscope de réflexion; après lui vint en 1738 le docteur

Smith qui modifia son appareil. Il paraît aussi que William Herschell, fit à Bath, vers 1774, plusieurs microscopes réflecteurs à la manière de Smith.

Depuis plusieurs années, le microscope réflecteur est tout à fait abandonné, aussi, n'abuserons-nous pas de la patience du lecteur en lui présentant une histoire détaillée des différentes combinaisons de l'appareil. Nous dirons seulement, que MM. Potter, Amici, Tulley, Goring, Cuthbert, Brewster, etc. firent à différentes époques, des expériences dont il résulta plusieurs instrumens; mais c'est surtout entre les mains du professeur Amici et du docteur Goring, que le microscope catadioptrique parvint à son apogée.

La fig. 8, pl. 2, représente la marche des rayons dans l'appareil catadioptrique d'Amici.

m,m, miroir réflecteur elliptique en métal, fixé à l'extrémité du tube.

b,b second réflecteur métallique plan (1), dont la surface plane inclinée à 45 degrés, est tournée vers le miroir précédent.

c d oculaire.

Les rayons partis de l'objet placé en r, sont réfléchis par le miroir b,b, vers le réflecteur concave m,m', qui les réfléchit à son tour, en les fesant converger et s'entre-croiser derrière le petit miroir b,b, enfin ils parviennent à l'oculaire. — Il est inutile de donner la suite de la théorie qui est entièrement semblable à celle du microscope dioptrique.

Voilà pour la partie optique; nous ne donnerons pas la description de la partie mécanique de l'instrument; quoique fort ingénieuse, nous pensons qu'elle serait remplacée avec avantage

(1) M. Hadley employa d'après les préceptes de Newton, des réflecteurs en verre pour ses premiers télescopes, mais il s'aperçut bientôt, que la double réflexion, déterminée par les deux surfaces du verre, troublait la netteté des images et se décida à faire des réflecteurs métalliques.

par celle de notre appareil universel. Fig. 8. pl. 4, représente notre microscope converti en microscope catadioptrique d'Amici, perfectionné par Goring. Il suffit de placer à l'extrémité du corps R, la pièce 1,1', qui contient les deux miroirs.

2, réflecteur pour l'éclairage des objets opaques.

3,3. tube destiné à rapprocher le porte-objet de l'ouverture objective du microscope.

Ce microscope devrait être parfait, car suivant la théorie, les aberrations sphériques et de réfrangibilité, doivent disparaître complètement. Néanmoins, l'expérience a prouvé qu'il est excessivement difficile de bien travailler les réflecteurs ; tantôt, c'est la surface plane, tantôt, la courbe qui présentent des irrégularités et enfin lorsqu'on est parvenu comme M. Amici, à construire un bon instrument, il survient un nouvel obstacle qui pose une limite à sa puissance amplifiante. Avec son appareil, on ne peut augmenter le grossissement qu'au moyen des oculaires et ce procédé entraîne une grande déperdition de lumière, surtout dans les cas où l'on veut agir avec les plus forts amplificateurs.

M. Amici avait sans doute été frappé de ces défauts, car il abandonna complètement le microscope réflecteur, aussitôt que l'on fut parvenu à perfectionner les lentilles du microscope dioptrique.

Le docteur Goring fit avec l'instrument d'Amici, de nombreuses expériences et reconnut de graves imperfections. Le foyer du miroir concave était trop long, le réflecteur plan trop large, absorbait une grande partie de la lumière avant de la réfléchir sur le miroir concave, ses grandes dimensions avaient en outre, l'inconvénient d'intercepter une trop grande quantité des rayons réfléchis vers la rétine et il formait ainsi un point nébuleux au centre des images, enfin la disposition de la monture était un nouvel obstacle qui entravait souvent l'observation.

M. Goring se mit donc à l'œuvre avec M. Cuthbert et parvint

à construire l'appareil qu'il nomme : « *Horizontal Achromatic and Amician reflecting engiscope.* »

Le nouvel instrument avait six séries de réflecteurs objectifs, la monture et les accessoires étaient modifiés, en un mot, les effets de ce microscope étaient vraiment remarquables et cependant il n'est plus employé même par ses inventeurs.

La raison en est toute simple.

A l'époque où l'on désespérait de pouvoir jamais achromatiser les petites lentilles objectives, on s'attacha avec avidité au microscope catadioptrique et nous le dirons en passant, ce fut principalement cet enthousiasme qui retarda les progrès de l'instrument dioptrique. Mais, aussitôt que ce dernier eut repris son empire, on put s'apercevoir qu'il le conserverait long-temps et le zèle que l'on avait montré pour le microscope catadioptrique, on le montra de même pour son antagoniste, seulement, cette fois on ne changea plus.

L'instrument catadioptrique naquit de l'impuissance et du découragement, le microscope dioptrique tel qu'il est aujourd'hui, prouve évidemment que le courage est revenu et que l'art semble avoir puisé de nouvelles forces dans cet instant de repos.

En résumé nous ajouterons à ce que nous avons déjà dit, que le microscope catadioptrique est très difficile à construire, la meilleure preuve qu'on puisse en donner, c'est que M. Cuthbert qui passe pour l'artiste le plus habile en ce genre, a construit fort peu de ces instrumens et que sur six séries de réflecteurs, il ne peut plus construire que les trois ou quatre premières, car sa vue s'est affaiblie et il n'ose espérer en ses élèves. Cet appareil est difficile à gouverner, les objets sont trop rapprochés du tube et avec les forts grossissemens, on est obligé de les placer dans l'ouverture même. Le microscope dioptrique est de beaucoup supérieur pour l'étude des corps opaques, enfin les réflecteurs sont très sujets à s'oxider ; lorsqu'on a lu ce qu'en écrit M. Goring lui-même, on osera à peine passer un pinceau sur la poussière qui les recouvre; s'il devient indispensable de les démonter, j'avoue qu'il faut un grand courage et surtout, que l'instrument soit en bien mauvais état. On a complètement abandonné les télescopes réflecteurs, le microscope catadioptrique ne pouvait espérer un meilleur sort.

CHAPITRE V.

Parmi les opérations délicates, qu'exige l'exploration de la nature, l'observation microscopique occupe à juste titre, une des premières places. Il suffit d'avoir fait quelques recherches avec le microscope, pour être convaincu de cette vérité.

Long-temps on a pensé que les découvertes microscopiques n'étaient qu'illusion ; n'a-t-on pas vu les savans les plus distingués, nier la circulation du sang, celle de la sève, l'existence des animalcules spermatiques et de l'acarus scabiei si bien connus maintenant ?

D'un autre côté, de patiens et habiles observateurs, fesaient chaque jour des découvertes et attestaient l'utilité et la précision de l'instrument. Toutes ces opinions si diverses pouvaient être fondées. Aujourd'hui que la science microscopique est parvenue à un si haut degré de perfection, on sait que l'exactitude des observations, dépend entièrement de trois conditions fondamentales. 1º Un bon instrument, 2º la préparation des objets, 3º un éclairage convenable. C'est dans l'inobservation de ces règles, qu'il faut chercher les principales sources d'erreur.

Dans presque toutes les micrographies, on trouve un chapitre spécial consacré à l'éclairage. Les auteurs ne se sont pas bornés à donner des conseils sur la manière de distribuer la lumière, ils ont encore indiqué des procédés particuliers et les physiciens les plus habiles ont payé leur tribut à cette question importante qui s'agite encore aujourd'hui.

Nous suivrons l'exemple de nos prédécesseurs. Guidés par leurs travaux, sans négliger notre propre expérience, nous espérons donner une histoire exacte de l'éclairage primitif, des modifications qu'il a subies et des différens procédés proposés par nos contemporains.

Pour arriver à bien diriger la lumière, il faut connaître ses propriétés ainsi que les modifications qu'on peut lui faire éprouver ; aussi, nous conseillons de lire attentivement les notions d'optique placées en tête de cet ouvrage.

La nature différente des objets soumis au microscope, exigera nécessairement des changemens dans la lumière. Nous examinerons successivement l'éclairage des corps *transparens* et celui des corps *opaques*. Ces deux grandes divisions si importantes à notre sujet, nous permettront d'éviter toute confusion.

Il est inutile de séparer l'éclairage du microscope simple, de celui du microscope composé ; les procédés applicables à l'un de ces instrumens, conviennent également à l'autre et s'il existe quelques exceptions, le lecteur comprendra facilement ce dont il s'agit, car nous chercherons toujours à donner à nos descriptions, toute l'exactitude nécessaire.

§ Ier.

De l'éclairage des objets transparens.

La transparence des différens corps soumis à l'examen microscopique, est excessivement variable. Quelques uns, sont complètement diaphanes, d'autres sont presque opaques. On rencontre sur les mêmes corps, des parties d'une transparence parfaite et d'autres qui le sont beaucoup moins ; enfin pour abréger, tous les degrés de translucidité imaginables, peuvent exister dans ces corps.

Mais, on n'ignore pas que les objets les plus opaques, peuvent devenir transparens après avoir été soumis à certaines préparations. L'or, par exemple, est loin d'être translucide, cependant, réduit en feuilles excessivement minces, il permet à la lumière de le traverser ; les pierres, les bois, etc., se trouvent dans le même cas ; certains corps peu transparens, acquièrent cette propriété lorsqu'ils sont plongés dans certains liquides. L'explorateur intelligent peut retirer les plus grands avantages de ces espèces de transformations.

Néanmoins, nous suivrons notre première division, en observant toutefois, que parmi les corps transparens, nous distinguerons ceux qui jouissent au plus haut degré de cette propriété, de ceux qui présentent certaines parties opaques ou qui semblent se rapprocher davantage de cette dernière catégorie.

La forme et les dimensions d'un objet, peuvent encore exiger des modifications dans le procédé opératoire. Une surface qui paraît parfaitement plane à l'œil nu, semble se transformer sous le microscope et présente mille accidens, d'innombrables aspérités qui projetteront des ombres, formeront des points opaques et ne deviendront visibles, qu'autant qu'on modifiera la lumière.

Il faut donc examiner successivement un même objet en variant l'éclairage, car, dit le docteur Hooke, il est difficile dans certains corps, de distinguer une éminence d'un enfoncement, une ombre d'un point noir ; quelquefois, une partie peut paraître blanche et ne devoir cette apparence qu'à un jeu de la lumière. Il faut aussi remarquer, que certains objets se perdent, sont inondés par une quantité de lumière à peine suffisante pour en éclairer d'autres.

A l'époque actuelle, nous employons trois procédés pour éclairer les corps transparens.

1° Lumière directe.

2° Lumière réfractée.

3° Lumière réfléchie.

Les premiers observateurs ne pouvaient commander à la lumière, privés qu'ils étaient des connaissances que nous possédons aujourd'hui. L'éclairage direct était exclusivement employé. On dirigeait l'instrument vers un point plus ou moins lumineux et l'on procédait aux recherches. Wilson ajustait à son microscope de poche, un verre convexe destiné à concentrer les rayons lumineux sur l'objet. Nous remarquerons aussi qu'il appliquait sur ce condensateur, des plaques percées d'ouvertures variables pour modérer la lumière, en un mot, de véritables diaphragmes. Une modification importante apportée à la construction de ce microscope, fut l'introduction d'un réflecteur concave placé au dessous du verre convexe pour éclairer les corps transparens.

Voilà en peu de mots, un exemple des trois espèces d'éclairage.

Mais on n'emploie pas seulement la lumière naturelle, souvent on fait usage de la lumière artificielle fournie par une lampe ou une bougie ; cette dernière, donne une flamme vacillante qui fatiguerait trop l'observateur et nuirait à l'exploration. Quelques micrographes préfèrent cette lumière et dans plusieurs cas, elle offre certainement de grands avantages. Nous verrons plus loin, les essais qu'on a tentés pour modifier la lumière artificielle. Actuellement, exposons les diverses manières de disposer l'éclairage dans nos appareils. Nous commencerons par la lumière réfléchie, qui est employée le plus généralement.

La chambre dans laquelle on fait ses observations, doit autant que possible, n'être éclairée que par une seule croisée ; s'il y en avait deux et surtout, qu'elles fussent opposées l'une à l'autre, il faudrait en fermer une au moyen de volets ou d'un store épais. La table qui supporte l'instrument sera placée dans la partie la plus obscure de la pièce et le miroir dirigé vers la fenêtre. Toutes ces précautions ont paru nécessaires pour éviter l'arrivée de la lumière latérale sur les objets, le miroir ou l'œil de l'observateur. On a prétendu que dans la plupart des cas, on ne devait pas employer la lumière réfractée ou réfléchie directement par les nuages, mais autant que possible, les rayons réfléchis secondairement par un mur blanc situé en face de la croisée. Nous n'adoptons pas entièrement ce principe; nous verrons même, que la lumière du soleil peut être quelquefois très utile, quoi qu'en disent tous les auteurs qui la rejettent absolument.

Dans le but de n'admettre sur le miroir réflecteur, que la quantité de lumière nécessaire, on a encore proposé avec raison, de fermer complètement le volet de la fenêtre en y ménageant une ouverture arrondie, pour donner passage aux rayons. On peut obtenir un effet à peu près semblable en entourant le microscope d'une espèce d'écran ou de paravent percé vis à vis du miroir. On voit qu'il s'agit de n'admettre sur le réflecteur que les rayons directs. En effet, si on laisse arriver des rayons de tous côtés, l'image sera moins nette et la vision parfaite impossible.

Si l'on emploie la lumière artificielle, il convient d'entourer la lampe, d'un réflecteur parabolique qui dirige les rayons sur le miroir et s'oppose à ce qu'ils ne se portent sur d'autres points.

Il s'agit maintenant de régler la position du miroir.

Lorsque la lumière arrive directement, le réflecteur doit former avec elle un angle d'environ 45° et n'être incliné ni à droite ni à gauche, à moins de circonstances particulières que nous expliquerons. On applique alors l'œil contre l'oculaire de l'instrument et après quelques essais, on parvient à diriger le miroir de manière à ce qu'il condense tous les rayons sur l'objet.

Quelques personnes, ne sauraient tenir un œil fermé, sans éprouver une grande fatigue et d'ailleurs, il arrive que dans la

position horizontale de l'instrument, le jour qui se trouve directement en face, fait encore impression sur la rétine à travers le tissu
des paupières. On a conseillé l'usage d'une paire de lunettes garnie
d'un seul verre noir qui se place sur l'œil qu'on doit tenir fermé.
Ce moyen peut être employé, mais nous pensons, que lorsqu'on
n'a pas l'habitude de porter lunettes, on préférera le disque de
M. Amici ; ce disque est en carton noirci, percé dans son centre
d'une ouverture qui donne passage à l'oculaire sur lequel on le
fixe. On a le double avantage d'éviter l'impression de la lumière
sur les deux yeux.

Il nous paraît important d'observer, que *lorsqu'on emploie la lumière artificielle,* la distance de la lampe au miroir, doit être égale
à celle de ce dernier à l'objet ; nous avons toujours reconnu que
ce moyen rendait l'éclairage plus parfait. On ne peut observer ce
précepte quand on fait usage de la lumière naturelle.

Nous voici donc arrivés à condenser les rayons sur l'objet. C'est
alors qu'il importe de bien disposer toutes les pièces de l'appareil
illuminant.

Si l'objet est très transparent, une trop grande abondance de lumière, loin de l'éclairer davantage, le rendra presque invisible,
surtout s'il a peu d'étendue. C'est au moyen des diaphragmes variables, fig. 44 et 45, pl. 1re, que l'on parvient à modérer la lumière. En fesant passer successivement toutes les ouvertures sous
l'objet, on trouvera bientôt celle qu'il faut préférer. Il est nécessaire en même temps, de faire mouvoir la platine, car le foyer
des lentilles éprouve une petite variation proportionnée au plus ou
moins d'éclairage. Si l'objet est très transparent et présente une
grande surface, il faut baisser ou supprimer la pièce qui porte le
diaphragme, de manière à laisser un large passage à la lumière ;
quelquefois, on pose sur le miroir, un disque de carton blanc
ou de plâtre de mouleur qui réfléchit sur l'objet, une lumière
beaucoup plus douce.

On peut également couvrir le réflecteur d'un morceau de papier huilé.

A une époque plus éloignée, on posait sur le miroir, des cercles en papier ou en métal dont les ouvertures étaient plus ou moins grandes, mais aujourd'hui, les diaphragmes variables dispensent de l'emploi d'un pareil moyen.

Nos miroirs sont doubles; sur la face opposée au réflecteur concave, nous plaçons une glace plane qui, dans le cas où une clarté trop vive est nuisible, envoie sur l'objet des rayons parallèles ou divergens et donne cependant une lumière plus forte que le carton blanc. Nous verrons plus loin que ce miroir plan combiné avec des lentilles convenablement disposées, fournit un nouveau moyen d'éclairage.

Si l'objet présente des parties plus ou moins épaisses, des éminences, etc., etc., il convient d'augmenter l'intensité de l'éclairage.

S'agit-il de distinguer des stries saillantes, des cils, des mamelons; on y parvient en inclinant un peu le miroir à droite ou à gauche, pour réfléchir sur l'objet une lumière oblique et produire des ombres qui trahiront les plus faibles saillies.

Nous avons souvent assisté aux recherches de M. Schultz. Cet habile observateur nous surprit grandement par sa manière de faire manœuvrer le miroir. Il l'agitait souvent et dans tous les sens. Nous avions peine à comprendre que cette mobilité pût lui permettre de voir distinctement les objets, mais il nous fut bientôt démontré, que ces variations imprimées à la lumière, facilitaient considérablement l'exploration en fesant naître des réfractions variées dans l'intérieur des objets transparens, ou des ombres successives sur tous les points du champ et les diverses faces du corps soumis au microscope.

D'après ce que nous venons de dire, on concevra, que toutes les fois que des objets auront des propriétés opposées, il faudra mettre la même différence dans l'éclairage.

Nous pouvons déjà poser comme règle générale ; que plus un objet est transparent, moins il faut de lumière.

Les objets qui réfléchissent la lumière blanche ou qui ont une grande force réfléchissante, sont dans le même cas.

Ceci nous conduit naturellement à parler de la lumière solaire.

Lorsqu'on veut, étudier des corps infiniment petits, ou les détails d'un objet dont on connaît l'ensemble, on est forcé d'employer des grossissemens plus énergiques. Mais l'intensité de la lumière est toujours en raison inverse de la puissance amplifiante ; la quantité de lumière indispensable pour éclairer les objets sous un grossissement de 200 fois, ne sera pas suffisante pour les mêmes objets soumis à un grossissement de mille fois ou plus.

Il est évident, que dans une telle occurrence, on aura souvent besoin de la lumière la plus vive, c'est-à-dire des rayons solaires. Si les auteurs ont repoussé ce genre de lumière, c'est qu'ils n'avaient pas considéré la question sous le même point de vue, c'est qu'ils n'avaient pas réfléchi, qu'il est toujours possible de modérer la lumière la plus intense, de manière à lui conserver cependant une énergie suffisante pour rendre distincts les plus petits corps.

La lumière solaire pourra remplacer tous les procédés d'éclairage destinés à augmenter la clarté, lorsqu'on fait usage des plus fortes lentilles ; mais ces rayons éclatans fatiguent bientôt l'organe de la vue et de pareilles observations ne tarderaient pas à en altérer la puissance. Au moyen d'une pièce garnie de verres colorés, qui se visse à volonté au dessus des lentilles, nous avons obtenu les plus beaux effets, tout en évitant les dangers qui pouvaient résulter de l'emploi des rayons solaires. L'expérience apprendra combien il était peu rationnel de se priver d'un moyen d'investigation aussi important.

On peut visser plusieurs de ces verres colorés au dessus des lentilles et tempérer ou augmenter l'éclairage en variant leur nombre ou leur coloration.

Les précautions indiquées pour la lumière naturelle s'appliquent également à la lumière artificielle. Quant à l'éclairage au moyen de la lumière directe et réfléchie, il n'y a de différence que dans la manière de recevoir les rayons.

Pour la lumière directe, on dirige vers la croisée l'extrémité objective de l'instrument et la platine, les rayons lumineux tombent alors directement sur l'objet. Si l'on se sert de la lampe, il faut l'approcher de la platine autant qu'il sera possible. On peut l'employer pour examiner des objets renfermés dans nos boîtes en verre et toutes les fois qu'il n'est pas besoin d'une très vive lumière.

Si on voulait augmenter son intensité, il faudrait recourir à l'éclairage par réfraction, et remplacer le miroir concave, par une loupe ou un système de lentilles qui réfracterait les rayons et les réunirait sur l'objet. Les verres colorés dont nous avons déjà parlé, peuvent encore trouver ici des applications.

Mais l'éclairage par réflexion est le plus habituellement employé; c'est surtout à cette méthode que s'appliquent toutes les modifications, toutes les inventions plus ou moins avantageuses qu'on a proposées à différentes époques.

La première tentative importante pour modifier l'éclairage, appartient au docteur Brewster, elle fut faite en **1820.**

Il posa d'abord en principe, que toutes les fois qu'on pourrait obtenir une vive lumière, il conviendrait d'employer des rayons homogènes et pour y parvenir, il indiqua deux procédés; la décomposition prismatique et les verres colorés.

A la même époque, ce savant docteur décrivit un *nouveau mode d'éclairage appliqué aux microscopes solaire et lucernal.*

« Les grands défauts, dit-il, qui existent encore dans ces microscopes, prennent leur source dans l'éclairage imparfait. Le procédé indiqué par Æpinus et presque généralement usité par les opticiens, est bon, jusqu'à un certain point. Il consiste à concentrer au moyen d'une lentille, les rayons réfléchis par une glace plane. Mais comme la lumière n'arrive que dans une seule direction, la surface de l'objet éclairé est couverte d'ombres épaisses et l'intensité de l'éclairage complètement insuffisante lorsqu'on emploie de fortes amplifications. »

Sir **D.** Brewster proposa en conséquence, de faire arriver sur l'objet, la lumière du soleil ou d'une lampe à travers quatre ouvertures garnies d'autant de lentilles, de manière à obtenir quatre cônes lumineux qui éclaireraient l'objet par quatre points différens; on pouvait aussi, fermer à volonté une ou plusieurs ouvertures pour modérer l'éclairage, etc. Comme ce procédé n'a pas été généralement adopté et que nous n'avons pu en apprécier les avantages, nous laisserons écouler dix années, pour arriver à l'œuvre de Wollaston dont la puissante imagination brille toujours dans la voie des perfectionnemens.

Dans son mémoire sur le doublet microscopique (*Phil. trans.*, 1829) cet infatigable philosophe écrivait......

« ..... Pour l'éclairage des objets microscopiques, toute lumière concentrée et dirigée vers l'œil, à l'exception de celle qu'exigent indispensablement les lentilles objectives, empêche plutôt la vision distincte, qu'elle ne vient à son aide. »

« J'ai cherché à *réunir en un foyer correspondant au plan de l'objet*, autant de lumière qu'il était possible de le faire par des moyens simples. Dans cette intention, je me suis servi avec succès d'un miroir plan pour diriger la lumière, *et pour la condenser*, d'une lentille plano-convexe dont le côté plan était tourné vers l'objet qu'on voulait illuminer. »

Vient ensuite la description de l'appareil, auquel s'adaptait le doublet dont nous avons parlé dans le chapitre *microscope simple*.

« T.U.B.E, pl. 1re, fig. 46, est un tube d'environ six pouces de long et d'un diamètre suffisant pour exclure toute réflexion de fausse lumière produite par ses parois; la meilleure manière de parer à cet inconvénient, est de noircir l'intérieur du tube. Au sommet ou à l'intérieur de ce conduit, en un point peu éloigné du sommet, se trouve une lentille plano-convexe E,T, ou *une lentille composée de manière à présenter le moins d'aberration possible*; son foyer sera d'environ 3/4 de pouce et son côté plan dirigé vers l'objet. A la partie inférieure du tube, est une ouverture circulaire A, d'un diamètre d'environ 3/10es de pouce, destinée à limiter la lumière réfléchie par le miroir plan R qui *donnera en un foyer* a, *une image nette de l'ouverture* A, environ à 8/10es de pouce de la lentille ET et *dans le plan de l'objet.* »

« On peut varier quelque peu la longueur du tube et la distance de la lentille convexe à l'ouverture. La longueur de six pouces que je donne ici, est celle qui m'a paru convenir le mieux à la hauteur de l'œil placé au dessus de la table. L'image de l'ouverture A ne doit pas excéder 1/20e de pouce, excepté dans les cas où l'on emploierait de plus faibles grossissemens. »

« L'intensité de l'éclairage dépendra du diamètre de la lentille *illuminante* et du rapport de l'image à l'ouverture ; l'observateur pourra la régler à son gré. »

« ..... La lentille E,T, ou l'ouverture A, seront disposées de manière à ce qu'on puisse varier la distance qui les sépare et amener ainsi l'image de l'ouverture *dans le même plan que l'objet.* Le soir, une lanterne ordinaire à œil de bœuf, présente de grands avantages..... »

Nous terminerons par un dernier mot de Wollaston : les véritables amateurs nous pardonneront ces longueurs qu'ils jugeront indispensables à notre sujet.

« Supposons , dit Wollaston, que la lentille plano-convexe soit placée à distance convenable du porte-objet ; on amène facilement l'image de l'ouverture dans le plan de l'objet, en fixant temporairement avec de la cire, un petit fil métallique en travers de l'ouverture ; on regarde alors, un objet placé sur la platine en variant la distance de l'ouverture à la lentille, jusqu'à ce qu'on voie à la fois et nettement, l'objet et le fil métallique. »

Cette nouvelle méthode produisit une vive sensation ; le docteur Goring dans ses *Microscopic illustrations*, Exord., p. 1. Londres 1830, la place au rang des inventions qui ouvrirent une voie nouvelle au microscope et dit positivement ; *qu'aucune modification de l'éclairage par la lumière naturelle, n'est supérieure à celle du docteur Wollaston.*

Le docteur Brewster publia en 1831, un article (*Edimburgh, Journal of Science, new series*, n. 11, p. 83) dans lequel il signalait des erreurs commises par Wollaston. Mais le savant physicien anglais basait sa critique sur une figure défectueuse gravée dans les *Transactions philosophiques*. Il suffit de lire attentivement le mémoire de Wollaston pour se convaincre de l'inexactitude de la planche. Aussi donnons-nous la figure telle que nous la trouvons dans l'optique du docteur Brewster. (*Cabinet cyclopædia.*) MM. Potter, Pritchard et le docteur Goring, firent aussi des expériences sur le même sujet.

Occupons-nous maintenant de l'appareil que fit construire le docteur Brewster d'après les principes de Wollaston.

Soit m, n, la surface plane sur laquelle se place l'objet, soit P, Q,R,S,T, un tube d'un pouce et demi à deux pouces de long, complètement tapissé de velours noir. S,T, est une ouverture pratiquée dans le tube qui doit être mobile dans tous les sens de manière à ce qu'on puisse varier son inclinaison relativement à la surface m, n, depuis 90° ou sa position ordinaire, jusqu'à 60° et moins suivant les circonstances. A,B,C,D, est un doublet qu'on appelle en Angleterre, *sans aberrations*, dont le foyer est à peu près d'un demi pouce à un pouce ; au moyen d'une crémaillère qui le fait mouvoir, on amène le foyer des rayons parallèles F ou le foyer conjugué des rayons divergens, en un point situé sur le plan *m, n.* Un peu plus bas, se trouve le miroir métallique plan M,L,N, qui réfléchit sur le doublet A,B,C,D, les rayons parallèles ou divergens qui pénètrent par l'ouverture S,T ; on remplace quelquefois ce miroir par un bon prisme rectangulaire. La flamme est placée en S'. Aussi près que possible de la lumière, est un pied qui supporte un écran percé d'ouvertures de différentes grandeurs. Si l'on a besoin d'une lumière plus vive, on condense les rayons S'A', S'B', et on les rend parallèles au moyen d'un autre doublet sans aberration A'B'C'D'.

M. Brewster ajoute qu'il faut avec cet appareil, employer une lumière homogène. Si toutefois on se sert de la lumière ordinaire, il est nécessaire, dit-il, « *que les doublets* ABCD, A'B'C'D', *soient achromatiques.* »

Il paraît que les doublets dits *sans aberrations,* ne jouissent pas de cette propriété.

Pour éviter qu'on ne voie d'autres parties du champ que celles occupées par l'objet, M. Brewster engage les observateurs à placer sous *m, n,* des diaphragmes qui varieront suivant les circonstances.

Nous n'expliquerons pas la manière de se servir de l'appareil ; il suffit de comprendre le mémoire de Wollaston et de savoir que la mobilité du tube PQRS, permet d'envoyer sur le plan *m, n,* un éclairage plus ou moins oblique.

Il est encore inutile de parler de la lumière monochromatique proposée par le docteur Brewster ; ce procédé qui paraît affaiblir l'intensité de la lumière, était principalement applicable aux microscopes non achromatiques et ne rentre aucunement dans notre sujet. Nous ne mentionnerons que la modification apportée à l'appareil de Wollaston par M. Goring.

Il établit d'abord (*Microscopic cabinet*, page 169), que pour se servir avantageusement de cet éclairage, il faut employer des rayons divergens et que si l'objet présente des stries, il doit être placé un peu hors de l'axe et conséquemment, recevoir des rayons obliques. Pour cela, il suffit d'élever le support de manière à placer l'objet au dessus du foyer de la lentille.

M. Pritchard conseille d'ajouter un diaphragme sur l'ouverture supérieure.

La fig. 48, pl. 1re, représente, l'instrument du docteur Goring.

C,D est un tube, I une lentille et S un diaphragme d'environ 1/10 de pouce, placé au foyer de la lentille.

M. Pritchard met quelquefois en D, un second diaphragme qu'il considère comme fort utile lorsqu'on examine des objets délicats.

Le 17 septembre 1838, M. Dujardin présenta à l'Académie des Sciences, un appareil pour éclairer les objets vus par transparence. M. Dujardin est parti du même principe que Wollaston et Brewster; le but de sa combinaison est de faire tomber le foyer des rayons lumineux exactement sur l'objet. La lumière réfléchie par le miroir est bien suffisante pour les microscopes que l'on construit aujourd'hui. En étudiant les corps les plus difficiles que l'on a nommés *test-objects*, on est souvent forcé de faire naître des ombres pour bien distinguer tous les détails. Au surplus, on obtient un éclairage très intense en employant la lumière du soleil modérée plus ou moins, par nos verres colorés. Le jour où l'on parviendra à augmenter la puissance du microscope, il deviendra sans doute indispensable d'augmenter également la puissance de l'éclairage; mais jusqu'à présent, nous préférons le procédé ordinaire.

Ces vives lueurs ont des résultats funestes et nous pourrions citer tel observateur qui dut se condamner à une longue inaction pour avoir abusé de ces moyens destructeurs de l'organe de la vue.

Dans un mémoire sur les organismes inférieurs publié en avril 1836, M. Dujardin écrivait : «Pour prévenir toute objection fondée sur la préférence accordée par M. Ehrenberg aux microscopes de l'opticien allemand M. Pistor, sur ceux que M. Charles Chevalier perfectionne de jour en jour, et pour attester la bonté de l'instrument dont je me sers, j'avais cru aussi devoir signaler un long filament flagelliforme, aperçu par moi chez beaucoup d'infusoires, où il ne l'avait pas soupçonné; cela prouve suffisamment en effet, que ma dénégation formelle au sujet de l'intestin, n'est pas fondée sur l'imperfection de mes moyens d'investigation..... »

Et plus loin, à propos du même filament :

« ..... C'est avec un grossissement de 300 que je l'ai vu le plus nettement dans un microscope récent de M. Ch. Chevalier..... »

A part les éloges dont nous remercions sincèrement M. Dujardin, nous remarquerons que ce naturaliste distingué n'eut pas besoin d'un éclairage particulier pour voir bien nettement le filament flagelliforme des infusoires considéré, avec raison, comme un objet difficile, puisqu'il demeura inaperçu jusqu'au moment où l'on construisit de véritables microscopes.

D'ailleurs, nous le répétons, ce sont les objets déliés et les détails d'une grande finesse, qui exigent le plus souvent un éclairage modéré; quant aux objets plus volumineux, ils reçoivent suffisamment de lumière, puisque les lentilles qu'on emploie pour les étudier sont moins puissantes et ont une large ouverture.

§ II.

DE L'ÉCLAIRAGE DES OBJETS OPAQUES.

Les détails précédens nous permettront d'abréger ce second paragraphe. Les corps opaques interceptent les rayons lumineux réfléchis par le miroir et les empêchent d'arriver à l'œil. Cependant ces corps ne sont pas moins intéressans pour l'observateur, que les objets transparens. On a donc cherché les moyens de les rendre visibles au microscope, en leur appliquant un éclairage convenable. Nous avons dit que pour y parvenir, on employait la lumière directe, réfléchie ou réfractée.

La lumière directe fut nécessairement le premier moyen qui dut se présenter à l'esprit, mais de même que la lumière réfractée, elle n'agit que sur un côté de l'objet, et comme, dans le microscope composé, les objets sont vus dans une position renversée, la transposition des ombres et des clairs, peut donner naissance à des illusions fâcheuses; d'une autre part, cette lumière latérale est quelquefois nécessaire; par exemple, lorsqu'on examine des objets striés ou couverts d'éminences, de poils, etc.

Pour éclairer directement un objet opaque, il suffit de placer l'instrument de telle façon que l'objet soit exposé au jour d'une croisée ou bien à des rayons lumineux admis à travers une ouverture étroite, mais surtout à la lumière d'une lampe placée tout près de l'objet et disposée de manière à ce que les rayons lumineux ne frappent pas l'œil de l'observateur. Ce premier procédé peut être utile pour reconnaître avec de faibles grossissemens, la couleur et la forme extérieure de certains corps.

Pour réfracter la lumière et la concentrer en un foyer placé au même point que l'objet, on se sert d'une loupe plano-convexe, en la dirigeant de manière à reproduire sur l'objet, une image nette du point lumineux d'où partent les rayons.

En 1740, Lieberkuhn parvint à éclairer complètement les objets opaques, au moyen d'un réflecteur concave en argent parfaitement poli (1). La lentille était placée au centre de ce miroir et le foyer de l'un correspondait au foyer de l'autre.

Aujourd'hui, nous suivons la même méthode, seulement nos réflecteurs sont en verre et l'on n'a plus à craindre l'oxydation; quelquefois, nous isolons la lentille du miroir qui est monté sur une tige et peut se mouvoir à volonté, de manière à donner une lumière plus ou moins intense et à servir avec toutes les lentilles,

(1) Recherches historiques.

excepté avec les plus fortes : toutefois la première disposition est préférable.

Voici du reste la manière de procéder.

On enlève la pièce qui porte les diaphragmes pour laisser une large ouverture à la platine; le réflecteur garni de sa lentille, est adapté à l'extrémité objective du microscope et le miroir inférieur incliné de manière à réfléchir les rayons lumineux à travers cette ouverture. Arrivés au réflecteur concave, les rayons sont de nouveau réfléchis et vont se réunir à son foyer, dans le même plan que l'objet. Pour tenir l'objet au foyer de la lentille, on emploie avec beaucoup d'avantage le petit appareil représenté pl. 4, fig. 6.

Si l'objet présente des parties très brillantes, il faudra ménager l'éclairage, soit en couvrant le miroir inférieur d'un papier huilé ou d'un carton blanc, soit en employant le réflecteur mobile qui permettra de varier le foyer et de faire tomber sur l'objet une partie plus ou moins large du cône lumineux formé par les rayons convergens. On peut encore élever ou abaisser le miroir concave inférieur qui se meut au moyen de la crémaillère, ou enfin, se servir du miroir plan.

La lumière artificielle est toujours préférable pour les corps opaques. Ce genre d'éclairage n'admet pas l'emploi des plus fortes lentilles, parce qu'avec les forts grossissemens, la lumière est affaiblie, et qu'il faut toujours ménager un certain espace entre l'objet et l'objectif. Cet intervalle est surtout nécessaire, lorsqu'on fait usage de la lumière directe ou réfractée au moyen de la loupe. La lumière artificielle offre encore l'avantage de pouvoir être éloignée ou rapprochée à volonté du miroir inférieur, lorsqu'on veut obtenir plus ou moins de clarté. Dans certaines circonstances, on peut la modifier au moyen de diaphragmes variables placés au dessus des lentilles.

Enfin, l'observateur intelligent et zélé, puisera dans l'usage même du microscope, une habileté que l'expérience seule peut donner.

Quant à l'éclairage du microscope solaire et polarisant, nous renvoyons à la description de ces instrumens.

Pour que le lecteur n'éprouve aucune difficulté lorsqu'il fera des recherches, nous allons indiquer les positions qu'il convient de donner au microscope suivant les différens modes d'éclairage.

Pour les objets transparens éclairés :

1° Par la lumière directe ou réfractée, fig. 4, pl. 4. Si la lumière doit arriver directement, on supprime l'appareil s,s',t; pour concentrer les rayons, on peut se servir d'une simple loupe plano-convexe dont le côté plan sera tourné vers la platine.

2° Par la lumière réfléchie, fig. 1, 2, 3.

Dans les figures 1 et 2, on a représenté en p une lentille achromatique montée sur un tube de cuivre qui s'adapte à la platine et porte à sa partie supérieure le diaphragme variable v qu'on a figuré isolément, fig. 9. Cette lentille est destinée, comme l'appareil de Wollaston, à concentrer vers l'objet les rayons lumineux réfléchis par le miroir plan I et à augmenter l'intensité de l'éclairage.

Pour les objets opaques on fera usage des positions 1, 2 et 3. Les fig. 5 et 6 représentent la situation de la loupe et du miroir concave.

M, fig. 5, loupe à articulation mobile qui s'ajuste sur la pièce VX au moyen de l'anneau d.

R, fig. 6, réflecteur concave en verre étamé fixé sur la pièce X.

On voit sur la platine Z un petit appareil spécialement destiné à l'observation des corps opaques. c, cercle en cuivre qui supporte une petite épingle mobile b, portant à son extrémité une petite plaque noire d sur laquelle se place l'objet qu'on peut faire mouvoir dans tous les sens. Si l'objet est d'une couleur foncée, on se servira d'une plaque blanche.

CHAPITRE VI.

— — —

En découvrant la double réfraction dans la chaux carbonatée (spath d'Islande), Bartholin ouvrit en 1669, une voie nouvelle à la science. Mais pour que cette découverte prît une place définitive dans le monde savant, il fallait la soumettre à des règles constantes, la pratique avait précédé la théorie. Huyghens peut être considéré comme le législateur de la double réfraction, car il avait deviné ses lois lorsque Wollaston vint leur donner la certitude qui résulte de l'expérience.

Les physiciens s'emparèrent avec avidité de ces faits nouveaux et en 1810, Malus fit jaillir une science nouvelle des travaux sur la double réfraction; il découvrit la polarisation de la lumière.

La théorie de ce phénomène ne saurait trouver place dans le cadre de cet ouvrage ; c'est aux traités de physique et aux divers travaux des physiciens distingués de notre époque, qu'il faut demander les lois qui régissent cette branche importante de la science.

M. Henry Fox Talbot eut le premier, l'idée d'associer la polarisation au microscope, pour étudier la structure des corps.

Le docteur Brewster fit également usage du microscope polarisant dans ses recherches sur la structure des pierres précieuses et de plusieurs substances animales et végétales. Il employait alternativement les microscopes simple et composé.

M. Biot me chargea, il y a quelques années, de lui construire un appareil polarisant qui pût être adapté au microscope. Les effets admirables obtenus par ce moyen, m'ont engagé à décrire les différentes dispositions de l'instrument.

Lorsqu'on emploie le microscope simple, il faut d'abord, placer une lame de tourmaline sur la lentille. Si l'on peut consacrer une lentille spécialement à ce genre d'expérience, il vaut mieux coller la plaque de tourmaline avec la lentille au moyen du baume de canada; on évitera la perte de lumière qui peut résulter de la réflexion opérée par la première surface de la tourmaline. Il arrive aussi parfois, que cette pierre n'est pas bien polie et dans ce cas, le baume devient un correctif excellent.

On pourrait placer la plaque de tourmaline entre deux verres plano-convexes et la fixer au moyen du baume. Ce procédé indiqué par le docteur Brewster, lui paraît préférable au précédent et met à l'abri des inconvéniens déjà signalés. Ces indications sont applicables aux doublets.

On fixe ensuite sur le porte-objet, une seconde lame de tourmaline et l'on ajuste le miroir comme pour les autres expériences.

Quand l'appareil est ainsi disposé, si l'on tourne doucement la lame supérieure ou plutôt le doublet, on arrivera facilement à croiser les deux pierres de telle sorte, que toute clarté disparaîtra et que le champ sera complètement noir. C'est alors, qu'il faut mettre l'objet à examiner, sur la plaque polarisante de la platine. La structure particulière du corps dépolarisera la lumière qui pourra dès lors traverser la lame supérieure et l'on apercevra sur un fond noir, les objets diaprés des plus brillantes couleurs.

M. Brewster nous apprend que lorsque l'éclairage est puissant et la lentille très petite, on peut construire cette dernière en tourmaline et réunir ainsi l'amplificateur et ce qu'il appelle *l'analyseur* ou plaque supérieure.

Avec le microscope composé, la disposition est la même. Cependant la coloration des tourmalines présente certains inconvéniens. Pour les éviter, M. Talbot leur substitue deux prismes de Nicol, ainsi nommés de leur inventeur, Richard Nicol d'Edimbourg.

Nous avons fait subir une modification à l'appareil de M. Talbot. Ayant remarqué comme le docteur Brewster, que le prisme oculaire ou analyseur rétrécissait le champ de vue, nous l'avons placé immédiatement au dessus des lentilles objectives, dans le tube qui porte ces dernières.

Tous nos appareils de polarisation sont aujourd'hui disposés de cette manière. Le prisme de Nicol est également applicable au microscope simple, mais seulement comme polarisateur, car si on en plaçait un second au dessus de la lentille, l'œil de l'observateur serait trop éloigné de cette dernière et le champ de vue trop rétréci.

Figure 7, pl. 4, représente le microscope disposé pour les expériences sur la polarisation.

VX pièces objectives, Z porte-objet ou platine, T tube qui se visse au dessous de cette platine et contient le prisme polarisant P'.

P prisme analyseur placé à l'intérieur du tube X au dessus de l'objectif Y.

Pour placer les prismes dans la position convenable on fait tourner celui qui tient à la platine. On peut employer également les positions 2,3 et 4. Pour la première et la dernière on placera le prisme dans la pièce V. Bien entendu que dans les fig. 1 et 2, on remplacera le condensateur *v* par le prisme polarisant.

On ne tarda pas à construire des appareils propres à démontrer les brillans phénomènes de la polarisation dans un cours public, devant de nombreux spectateurs. Cependant, on ne pouvait encore étudier des corps d'une certaine dimension et les tourmalines que l'on employait, avaient le défaut d'assombrir les images.

M. Alexandre Brongniard désirait un appareil et voulut bien s'adresser à moi en me laissant liberté entière pour la disposition optique et mécanique. J'eus la vive satisfaction de pouvoir répondre à ce témoignage de confiance en construisant un polariscope qui fut présenté à l'Académie des Sciences.

J'ai remplacé les tourmalines par un prisme de Nicol et une glace noire et j'ai fait l'application de deux prismes semblables au microscope solaire et au polariscope. Rien ne peut égaler la richesse des images produites par l'action de la lumière polarisée sur les cristaux microscopiques.

Avec mon nouveau polariscope on peut étudier et former des images énormément agrandies, de corps ayant jusqu'à dix centimètres de diamètre, tels que *verres trempés*, ornemens en sélénite (sulfate de chaux), lames de mica, etc., etc.; tandis que le microscope solaire polarisant dévoile les phénomènes développés au sein des plus petits atomes.

M. Amici avait également construit un microscope composé polarisant, mais il employait des paquets de lames de verre et un rhomboïde à double image. Sa combinaison est peu connue, néanmoins il était de notre devoir de la mentionner dans cet ouvrage.

Nous désirons que nos efforts soient de quelque utilité pour la propagation d'une science qui s'enrichit chaque jour des belles expériences de nos physiciens et compte au nombre de ses adeptes des savans tels que Malus, Arago, Biot, Fresnel, Pouillet, Savart, Brewster, Herschell, Talbot, etc.

Pour les applications qu'on peut faire des microscopes polarisans, nous renvoyons au chapitre spécialement consacré aux expériences microscopiques.

CHAPITRE VII.

DE LA CHAMBRE CLAIRE APPLIQUÉE AU MICROSCOPE.

Dans ce chapitre, nous n'aurons à nous occuper que du dessin, de la reproduction des objets soumis au microscope. Peut-être aurait-on préféré nous voir consacrer un seul article à toutes les applications de la chambre claire; dessin, mesure des objets et du grossissement. Mais la micrométrie exigeait à elle seule de trop nombreux détails pour qu'il nous fût possible de la réunir aux autres parties et d'ailleurs nous devons décrire plusieurs procédés de mensuration qui ne rentrent pas dans le domaine de la caméra-lucida; c'est ce qui nous a décidés à donner en premier lieu la description de ceux d'entre ces appareils que l'on associe le plus avantageusement au microscope. Cette manière de procéder nous permettra d'éviter les répétitions et le lecteur aura acquis une connaissance intime des appareils qu'il suffira de lui nommer, pour qu'il sache à l'instant ce dont il s'agit.

Toutes les chambres claires ne sont pas applicables aux différens microscopes. Les diverses positions de ces instrumens exigent encore des changemens dans la manière de disposer les caméras. Occupons-nous d'abord de celles qu'on peut appliquer au microscope horizontal.

Dans cette catégorie, nous placerons les chambres claires de Wollaston , de Sœmmering et d'Amici.

Le premier de ces instrumens est assez connu pour qu'il soit inutile d'en donner la description que l'on trouvera d'ailleurs dans nos « CONSEILS AUX ARTISTES ET AUX AMATEURS SUR L'APPLICATION DE LA CHAMBRE CLAIRE A L'ART DU DESSIN, etc. (1). »

Le même ouvrage contient les premières idées de Wollaston , Bate et Amici, ainsi que nos propres recherches sur l'application de ces instrumens au microscope.

Débarrassés de ces détails préliminaires, abordons de suite le procédé opératoire.

La caméra de Wollaston montée sur son support ou fixée à un anneau qui entre à frottement sur le tube de l'oculaire, se place de la manière ordinaire en observant toutefois, qu'il faut mettre sa face antérieure presqu'en contact avec le premier verre du microscope, surtout lorsqu'on emploie de forts grossissemens.

Le reste du procédé ne diffère en aucune manière de celui que nous avons recommandé pour la caméra employée isolément.

Avec cette chambre claire on obtient facilement les plus beaux résultats, mais les inconvéniens que nous avons signalés en parlant de la position verticale du microscope, se présentent de nouveau et c'est là une autre preuve des avantages attachés à la position horizontale, car l'exactitude de l'instrument et le peu de difficulté que présente son usage , n'ont pu le sauver d'une espèce d'oubli, surtout depuis que M. Amici a fait connaître la caméra que nous nommons horizonto-verticale. Avant de parler de cette combinaison, disons quelques mots de celle de Sœmmering.

Elle est composée d'un petit disque d'acier fin et parfaitement

(1) Brochure in-8° avec planches ; 1838. Chez l'auteur.

poli, dont le diamètre est un peu moins grand que celui de la pupille. Ce miroir est incliné à 45 degrés et supporté par une tige métallique fort déliée fixée à un anneau semblable à celui dont nous avons déjà parlé. Lorsqu'on veut employer cet instrument, on glisse l'anneau sur le tube oculaire et en regardant de haut en bas comme avec la caméra de Wollaston, on voit en même temps l'image de l'objet réfléchie par le petit miroir, le papier et le crayon, car les petites dimensions du miroir permettent aux rayons qui partent du papier de se rendre à la pupille en passant sur les bords du petit disque. La fig. 9, pl. 2, représente l'appareil. A, miroir monté sur son anneau, B, profil et marche des rayons.

Cette caméra-lucida est d'un emploi facile, mais aux inconvéniens de la position verticale, elle joint celui de renverser les objets. Voyons comment M. Amici a su vaincre ces difficultés.

Sa caméra est reproduite dans la fig. 10, pl. 2. V, oculaire du microscope; M, miroir plan métallique percé d'une petite ouverture centrale qui correspond exactement à celle de l'oculaire; P, prisme rectangulaire destiné à réfléchir en C. les rayons venus du papier; O, position de l'œil.

Si l'on regarde par l'ouverture du miroir M, on distinguera parfaitement l'objet amplifié par le microscope. D'un autre côté, le prisme P agira sur les rayons partis du point C et les renverra en m sur le miroir plan qui les réfléchira suivant la direction mO et conséquemment, on verra tout à la fois l'objet et l'image de la main ou du crayon qui paraîtra venir se porter sur l'objet amplifié, pour le reproduire.

La supériorité de cet appareil est incontestable, parmi tous ses avantages nous signalerons les principaux.

1° Ce n'est plus l'image de l'objet amplifié qui frappe l'œil, c'est l'objet amplifié lui-même. Il en résulte une plus grande netteté et l'on n'a pas à craindre de voir cette image subir la moindre altération en passant par un nouveau milieu ou en se réfléchissant sur une nouvelle surface.

2° C'est la main qui paraît se porter sur l'objet pour en suivre les contours et cette combinaison est préférable, car si l'un des deux a besoin d'être vu bien distinctement, l'objet doit sans contredit avoir la préférence.

Quelques personnes éprouvent en commençant une certaine difficulté à se bien servir de cet appareil, mais il en sera de même pour le plus grand nombre d'instrumens ; il faut en tout faire son apprentissage. Aussitôt que les premières difficultés sont vaincues, on est amplement dédommagé par les beaux résultats que l'on obtient.

Nous plaçons la chambre claire horizonto-verticale d'Amici, au dessus de toutes les autres combinaisons applicables au microscope horizontal.

Pour le microscope vertical, nous avons été obligés de modifier l'appareil, et de toutes les dispositions, voici celle qui nous a paru la plus avantageuse.

On pose sur l'oculaire, le miroir percé d'Amici fixé sur un disque en cuivre. A quelque distance du microscope et à la même hauteur que le miroir, on ajuste un prisme rectangulaire parallèlement au papier sur lequel on veut dessiner. Alors, si on regarde dans le microscope par la petite ouverture du miroir, on verra simultanément l'objet et le crayon.

On comprend sans peine, que l'effet produit est semblable à celui que l'on obtient avec la caméra du professeur Amici. On a encore proposé plusieurs combinaisons optiques pour dessiner les objets microscopiques, nous avons dû choisir les meilleures.

Il est certainement possible de modifier les appareils et nous en avons déjà construit plusieurs d'après les indications des personnes avec lesquelles nous sommes en relation ou suivant nos propres idées lorsqu'on s'en rapportait à nous. Dans le nombre, nous citerons une caméra-microscope à faibles grossissemens destinée au dessin des préparations anatomiques.

Ainsi que nous l'avons dit dans la notice déjà citée, ce n'est que dans le cas où la lumière est également répartie, qu'on peut employer l'appareil avec le plus d'avantage et de facilité. Nous allons donc donner quelques renseignemens sur ce point auquel nous attachons une grande importance.

Si l'objet est très éclatant ou plutôt, si on ne peut le rendre visible qu'à l'aide d'une très vive lumière, il est possible qu'on ne voie pas la main et le crayon. Il faut placer l'appareil ou la table dans une position telle, que le jour puisse tomber sur le papier et lorsqu'on sera parvenu à établir en quelque sorte, l'équilibre entre l'éclairage de l'objet et celui du crayon, on apercevra distinctement les deux objets et l'opération n'offrira plus la moindre difficulté.

Est-il nécessaire d'indiquer le procédé à suivre quand il y a excès de lumière sur le papier ?

L'objet qu'on veut dessiner présente fréquemment des parties obscures et d'autres très brillantes. Après avoir disposé l'appareil comme pour dessiner les points les plus lumineux et lorsqu'on a obtenu ces premiers traits, on place devant le papier la main gauche qui projette des ombres plus ou moins fortes suivant le plus ou moins d'éclat des différentes parties du corps soumis au microscope.

Si l'objet est faiblement éclairé, qu'il offre beaucoup de points obscurs, on trouvera de grands avantages à dessiner sur du papier noir avec du crayon blanc. Nous avons aussi obtenu de bons résultats en dessinant avec le crayon ordinaire, sur un morceau de papier végétal dont la transparence permet de voir le fond d'une autre feuille noire placée sous la première. On pourrait au besoin avoir des papiers de couleurs variées et dessiner tantôt sur une feuille bleue, tantôt sur une verte, en un mot, sur les couleurs qui laissent voir simultanément et avec netteté, l'objet et la main du dessinateur.

Pour le microscope horizontal, nous employons toujours la caméra d'Amici, mais le lecteur appliquera sans peine nos raisonnemens aux autres appareils de ce genre.

CHAPITRE VIII.

Mesure de l'amplification des microscopes et de la grandeur réelle des objets (1).

La micrométrie fit long-temps le désespoir des observateurs ; elle semblait exclusivement réservée aux hommes versés dans la connaissance des sciences exactes, c'était une partie du mystère cachée derrière le voile que ne pouvaient soulever les néophytes. La détermination du pouvoir amplifiant des microscopes présentait surtout de nombreuses difficultés, car pour établir un calcul exact, il fallait connaître parfaitement la théorie des foyers et se livrer ensuite à une série d'opérations qui exigeaient l'étude préalable des mathématiques.

Le physicien, habitué à résoudre les problèmes les plus difficiles, pouvait se faire un jeu de ces recherches dont la complication et l'aridité paraissaient insurmontables à l'amateur avide de résultats prompts et faciles.

Aujourd'hui encore, on considère la micrométrie comme une partie difficile de la science microscopique. Cette opinion est basée principalement sur une idée fausse. On s'imagine que pour

(1) Voir l'explication des figures, page 153.

mesurer la grandeur réelle d'un objet, il faut connaître le pouvoir amplifiant du microscope.

Disons de suite que cette connaissance est absolument inutile. D'ailleurs, quand bien même elle serait nécessaire, nos procédés pour mesurer l'amplification sont tellement simples, que la difficulté n'existerait plus pour les personnes qui les mettraient en usage.

Examinons rapidement les méthodes de nos prédécesseurs.

Le premier moyen qui dut se présenter à l'esprit pour mesurer les corps, fut la comparaison d'objets inconnus avec d'autres objets dont la grandeur avait été déterminée à l'avance. Ainsi Leeuwenhoek employait le sable de mer dont il mesurait les grains en en plaçant un certain nombre dans une étendue d'un pouce, il posait ensuite quelques uns de ces grains auprès des objets soumis au microscope et les comparait ensemble. Le docteur Jurin remplaça les grains de sable par de petits fragmens d'un fil métallique. Pour déterminer leur grosseur, il enroulait ce fil sur une épingle et comptait le nombre d'anneaux compris dans un pouce, puis il coupait le fil en très petits morceaux qu'il mettait sur la platine avec l'objet. Ces deux procédés et surtout le premier, ne pouvaient fournir que des résultats inexacts.

On doit accorder plus de confiance au procédé dont le docteur Hooke fesait usage pour mesurer le grossissement. Ce physicien célèbre plaçait à la hauteur du porte-objet, une règle divisée en fractions du pouce, et tenant les deux yeux ouverts, il regardait en même temps cette échelle et l'objet amplifié par le microscope ; il transportait pour ainsi dire ce dernier sur la règle et comptait le nombre de divisions qu'il occupait.

Mais quoique bien simple en apparence, ce moyen exigeait une grande habitude et n'était pas sans difficultés pour quelques observateurs. Il faut en effet une certaine pratique pour voir avec les deux yeux, simultanément et d'une manière distincte, deux objets différens; on ne peut compter sur une grande exactitude, car la moindre circonstance peut faire naître une illusion au moment où l'on s'efforce de transporter l'image de l'objet sur la règle. Cette méthode a été remise en lumière il n'y a pas long-temps, par M. Raspail.

Les astronomes s'occupaient activement de la recherche d'un bon micromètre applicable à leurs lunettes; en Angleterre, Gascoigne construisit le premier instrument de ce genre antérieurement à 1640 et cette tentative donna naissance à un grand nombre d'inventions nouvelles. Les réseaux métalliques, les cheveux, les fils d'araignée, etc., furent successivement mis en œuvre pour la confection des nouveaux instrumens; ensuite on traça des divisions sur des plaques minces de nacre de perle, de corne et de verre. Tantôt l'indicateur du micromètre était mobile et mu par une vis dont les révolutions étaient indiquées sur un cadran, tantôt l'appareil était immobile.

Plusieurs de ces mensurateurs astronomiques étaient applicables au microscope et dans le nombre, nous citerons principalement les micromètres à vis. Mais aussitôt que l'on fut parvenu à tracer sur une lame de verre des divisions bien nettes et égales, on put reconnaître que ces derniers instrumens l'emporteraient sur tous les autres.

Le moyen le plus simple et que l'on employa en premier lieu, n'était guère applicable qu'aux objets excessivement minces, bien transparens et non suspendus dans un liquide. On plaçait d'abord la lame divisée sur la platine, et sur cette lame, l'objet à mesurer : le nombre de divisions couvertes par ce dernier, indiquait exactement ses dimensions. Mais ainsi que nous l'avons dit, la moindre épaisseur, une goutte de liquide, etc., entravaient l'opération à l'instant, car l'objet et le micromètre n'étaient plus situés sur le même plan et ne pouvaient se trouver placés tous deux au foyer de la lentille. Malgré son imperfection, ce procédé était encore employé par M. Le Baillif en 1824. Cependant B. Martin, dans son *Système d'optique* imprimé en 1740, décrivit son micromètre oculaire associé au micromètre objectif. Ce moyen est celui que l'on emploie encore aujourd'hui et la description que nous en donnons plus loin, nous dispense de nous y arrêter davantage. Ce fut encore Martin qui inventa le micromètre à aiguille et à cadran. Cet instrument était composé d'une vis dont on connaissait exactement l'écartement du pas, terminée à l'une de ses extrémités par une aiguille déliée, à l'autre par un indicateur qui parcourait les divisions tracées sur un cadran fixe et donnait la mesure exacte de la progression de la vis. On fixait l'appareil sur l'oculaire en fesant pénétrer l'aiguille déliée qui terminait l'une des extrémités de la vis, dans le tube, exactement au point où venait se former l'image de l'objet. En tournant alors la vis, la pointe de l'aiguille traversait l'image tandis que l'indicateur marquait sur le cadran le point de départ et celui d'arrêt ; un calcul fort simple donnait enfin un résultat assez exact. Cette méthode a été proposée, il y a quelque temps , pour mesurer les laines. Frauenhofer construisit d'après ce principe, un micromètre qui a joui d'une grande réputation. Il plaçait cet instrument sur la platine du microscope et la vis fesait marcher l'objet; un fil placé dans l'oculaire servait de point de repère. Au reste, le duc de Chaulnes appliquait à son microscope, la plupart de ces micromètres dont on trouvera la description dans son ouvrage.

Il nous paraît inutile de nous occuper plus long-temps de ces différens moyens presque tous abandonnés aujourd'hui, surtout par les personnes auxquelles nous avons communiqué nos procédés. Nous ne parlerons pas davantage des graines de Lycopode, *du Lycoperdon-Bovista*, du crystallin des poissons, des pelures d'oignon de Dellebare, etc., qui loin de nous faire faire le moindre progrès , nous ramèneraient infailliblement aux pre-

miers temps de la micrométrie et aux grains de sable de Leeuwenhoek.

Depuis long-temps, on fesait des recherches dans le but de
simplifier les procédés micrométriques, mais il fallait en même
temps conserver ou plutôt augmenter leur exactitude. M. Amici
publia un mémoire (*De' Microscopi catadiottrici, memoria pre-
sentata ed inserita nel tomo* 18 *della società italiana delle scienze
residente in Modena*), traduit en français et publié dans les *Annales de Chimie et de Physique*, tome **17**. Août **1821**.

Notre curiosité fut vivement excitée par cette publication qui
contenait de bons renseignemens sur l'application de la caméra
à la micrométrie. Nous devons dire toutefois que pour nous, ces
instructions manquaient peut-être de clarté.

Ceux de nos lecteurs qui seront curieux de connaître la méthode du savant professeur de Modène, pourront consulter les
mémoires indiqués plus haut, il nous eût été impossible de les
reproduire ici.

Des expériences répétées nous mirent bientôt en possession des
procédés que nous allons décrire. Pour plus de certitude, nous
les avons communiqués à un grand nombre de personnes qui ont
bien voulu les vérifier et les emploient exclusivement aujour-
d'hui.

Il faut remarquer, que M. Amici n'avait pas déterminé d'une
manière précise, la distance de l'oculaire au papier sur lequel on
dessine. Cette détermination était cependant importante et nous
devons en dire quelques mots avant de commencer notre description.

Les physiciens varient dans leurs estimations de la distance de
la vue moyenne. Cette variation amène nécessairement des différences dans les calculs et si l'on n'en tient pas exactement compte,
on s'expose à commettre de grossières erreurs. Nous croyons
qu'on pourrait faciliter les opérations en admettant un terme

moyen représenté par une mesure décimale. Ainsi donc, nous avons depuis long-temps adopté une distance de vingt-cinq centimètres, sans prétendre en aucune manière que ce soit la véritable distance, mais parce que cette mesure décimale simplifie encore les calculs déjà fort simples de nos procédés et que d'ailleurs, elle ne s'éloigne pas trop des différentes évaluations indiquées par les physiciens.

Nous avons déjà parlé plusieurs fois de micromètres divisés sur verre; il devient indispensable d'en donner une courte description.

On est parvenu à l'aide du diamant et d'une machine, à tracer sur une lame de verre, un grand nombre de divisions égales dans un très petit espace; ainsi nous obtenons aujourd'hui le millimètre divisé en cinq cents parties. Plusieurs artistes et quelques amateurs exécutent ces divisions avec une grande perfection. Parmi ces derniers, nous citerons M. Le Baillif qui avait lui-même construit une machine à tracer que nous possédons aujourd'hui : M. le baron Séguier, grave des micromètres pour ses expériences et il serait difficile d'obtenir des instrumens exécutés avec plus de netteté et d'exactitude. M. Le Baillif eut le premier, l'heureuse idée de donner des longueurs différentes aux traits de ses divisions ; on ne saurait s'imaginer combien cette disposition est avantageuse. Ainsi par exemple, cet habile observateur indiquait distinctement cinq ou dix divisions par des traits plus ou moins longs semblables à ceux que l'on trace sur les échelles métriques ordinaires.

Quoiqu'on soit parvenu à diviser le millimètre en cinq-centièmes, on fait rarement usage d'une échelle aussi délicate et si l'on comprend bien nos procédés, on reconnaîtra qu'elle est tout à fait inutile, puisqu'on peut à volonté obtenir des fractions aussi petites que l'on veut, en reculant la mire à une distance plus ou moins considérable.

Les micromètres objectifs sont ordinairement fixés dans l'ouverture d'une réglette en cuivre ainsi qu'on l'a représenté fig. 14, planche 2.

Il faut distinguer deux choses dans la micrométrie : 1° l'évaluation du pouvoir amplifiant du microscope; 2° la mesure de la grandeur réelle des objets. Commençons par le pouvoir amplifiant et pour aller du simple au composé, prenons d'abord le microscope solaire.

Lorsque l'écran sera placé à la distance convenue, ($0^m,25$) on introduira dans le porte-objet ou platine, un micromètre divisé par exemple, en millimètres, dont l'image ira se peindre sur l'écran. Avec un compas, on mesurera exactement la grandeur de cette image ou d'une de ses parties ; ensuite on portera les pointes du compas sur une échelle métrique, et l'on obtiendra de suite, l'évaluation du pouvoir amplifiant des lentilles. Supposons par exemple, qu'un millimètre du micromètre occupe sur l'écran un espace égal à un décimètre, nous aurons une amplification de 100 fois et l'opération sera toujours aussi facile, quelles que soient les quantités.

Nous avons dit qu'on pouvait augmenter la puissance du microscope solaire, soit en changeant les lentilles, soit en éloignant l'écran. Il arrivera donc, que plus on éloignera ce dernier, plus l'image du millimètre paraîtra amplifiée.

On peut employer le même moyen pour estimer la force du microscope simple ordinaire, en fixant la lentille ou le doublet à la place des lentilles achromatiques ; cependant, nous allons indiquer un procédé tout aussi simple et qui donne des résultats très exacts.

Notre petit microscope horizontal peut être converti en microscope simple et par conséquent, ce dernier peut prendre la position horizontale. On aura donc la faculté d'y adapter la chambre claire horizonto-verticale de M. Amici, ou le miroir de Sœmmering.

Plaçant alors le papier à 0ᵐ, 25 de l'axe de la lentille, et sur la platine, un micromètre divisé par exemple, en centièmes de millimètre ; on marquera sur le papier deux points correspondans à une ou plusieurs divisions amplifiées du micromètre, et la comparaison de cet intervalle avec les divisions d'une échelle métrique, donnera pour résultat, la mesure exacte du pouvoir amplifiant.

Exemple. — Soit un micromètre divisé en centièmes de millimètre. Si l'image amplifiée de cinq centièmes ou un vingtième de millimètre correspond à un centimètre de la règle, le pouvoir amplifiant de la lentille sera égal à deux cents. Si on pose de suite la règle métrique à la place du papier et que l'on fasse concorder ses divisions avec celles du micromètre vu au moyen de la lentille, on pourra faire l'opération avec la plus grande rapidité.

Mais tous les microscopes simples ne sont pas disposés de manière à pouvoir prendre la position horizontale, il fallait donc modifier le procédé ou plutôt renverser le système.

Placez à 0ᵐ, 25 de l'axe et à la hauteur de la lentille, une mire ou tableau sur lequel on aura collé préalablement une feuille de papier blanc. Posez sur la lentille, le miroir percé d'Amici en dirigeant sa surface réfléchissante vers la mire. Si vous mettez alors le micromètre sur la platine et que vous regardiez par l'ouverture centrale du miroir, vous verrez en même temps la mire et les divisions amplifiées du micromètre qui sembleront tracées sur le papier. Si vous prenez sur l'écran la distance d'une ou plusieurs divisions du micromètre avec un compas, vous n'aurez plus qu'à comparer cette distance aux divisions de l'échelle micrométrique et vous obtiendrez le résultat par la même opération que ci-dessus. On conçoit aussi qu'il est également possible de placer la règle sur la mire ou de tracer sur cette dernière des divisions correspondantes.

Nous pensons qu'il est impossible d'employer des procédés

plus simples et plus à la portée de toutes les intelligences; ainsi donc sans nous arrêter davantage sur ce point, nous passerons de suite aux méthodes dont nous fesons usage pour déterminer la grandeur réelle des objets soumis à l'action du microscope simple.

Et d'abord, nous engageons de nouveau le lecteur à bien se pénétrer de la vérité de ce fait; *qu'il est absolument inutile de connaître le pouvoir amplifiant du microscope pour déterminer la grandeur réelle des objets.*

Débarrassées de cette complication, les opérations suivantes seront tout aussi simples et aussi facilement comprises, que celles dont nous venons de nous occuper,

Pour le microscope solaire, il faut agir comme pour mesurer son pouvoir amplifiant; il est évident que si un millimètre du micromètre vient se peindre sur le tableau sous les dimensions d'un décimètre, tout objet mis à la place du micromètre, devra se peindre avec des proportions relatives, donc, un corps qui occupera sur l'écran un espace correspondant à 0^m, 1 , aura nécessairement pour grandeur réelle 0^m, 001 et ainsi de suite. Lorsqu'on a tracé sur l'écran les points correspondans à 0^m, 001 du micromètre il faut donc retirer ce dernier et glisser à sa place l'objet dont on veut trouver la grandeur réelle. Mais il peut arriver que l'objet ne remplisse pas exactement l'intervalle indiqué sur le tableau; cette difficulté n'arrêtera nullement l'opération , car il suffit d'employer un micromètre divisé en centièmes de millimètre et de tracer sur le tableau toutes ces divisions. Nous verrons tout à l'heure qu'il est un autre moyen d'arriver à connaître la grandeur réelle des plus petits corps.

Emploie-t-on le microscope simple dans la position horizontale? Voici la manière de procéder.

On dispose l'appareil comme pour mesurer l'amplification; après avoir dessiné sur le papier l'image amplifiée du micromètre que l'on enlève, on met sur la platine l'objet à mesurer et on compare son amplification avec l'échelle obtenue préalablement.

Nous devons parler ici d'une importante modification que nous avons fait subir à ce procédé.

Lorsque les objets sont infiniment petits, dans le cas où l'on veut mesurer des détails d'une grande finesse alors même qu'ils sont amplifiés, on éprouve le besoin d'avoir une échelle divisée en parties presque insensibles. Mais l'exiguité de ces divisions les rendrait imperceptibles à l'œil nu et l'on ne pourrait obtenir une évaluation exacte. Notre procédé fait disparaître tous ces obstacles et donne à la micrométrie une puissance en quelque sorte illimitée. On nous pardonnera donc des détails et des répétitions indispensables.

L'appareil est disposé de la même manière que dans l'opération précédente, mais comme il ne s'agit pas de chercher le pouvoir amplifiant de la lentille, on ne sera point tenu de placer le papier à une distance de 0^m, 25. On pourra donc l'éloigner autant qu'on voudra, et cette faculté constitue toute l'importance du procédé micrométrique.

Supposons que le papier soit placé à 0^m,50 de la lentille, admettons encore que le micromètre objectif soit divisé en centièmes de millimètre et que la lentille amplifie cent fois (1). Il est évident que si le papier était placé à 0^m, 25, un centième de millimètre amplifié correspondrait sur le papier à un millimètre; donc, si le papier est placé à 0^m, 50, ce centième de millimètre correspondra à deux millimètres. Mais on sait que ces deux millimètres ne représentent toujours qu'un centième de millimètre. Quand on aura établi cette proportion, on retirera le micromètre pour glisser à

____

(1) Nous sommes forcés ici de mentionner l'amplification, par la nature même du problème qui sans cela, eût été tout-à-fait inintelligible.

sa place, l'objet qu'on veut mesurer et dès-lors il sera facile de connaître la grandeur réelle d'une de ses parties, quand bien même elle ne serait que d'un cinq-centième de millimètre, car aussitôt que l'on a obtenu sur le papier une image du centième de millimètre du micromètre, on pourra la diviser en cinq ou dix parties et cela, avec d'autant plus de facilité que cette mesure sera plus étendue. Ainsi donc, deux millimètres seront plus faciles à diviser en cinq parties que ne le serait un seul et de plus ces divisions seront visibles à l'œil nu.

La partie de l'objet mis à la place du micromètre, paraît-elle remplir sur le papier une, deux ou trois de ces divisions? La grandeur réelle sera de un, deux ou trois cinq-centièmes de millimètre.

Est-il besoin d'ajouter, que plus l'écran sera éloigné, plus on obtiendra de subdivisions et plus il sera facile de mesurer exactement des objets infiniment petits ou même leurs moindres détails.

Si l'on éprouve quelque embarras à tracer les mesures sur un papier placé trop bas, on peut y dessiner à l'avance, une échelle divisée en millimètres, centimètres, etc. On établira sa concordance avec le micromètre et après avoir remplacé ce dernier par un objet, on agira comme nous l'avons dit.

Quand on se sert du microscope simple vertical, on le dispose comme pour la recherche de l'amplification et lorsque le miroir d'Amici est placé sur la lentille et le micromètre sur la platine, on porte la mire à une certaine distance, à deux mètres par exemple, puis on opère comme ci-dessus.

Dans le cas où l'on porte la mire trop loin pour pouvoir mesurer l'amplification avec un compas, il est avantageux d'y tracer préalablement une échelle divisée en centimètres ou en parties égales qu'on pourra toujours faire concorder avec les traits du micromètre en approchant ou reculant la mire.

Cette dernière manœuvre est nécessaire toutes les fois que les traits du micromètre ne coïncident pas exactement avec ceux de l'échelle. On nous permettra de citer un exemple de cette opération. Soit un micromètre divisé en dixièmes de millimètre. Soit une échelle tracée sur la mire et représentant des centimètres; si l'on recule cette mire à une distance de deux mètres, les dixièmes de millimètre vus au moyen du microscope avec un certain grossissement, correspondront exactement aux centimètres et par suite un millimètre à 0^m, 10. Si l'objet qui remplace le micromètre remplit une division de l'échelle, sa grandeur réelle sera égale à un dixième de millimètre. Mais quand on veut mesurer quelque détail de cet objet, comme on peut facilement diviser les centimètres de l'échelle en millimètres, si cet objet correspond à un millimètre, sa grandeur réelle sera égale à un centième de millimètre.

Nous allons maintenant passer au microscope composé, toutefois, nous observerons que ces premières explications aideront beaucoup à l'intelligence de la seconde partie de notre travail.

Mais avant d'aller plus loin, il est important de répéter, qu'il n'est nécessaire de placer le papier ou la mire à 0^m,25 distance que nous avons adoptée pour la vision moyenne, que lorsqu'il s'agit d'obtenir l'évaluation du pouvoir amplifiant du microscope.

Cet instrument est horizontal ou vertical, il faut donc examiner séparément les procédés applicables aux différentes positions.

MESURE DE L'AMPLIFICATION.

1° *Microscope horizontal.*

On fixe sur l'oculaire, la chambre claire horizonto-verticale d'Amici. Sur la platine, on place un micromètre objectif et sur la table à 0^m,25 de l'axe de l'instrument, une feuille de papier. En traçant avec un crayon deux traits correspondans à une ou plusieurs divisions du micromètre, il sera facile ensuite de mesurer l'intervalle avec un compas et de le comparer aux divisions d'une échelle métrique. On peut encore tracer d'avance cette échelle sur le papier ; le rapport de ses divisions avec celles du micromètre, indiquera positivement le grossissement du microscope.

Ex. Soit un micromètre objectif divisé en centièmes de millimètre ; si une de ses divisions correspond à un millimètre de la règle, le microscope grossira 100 fois et ainsi de suite.

Voici maintenant une autre méthode beaucoup moins simple, car il faut faire trois opérations pour arriver au résultat que nous obtenons avec une si grande facilité.

Il faut, 1° trouver la puissance de l'oculaire.

2° Celle de l'objectif.

3° Multiplier l'une par l'autre.

En premier lieu, on met sur le diaphragme à l'intérieur du tube de l'oculaire, un micromètre divisé par exemple en millimètres et qui doit se trouver exactement au foyer du verre oculaire ; ensuite, on replace dans le microscope le tube oculaire armé de la chambre claire d'Amici (1). Au dessous de la caméra et à la distance convenue, se trouve le papier ou l'échelle. Si un millimètre du micromètre égale un centimètre de l'échelle, l'oculaire grossira dix fois.

Il s'agit maintenant de connaître la puissance de la seconde partie de l'appareil, c'est-à-dire de l'objectif et du verre de champ réunis.

Enlevez la caméra, placez sur la platine un micromètre que nous

---

(1) On doit faire abstraction de l'objectif et du verre de champ qui pourraient être enlevés, mais qu'on laisse en place parce qu'ils dirigent les rayons lumineux sur le micromètre oculaire.

supposerons divisé en centièmes de millimètre, mettez au point et cherchez en fesant tourner la pièce de l'oculaire ou bien au moyen du support à chariot, à faire concorder les divisions supérieures avec les inférieures, enfin faites votre calcul proportionnel.

Ex. Si une division ou un centième de millimètre du micromètre objectif correspond à un millimètre du micromètre oculaire, vous aurez pour résultat, un grossissement de 100 fois.

Il vous reste enfin à faire la troisième opération ou en d'autres termes, à multiplier la deuxième quantité par la première; ainsi nous avons.

Grossissement de l'oculaire $= 10$ fois.
      id.   de l'objectif $= 100$ fois.
Donc 100×10 ou $1000 =$ la puissance amplifiante du microscope.

Il arrive quelquefois qu'il n'y a pas concordance parfaite entre les divisions des deux micromètres et que pour l'obtenir, on est obligé d'allonger plus ou moins le microscope au moyen du tube oculaire. Nous pensons en conséquence, que lorsqu'on emploiera le procédé que nous venons de décrire, on devra commencer par établir la concordance des deux micromètres, puis retirer l'inférieur sans toucher au tube oculaire et procéder comme nous l'avons indiqué plus haut.

2° *Microscope vertical.*

Les deux moyens applicables au microscope horizontal, le sont également à l'appareil vertical.

Pour le premier, on remplace la chambre claire d'Amici par son miroir percé; plaçant ensuite un micromètre objectif sur la platine, et une mire ou écran à $0^m,25$, on opère comme avec le microscope horizontal ; il en est de même pour le second procédé.

MESURE DE LA GRANDEUR RÉELLE DES OBJETS.

1° *Microscope horizontal.*

L'excellence des opérations que nous avons indiquées pour le microscope simple, devient surtout évidente lorsqu'on emploie l'instrument composé.

Disposez l'appareil horizontal comme pour mesurer le grossissement, mais éloignez votre papier autant qu'il vous sera possible et vous aurez une échelle qui représentera l'amplification considérable subie par le micromètre objectif. La facilité avec laquelle vous pouvez diviser cette échelle en parties plus ou moins petites, vous permettra de mesurer la grandeur réelle des objets les plus déliés.

Si vous n'employez pas la chambre claire, il suffit de remplacer le micromètre objectif par l'objet à mesurer et son rapport avec le micromètre oculaire donnera la mesure de sa grandeur réelle.

Ex. Soit un micromètre oculaire divisé en millimètres. Si le micromètre objectif est divisé en centièmes et qu'une de ces divisions corresponde à un millimètre de l'oculaire, un objet mis à la place du micromètre objectif et qui remplira une des divisions du micromètre oculaire, aura une grandeur réelle d'un centième de millimètre.

2° *Microscope vertical.*

Avec un microscope vertical, on remplace encore la caméra d'Amici par son miroir, mais ici comme pour le microscope simple vertical, on peut reculer la mire aussi loin qu'on le jugera convenable.

Ex. Soit un micromètre objectif divisé en centièmes de millimètre, soit une mire divisée en centimètres et placée à trois mètres de distance. Supposons que le pouvoir amplifiant soit tel que deux divisions du micromètre inférieur correspondent à cinq divisions de l'échelle tracée sur l'écran; il est évident que ces cinq divisions représenteront deux centièmes ou un cinquantième de millimètre. Si je subdivise les cinq parties de la mire en deux parties chacune, j'aurai dix divisions représentant des cinq-centièmes de millimètre et lorsque le micromètre objectif sera remplacé par un objet, je pourrai facilement mesurer des parties qui n'auront qu'un cinq-centième de millimètre. On conçoit qu'en augmentant la distance de l'écran au microscope, on obtiendra une échelle représentant des millièmes, etc., de millimètre.

Si l'on a bien conçu toute l'importance de ce procédé, on nous pardonnera volontiers la répétition de cet exemple que nous avons déjà donné en parlant du microscope simple et nos lecteurs conviendront sans doute avec nous, que ce moyen donne à la micrométrie une puissance presque illimitée (1).

Nous doutons fort, que les personnes qui auront une fois employé notre procédé, aient jamais recours à l'emploi du double micromètre, néanmoins, nous devons en dire deux mots.

L'appareil est le même que pour la mesure de l'amplification du microscope vertical, moins la mire et le miroir d'Amici. On substitue l'objet au micromètre objectif dont on a préalablement déterminé le rapport avec le micromètre oculaire.

Nous terminerons ce chapitre par la description d'un goniomètre microscopique, du mensurateur de M. Le Baillif et du microscope à mesurer les fils excessivement déliés, tels que soies, laines, etc.

Le goniomètre destiné à mesurer les angles microscopiques,

____

(1) Nous avons appliqué ce nouveau procédé aux télescopes et aux lunettes, pour mesurer les distances, etc.

fig. 11, pl. 2, est fixé dans un oculaire A,B, au foyer du verre supérieur. La pièce C,C est composée d'un cercle de cuivre C,C, dans lequel tourne le disque D,D, percé à son centre d'une ouverture circulaire O qui reçoit un disque de verre sur lequel on a tracé au diamant le petit trait *a, c*. La circonférence extérieure de la pièce D,D est dentée et le bouton F terminé par un pignon qui permet d'imprimer un mouvement circulaire à D,D. Un second disque de verre sur lequel on a tracé au diamant le trait *b, d*, est maintenu immobile sous la pièce C,C. Après avoir fait concorder les traits des deux disques, si l'on tourne le bouton F, le mouvement sera communiqué à la pièce D,D, et les traits se croiseront en formant des angles plus ou moins ouverts qu'on mesurera sans peine au moyen des degrés tracés sur le cercle C,C.

L'idée première de ce petit appareil, appartient à M. Raspail. Notre goniomètre diffère du sien par une meilleure disposition de la partie mécanique.

Avec la chambre claire appliquée au microscope horizontal, on mesure très facilement les angles des cristaux ; il suffit de dessiner l'angle et de le mesurer avec un rapporteur. On pourrait encore employer le microscope solaire qui amplifie considérablement ces angles.

Le mensurateur de M. Le Baillif est un petit instrument fort ingénieux, mais dont on fait rarement usage parce qu'il est peu connu.

AB, AB, fig. 12, pl. 2, est une petite plaque en bois ou en cuivre. *c,c*, sont deux petits supports percés dans lesquels glisse la pièce *e,e*, qui est repoussée vers la gauche par le ressort de montre *f*. La plaque AB, AB est percée à son centre et garnie d'un verre sur lequel on a gravé au diamant un trait excessivement fin. La pièce *e e*, est également percée en *o* et dans son ouverture est fixé un disque de verre divisé en fractions de millimètre. *l* est une vis qui avance ou recule au moyen du support taraudé *d* et dont l'extrémité vient appuyer contre un butoir en *s*.

Pour employer l'instrument, on le fixe solidement sur la platine du microscope. On met au point et l'on aperçoit parfaitement les divisions et le trait indicateur qu'il faut amener sur le premier trait de la plaque supérieure au moyen de la vis *l*. Si l'on place alors un petit corps, un morceau de papier par exemple au point *s*, entre l'extrémité de la vis et celle du butoir, ce dernier sera repoussé vers la droite et la marche des divisions sur le trait du disque inférieur, indiquera l'épaisseur du corps.

Quant au microscope destiné à mesurer les fils déliés, ce n'est autre chose qu'un de nos petits microscopes dont l'oculaire est muni d'un micromètre fixé à demeure au foyer du premier verre. Nous déterminons à l'avance la valeur de ces divisions en les comparant à celles d'un micromètre objectif ainsi que nous l'avons dit plus haut, et dès lors, il est excessivement facile de mesurer les objets placés sur la platine.

Nous avons construit cet appareil pour faciliter l'opération, car beaucoup de chefs d'atelier ou leurs ouvriers, éprouvent de la difficulté à bien disposer le micromètre oculaire et d'ailleurs, une fois que la valeur de ce micromètre est déterminée, il leur suffit de placer l'objet sur la platine et de regarder dans le microscope pour obtenir un résultat exact. Cependant nous préférons l'emploi de la chambre claire ; deux ou trois expériences suffiront pour mettre toute personne en état de faire usage de notre procédé qui peut donner les évaluations les plus délicates avec la plus grande exactitude.

Il serait maintenant superflu de parler du micromètre de Wollaston, des réseaux métalliques, des mesures prises sur le pied de l'instrument, du micromètre angulaire ; notre but était de simplifier cette branche de la science et nous croyons y être parvenu. En décrivant tous les procédés connus, nous embarrasserions l'esprit du lecteur d'une foule de choses inutiles et il pourrait nous reprocher avec raison de ne lui avoir rien donné en voulant lui donner trop. Les amateurs curieux pourront consulter les anciens ouvrages.

Explication des figures relatives à la micrométrie.

Fig. 13, pl. 2. A, mire sur laquelle est tracée l'échelle.

B miroir percé d'Amici.

C lentille ou oculaire.

P Pupille.

a b c d marche des rayons (voir plus haut l'explication).

Fig. 14. A, B, micromètre objectif ou réglette en cuivre portant à son centre le micromètre sur verre C.

Fig. 15. A, A', micromètres oculaires. A' est divisé en carrés ; cette disposition est quelquefois avantageuse.

CHAPITRE IX.

ACCESSOIRES DU MICROSCOPE.

Lorsqu'on veut faire des expériences microscopiques, il faut d'abord monter son laboratoire. Qu'on ne s'alarme pas toutefois; pour nous, ce mystérieux réduit, n'est autre chose que le tiroir qui renferme l'instrument. Des compartimens, des casiers superposés, reçoivent tous les appareils nécessaires aux expériences. Certains auteurs ont prétendu qu'on devait avoir un cabinet exclusivement réservé au microscope; nous serons moins ambitieux et tout en reconnaissant que ce laboratoire peut être fort utile aux personnes qui consacrent tous leurs instans à des recherches microscopiques, nous n'exigerons qu'une armoire ou une cage en verre pour mettre l'appareil à l'abri de la poussière et de l'humidité.

La table qui supporte le microscope doit être solide et à l'abri de toutes secousses; quelques observateurs évitent même d'y appuyer leur poitrine dont les mouvemens joints aux battemens du cœur pourraient déterminer une légère agitation. Il ne nous paraît pas nécessaire de pousser les précautions aussi loin. La hauteur de la table ou du siége sera réglée d'après la taille de l'observateur, en un mot, il faut que l'oculaire se présente naturellement à l'œil, quelle que soit la position de l'appareil.

Parmi les accessoires du microscope, nous avons déjà parlé

des verres colorés qui se vissent au dessus des lentilles, des micromètres, des chambres claires, des prismes de Nicol pour la polarisation. Il nous reste encore à décrire plusieurs instrumens indispensables. En première ligne, nous placerons nos objectifs variables et notre prisme redresseur.

Lorsqu'on s'occupe de dissections microscopiques, l'instrument composé est parfois trop puissant ou plutôt, le champ de vue n'est pas assez étendu et il n'y a pas assez d'espace entre les lentilles objectives et la platine ; les mêmes inconvéniens se présentent si l'on fait usage du microscope simple. Notre objectif variable devient alors indispensable. Il se compose de deux tubes en cuivre glissant l'un dans l'autre et mus par une crémaillère ; à l'extrémité de chaque tube, se trouve une lentille achromatique à long foyer. L'appareil s'adapte au microscope à la place de l'objectif. Au moyen de la crémaillère, on peut éloigner ou rapprocher les deux verres et obtenir un grossissement plus ou moins fort sans avoir besoin de changer les lentilles ; le champ du microscope est vaste et l'espace suffisant pour faire mouvoir des instrumens assez volumineux. Un anatomiste distingué, le docteur Bourgery, fait un usage fréquent de ce nouvel objectif adapté à l'un de nos grands microscopes. Quelquefois nous plaçons cet appareil sous la platine et nous obtenons ainsi un condensateur variable qui peut devenir fort utile dans certaines circonstances. Depuis plusieurs années, nous avons appliqué cette combinaison à nos lunettes achromatiques et les résultats obtenus, nous ont engagés à adopter ce nouveau système.

La fig. 16, pl. 2, représente l'objectif.

T. tube extérieur.

t tube intérieur glissant dans le premier.

V verre supérieur.

V' verre inférieur.

B bouton à pignon qui fait mouvoir le tube *t*.

On a dessiné, fig. 16 bis, un objectif plus puissant et dépourvu de crémaillère.

Le prisme redresseur est une pièce absolument indispensable à l'anatomiste. Toutes les personnes qui ont l'habitude du microscope, savent combien il est difficile de conduire avec exactitude les pointes, scalpels, etc., sur la platine. Les rayons en se croisant, donnent une image renversée de l'objet que l'on examine, et conséquemment, lorsqu'on fait mouvoir un scalpel sur le côté gauche, il paraît agir sur la partie droite de l'objet, si on le pousse vers la droite, il semble se diriger du côté gauche et ainsi de suite. La dif_ ficulté augmente encore, si l'on dissèque un très petit objet sous un fort grossissement.

Notre appareil est tout simplement un prisme rectangle fixé dans un tube en cuivre qui se place sur l'oculaire du microscope. Les bases du prisme correspondent aux parois du tube. Avec cet instrument, on peut à volonté rendre à l'objet sa véritable position et même le faire tourner dans tous les sens. En quittant l'oculaire, les rayons sont forcés de traverser le prisme, mais son action réunie à celle du prisme de l'appareil, imprime aux rayons une *réflexion croisée* qui détruit complètement l'inversion produite par le premier entrecroisement.

Il est quelquefois très difficile de suivre les mouvemens des animalcules qui changent de place à tout moment. Avec le prisme redresseur, on n'est pas exposé à pousser le porte-objet dans un sens lorsqu'il est nécessaire de lui faire suivre une autre direction pour retrouver l'infusoire.

On obtient un excellent microscope pour les recherches et dissections anatomiques, en appliquant à l'instrument ce prisme et l'objectif variable dont nous avons déjà parlé.

Fig. 17, pl. 2. ABCD tube en cuivre.

P prisme redresseur.

O ouverture à laquelle on applique l'œil.

E, le tube vu de face.

Il arrive souvent que la mobilité de certains objets devient un obstacle pour l'observateur le plus patient, d'autres fois on veut examiner les modifications que peut déterminer un changement de forme, vérifier si les corps contiennent un fluide ou résistent à la pression.

On a imaginé pour exercer sur les objets une pression graduée et méthodique, plusieurs instrumens auxquels on a donné le nom de *compressorium* ou compresseur.

Nous croyons, sans toutefois l'affirmer, que le premier compresseur fut inventé par MM. Purkinje et Valentin. Il se composait d'un petit tambour présentant à l'extérieur un pas de vis et garni intérieurement d'un disque de verre sur lequel on plaçait l'objet. Un petit chapeau fileté à l'intérieur et dont l'ouverture supérieure était fermée par un verre très mince, se vissait sur le tambour et lorsque les deux pièces étaient entièrement réunies, le verre du chapeau se trouvait en contact avec le disque du tambour. Ce petit appareil était fixé sur un plateau en cuivre qui servait à le maintenir sur la platine du microscope.

Pour examiner un objet, on le plaçait sur le disque du petit tambour, au moyen du pas de vis on abaissait graduellement le verre du chapeau et le corps se trouvait bientôt comprimé avec plus ou moins de force. Mais en vissant le chapeau, on imprimait nécessairement au verre supérieur, un mouvement de rotation suffisant pour détruire ou déchirer l'objet.

M. Cornélius Varley de Londres décrivit cet appareil dans un mémoire publié en 1832.

M. Solly m'a fait cadeau d'un compresseur à peu près semblable, mais heureusement modifié. Les différentes pièces de cet instrument diffèrent peu des précédentes, mais le chapeau ne tourne pas, c'est une virole filetée qui lui communique le mouvement. J'avais déjà construit plusieurs de ces *compressorium*, lorsque le docteur Gluge me fit voir un nouvel appareil construit par M. Schick de Berlin. J'en donnerai la description, car il est aujourd'hui généralement employé par les observateurs.

AB, fig. 18, pl. 2, règle en cuivre percée à son centre d'une ouverture circulaire C.

D pièce mobile dans le sens horizontal sur le pivot E, et terminée à l'une de ses extrémités par les montans F.

G levier mobile sur le pivot qui traverse les montans F.

H demi-cercle pivotant en P sur l'extrémité du levier; ce demi-cercle reçoit le cercle I mobile sur les pivots LL.

A l'autre bout du levier, est ajustée une vis à tête mollettée K dont l'extrémité porte dans une rainure pratiquée sur la pièce D. Si l'on desserre la vis K, un petit ressort placé entre D et G, force le bras G du levier à s'abaisser et soulève le bras opposé qui supporte l'anneau.

L'ouverture C et l'anneau I sont garnis de verres plans , celui de l'anneau doit être très mince.

Quand on veut faire usage de l'instrument, on fait tourner la pièce D sur le pivot E, après avoir eu soin de desserrer la vis K. On place alors un objet sur le verre de l'ouverture C et ramenant l'anneau I sur ce verre, on tourne doucement la vis; lorsque les deux plaques sont presque en contact, on pose l'appareil sur la platine du microscope et l'on aperçoit parfaitement les objets qu'on peut alors comprimer plus ou moins au moyen de la vis K. Il faut avoir soin de régler de temps en temps le microscope, car la compression exercée sur les objets, les déprime, les place nécessairement sur un plan de plus en plus bas et les fait sortir du foyer.

Ce *compressorium* l'emporte sur tous les autres; le mouvement de compression est régulier, la vis est placée sur le côté de l'appareil et l'on n'est plus obligé comme autrefois de porter la main au centre de la platine pour tourner le chapeau ou la virole; le contact des deux verres est parfait au moyen des pivots L et P qui permettent à l'anneau I de s'abaisser en conservant toujours une direction parallèle à la règle AB, enfin le pivot E facilite la préparation des objets, puisqu'on peut mettre de côté la partie supérieure de l'appareil pendant qu'on dispose ces préparations sur le verre de l'ouverture C.

Le conducteur électrique, fig. 19, pl. 2, nous a été envoyé par M. Ploëssel de Vienne. Nous en donnerons une description succincte, la figure fera comprendre le reste.

AB règle en cuivre.

C virole fixée au centre de cette règle et garnie du verre D.

EE petits tubes qui reçoivent les tiges des pièces FF. Ces deux canons ou tubes sont fendus, pour que la pression exercée sur les tiges soit plus exacte.

GG tubes qui basculent sur les charnières FF et reçoivent les tubes capillaires en verre *aa,aa*. *b,b,* fils de platine introduits dans les petits tubes. Une de leurs extrémités est contournée en anneau, l'autre vient se placer sur la plaque D.

La manière de se servir de ce petit instrument est excessivement simple. On fixe les fils conducteurs d'une pile ou d'une machine électrique aux anneaux *b,b,* des fils de platine et on place en regard, les extrémités libres de ces fils. On comprend que l'on peut de cette manière soumettre des liquides ou des solides à l'action électrique et observer avec le microscope les phénomènes qui se développent.

La platine à chariot est un accessoire très important.

Il est très difficile de suivre exactement la marche et les divers mouvemens des infusoires sans l'assistance du chariot. Lorsque les animalcules sont placés sur une lame de verre, on ne peut avec la main, imprimer des mouvemens assez réguliers à cette dernière et l'on perd souvent beaucoup de temps à la recherche du même individu, souvent, on ne réussit pas à le rencontrer. Le mécanisme de la platine mobile est combiné de manière à conduire la plaque supérieure dans toutes les directions.

L'appareil est formé de trois lames superposées. L'inférieure fixée au microscope, est immobile ; les deux autres glissent dans des coulisseaux en suivant deux directions opposées, l'une d'avant en arrière, l'autre latéralement.

Si l'on fait mouvoir simultanément ces deux plaques, leurs mouvemens combinés auront pour résultat une marche oblique ou diagonale.

Les trois plaques sont percées d'ouvertures circulaires de mêmes diamètres et sont mues par une vis et un pignon à têtes molletées placées sur les parties latérales de la platine.

Le chariot que nous venons de décrire, est celui de Turrel, pl. 2, fig. 20. Nous adaptons à nos grands microscopes, une platine à peu près semblable quant à l'effet, mais construite de manière à donner une marche moins rapide pour les forts grossissemens et tout à fait exempte de saccades ; sur la plaque supérieure, s'ajuste une lame de verre noir. Elle est fort utile pour éviter l'action des substances chimiques qui pourraient se répandre sur le cuivre.

Le chariot est un accessoire important pour les dissections microscopiques et les recherches micrométriques.

Le duc de Chaulnes fit dessiner plusieurs de ces instrumens dans la description de son microscope, et depuis M. Amici qui avait adapté une platine mobile à son appareil, on a reproduit le chariot sous plusieurs formes. Le docteur Poiseuille a fait construire un porte-objet pneumatiqué pour étudier les corps organisés vivans, soumis à différentes pressions atmosphériques.

En Angleterre et en Allemagne on employait les vis à tête divisée du chariot, pour les opérations micrométriques. M. Amici lui-même avait adopté ce procédé, car il n'avait pas apprécié à sa juste valeur, la puissance de la chambre claire qu'il a si heureusement modifiée.

11

Nous appellerons spécialement l'attention des observateurs sur nos boîtes translucides à surfaces planes. Long-temps on fit usage de tubes ou fioles pour observer certains corps immergés dans un liquide. Il n'y a pas encore bien long-temps que plusieurs observateurs et opticiens distingués employaient ce procédé en Angleterre et l'on peut voir la représentation de leurs appareils dans les derniers traités sur le microscope. Cette méthode est mauvaise, car les surfaces courbes du verre plein d'eau, ne peuvent se présenter en même temps au foyer des lentilles et les rayons partis de l'objet éprouveront différentes réfractions qui nuiront à la netteté de l'instrument.

S'il devient nécessaire d'exercer une compression sur l'objet, elle ne pourra être égale sur tous les points, à moins toutefois que le compresseur ne présente une courbure semblable à celle des parois du vase et alors si l'objet est un être animé, il pourra se glisser sur les parties latérales et s'échapper par les intervalles. Nous pourrions ajouter qu'il fallait un appareil spécial pour maintenir les fioles.

Depuis plusieurs années, nous construisons des boîtes en verre composées de quatre lames réunies au moyen d'un mastic particulier. Toutes les surfaces sont planes et l'on fixe ces boîtes sur la platine en les serrant entre les tenons en cuivre. Elles sont indispensables pour le microscope solaire.

Une lame de verre également plane et dont les bords sont en contact avec les parois extrêmes de la boîte, glisse d'avant en arrière et sert à augmenter ou à diminuer sa capacité. Cette plaque est fort utile lorsqu'on veut, comme M. C. Varley, examiner de jeunes *charas* qu'on a fait croître dans le même vase où on les examine ; on amène très facilement la petite plante contre la paroi de notre boîte ; on agira de même, si on veut maintenir ou comprimer des êtres animés.

La cuiller à filet devient nécessaire lorsqu'on veut choisir un individu dans un vase qui en contient plusieurs. On peut construire soi-même ce petit instrument avec un morceau de fil métallique dont on contourne une des extrémités en anneau sur lequel on tend un petit morceau de gaze. Lorsqu'on veut faire un choix on glisse doucement la cuiller sous un ou plusieurs individus et on la retire en ayant bien soin de ne pas trop agiter le liquide. On remplace quelquefois ce filet par un tube dont une des extrémités est légèrement effilée. On ferme avec le doigt, le bout supérieur du tube et on le plonge dans le liquide en le conduisant sur le point où sont rassemblés les animalcules. Alors, si on retire le doigt, l'eau remonte dans le tube en vertu des lois de l'équilibre, et les corps qu'elle tient en suspension suivent forcément la même route. Il suffit de replacer le doigt sur l'orifice du tube et de porter le liquide qu'il contient sur une lame de verre ou dans une petite auge à parois planes. Cette manière de pêcher les animalcules est très avantageuse et facilite les recherches(1), le liquide n'est plus troublé par les détritus d'infusion qui encombrent le grand vase. M. C. Varley a fait usage d'un tube semblable pour nettoyer le fond de ses infusions et désinfecter le liquide en y portant quelques gouttes d'eau légèrement acidulée avec l'acide nitrique. Nous reviendrons sur ces procédés. La fig. 21, pl. 2, donnera une idée du manuel opératoire.

Les caissons de la boîte devront aussi contenir une paire de presselles pour saisir les petits objets, un pinceau pour nettoyer les verres, des ciseaux à long manche et à ressort, de petits scalpels ou lancettes, des pointes emmanchées ou plutôt un assortiment d'aiguilles droites et recourbées de diverses grosseurs. On les fixe à volonté dans un petit porte-pointe à coulisse que nous ne saurions mieux comparer qu'aux porte-crayons dont on fait usage

(1) Ledermuller employait fréquemment ce tube. (Voy. *Amusemens microscopiques.*)

pour le dessin; à défaut de porte-pointe, on peut fixer les aiguilles dans un petit manche en bois tendre. Une petite fiole contenant du vernis ou du baume du Canada, un emporte-pièce, des bandes de glace et un choix de *test-objects* bien préparés, compléteront le petit arsenal de l'observateur.

J'attache une grande importance aux petits carrés ou disques de verre mince. Le mica dont on fesait usage autrefois, se brisait trop facilement, et ne jouissait pas d'une transparence parfaite. Ces lamelles étaient traversées presque en tout sens, par des stries que l'amplification rendait fort apparentes. Le moindre frottement en augmentait encore le nombre. En 1825 je préparai des verres assez minces pour être employés avec les plus forts grossissemens et depuis cette époque, je puis à peine satisfaire aux nombreuses demandes qui me sont adressées par les observateurs.

Nous ne mentionnerons les verres de montre que pour en repousser complètement l'usage. Il faut rejeter également tous les récipiens à surfaces convexes ou concaves.

CHAPITRE X.

DU CHOIX D'UN BON MICROSCOPE.

Test-objects. — Objets d'épreuve.

Les progrès remarquables, la propagation de la science du mi
croscope, sont les meilleures preuves que l'on puisse fournir en
faveur du degré de perfection auquel l'instrument est parvenu
dans l'espace de quelques années. Dans les premiers temps, les
recherches étaient sans cesse entravées par la mauvaise disposition
de la partie mécanique; et ce n'était vraiment pas un problème
très facile à résoudre, que d'associer la mobilité à la solidité,
sans surcharger l'appareil et embarrasser l'observateur d'une foule
de supports, de vis de pression, etc. Et quand bien même on serait parvenu à vaincre cette première difficulté, l'appareil optique,
proprement dit, demeurait avec toutes ses imperfections.

Enfin, le microscope fut régénéré, les savans l'adoptèrent et la
science s'enrichit de cette nouvelle conquête.

L'appareil mécanique, le système optique, voilà les deux grandes
bases ; aussi, donnerons-nous des renseignemens exacts sur les
qualités qu'il faut exiger d'un bon microscope sous les rapports
optique et mécanique. Mais indiquer ces qualités et ne pas ensei-
gner en même temps la manière de les vérifier, serait une véritable mystification.

Il était donc de la plus haute importance de découvrir un moyen d'épreuve, une pierre de touche qui pût dévoiler les défauts et mettre en évidence les *propriétés efficaces*.

Les astronomes ne se contentaient plus de voir distinctement des planètes et leurs satellites, comme avant la découverte des étoiles doubles et des nébuleuses; il fallait que leurs lunettes fussent éprouvées sur ces derniers corps.

Pourquoi le microscope n'aurait-il pas eu également son moyen de contrôle? Il faut bien se persuader que de cette découverte dépendait l'avenir de l'instrument, car la connaissance des imperfections est le premier pas vers la perfection, et l'introduction des *test-objects* dans la science microscopique, doit être mise au nombre des plus heureuses innovations.

Examinons d'abord le mécanisme, la charpente de l'instrument, dont il est facile de vérifier les différentes combinaisons.

On n'ignore pas les nombreux changemens qu'on a fait subir aux montures des microscopes; les uns voulaient une disposition particulière pour chaque genre d'observation et il n'y a pas encore bien long-temps qu'on a construit des microscopes pour les objets aquatiques, d'autres pour les corps vivans, etc. A nos yeux, le meilleur mécanisme était celui qui se prêtait au plus grand nombre d'applications et présentait le plus de solidité.

Cette pensée constante nous conduisit de changemens en changemens, à terminer les modèles que nous construisons aujourd'hui.

Nous passerons sous silence tous les détails de construction qui n'auraient d'intérêt que pour les mécaniciens.

1° Toutes les parties qui composent la monture, doivent être parfaitement ajustées.

Il est facile de s'en assurer, car le moindre défaut d'ajustage occasionnera des mouvemens irréguliers, des saccades, des déplacemens de l'objet qui se manifesteront à l'œil le moins exercé et ne permettront pas de faire l'observation la plus simple.

2° Pour éviter les frottemens trop rudes, on construira les différentes coulisses, boîtes carrées, vis, etc., en métaux différens.

Nous ne pensons pas qu'il soit nécessaire d'expliquer cette deuxième proposition. Au surplus, en fesant glisser les différentes pièces, on appréciera sans peine la précision ou la roideur des mouvemens.

3° Le centrage parfait des différentes parties est de la plus haute importance.

En effet, si toutes les parties superposées ne sont pas situées positivement dans le même axe, les différens verres ne se correspondront pas exactement, ou bien, les autres parties de l'appareil ne viendront pas se présenter à ces verres d'une manière convenable, il sera impossible de distinguer les objets et de les placer dans une situation commode pour l'observateur.

4° Dans le microscope composé, la partie optique doit être immobile.

Lorsque la mise au point s'obtient par le mouvement imprimé au corps de l'instrument, l'œil placé sur l'oculaire, est obligé de suivre les divers changemens et comme il arrive qu'on appuie le bord de l'orbite sur le microscope, le poids de la tête qui porte entièrement sur le tube, peut amener de légères variations dans l'ajustement; mais on n'ignore pas qu'un déplacement insensible, détruit aussitôt la netteté de l'image; donc la platine seule doit être mobile. A cette mobilité, il faut joindre une grande précision de mouvement et un ajustage parfait. Si d'une part, la mobilité du corps de l'instrument l'expose à des variations nuisibles, l'exécution imparfaite des différentes pièces qui composent la platine et son mécanisme, aura nécessairement les mêmes résultats.

Les mouvemens latéraux ou d'avant en arrière, ne peuvent qu'embarrasser l'observateur, loin de faciliter les recherches, et si ces mouvemens sont nécessaires en certaines occasions, il devient indispensable de les limiter au moyen de butoirs qui permettent de replacer les diverses pièces exactement dans leur position primitive. Au surplus, on évite tous ces déplacemens en fesant usage de la platine à chariot.

Nous avons insisté sur l'immobilité du corps de l'instrument, parce qu'il est vrai que c'est par le centre des lentilles qu'on voit le plus nettement et qu'il faut que ces dernières, l'objet et le miroir, soient d'abord placés exactement dans le prolongement du même axe, sauf à modifier ensuite la position de l'objet ou du réflecteur. Nous avons posé ces principes dès 1823.

Ces observations sont en partie applicables aux microscopes simples, mais quand on les destine aux recherches anatomiques, il faut que la platine soit immobile, ainsi que nous l'avons dit au chapitre 2.

5° Les cônes qui portent les lentilles du microscope composé et les oculaires, seront ajustés à bayonnette sur le corps de l'instrument. Les doublets entreront à frottement dans les anneaux du microscope simple. Avec l'ajustage à bayonnette, on n'a pas à craindre les variations qui peuvent résulter de la plus légère imperfection des vis, on perd moins de temps à effectuer le changement des pièces et l'on est certain de toujours les replacer dans la même position. Nous appliquons autant que possible cet assemblage à toutes les pièces accessoires.

6° Nous avons déjà parlé des avantages que présente la vis de rappel à boule pour le mouvement lent, et des diaphragmes variables, il est inutile de nous y arrêter de nouveau. Nous ne reviendrons pas davantage sur les garnitures en velours placées à l'intérieur des tubes et généralement adoptées.

7° Il est important que l'on puisse monter et démonter l'instrument avec la plus grande facilité et que les différentes parties dont il est composé soient logées dans la boîte de manière à éviter les ballottemens, les chocs qui pourraient altérer l'exactitude des pièces et rendre les mouvemens difficiles ou irréguliers.

8° Enfin, un bon microscope doit se plier à toutes les exigences, prendre toutes les positions désirables et les conserver sans variations ; la simplicité des formes, du mécanisme et des accessoires est encore une qualité précieuse.

Passons maintenant au point capital, sans lequel les meilleures montures, le mécanisme le plus ingénieux ne seraient que des objets inutiles, un corps inanimé, la matière sans vie.

1° Les différens verres qui entrent dans la composition d'un microscope, seront taillés dans une matière bien transparente et d'une grande pureté. Ils doivent être travaillés avec le plus grand soin.

2° Les deux verres de l'oculaire ou pour parler plus correctement, l'oculaire et le verre de champ auront leur convexité tournée vers l'objectif. Les vis de leurs montures doivent être bien filetées pour qu'on n'éprouve aucune difficulté lorsqu'il s'agit de les remettre en place après les avoir nettoyés.

3° Il est important que les lentilles soient parfaitement centrées et les différens verres qui les composent, collés ensemble et sertis dans la monture. Il serait facile de multiplier ces propositions, mais ne vaut-il pas mieux indiquer de suite le moyen de vérifier l'efficacité de l'instrument.

Les qualités que nous venons d'énumérer, sont faciles à reconnaître, mais elles ne suffisent pas ; il faut surtout que leur réunion, que leur ensemble soient soumis à un dernier examen. Combien d'instrumens parfaits en apparence, ne peuvent résister à cette redoutable épreuve !

Le docteur Goring passe généralement pour avoir le premier, introduit les test-objects dans la science ; nous devons dire, tout en repoussant l'accusation de partialité, que long-temps avant la publication du mémoire du docteur anglais, M. Le Baillif (en 1823) éprouvait les microscopes en examinant les stries des plumulles de divers papillons, les appendices flagelliformes des animalcules spermatiques, les divisions micrométriques, etc. Nous possédons même des dessins coloriés représentant plusieurs de ces objets dessinés par Le Baillif.

Comme il ne serait pas impossible qu'on nous accusât de chercher à diminuer le mérite des travaux du docteur Goring, nous répondrons à l'avance, en rappelant nos relations amicales avec le savant docteur, une correspondance suivie pendant plusieurs années et les emprunts fréquens que nous avons faits à ses œuvres. Nous pourrions ajouter que loin de nuire en rien aux recherches de M. Goring, les expériences de M. Le Baillif prouveraient plutôt l'excellence du procédé, puisque la même pensée surgit presque simultanément dans l'esprit de deux hommes aussi remarquables par leur talent d'observateur et la justesse de leurs conceptions.

Il paraît que M. Goring fut conduit à la découverte des *test-objects*, par un passage de Lœuwenhoeck relatif au papillon du ver-à-soie. En étudiant les *tests*, le docteur anglais reconnut deux propriétés distinctes dans le microscope; l'une qu'il nomme pouvoir pénétrant, dépend de l'ouverture des lentilles, l'autre ou pouvoir définissant, est en raison inverse des aberrations chromatiques et de sphéricité. Il nous semble qu'on pourrait donner une idée assez exacte de ces deux propriétés en disant, que le pouvoir pénétrant dévoile la structure intime des corps tandis que la connaissance de leur forme, de leur apparence superficielle, dépend du pouvoir définissant. Le premier sera donc principalement applicable aux objets transparens et le second aux corps opaques. Un microscope peut posséder au plus haut degré l'une des puissances, la pénétration par exemple, tandis que son pouvoir définissant sera faiblement prononcé *et vice versâ;* l'instrument parfait réunit les deux propriétés.

Le docteur Goring établit deux grandes divisions parmi les *tests*.

1° *Test-objects* transparens pour éprouver le pouvoir pénétrant.

2° *Test-objects* opaques pour le pouvoir définissant.

Nous allons extraire du *Microscopic cabinet* un passage qu'il

.nous paraît important de citer avant de poursuivre notre travail.

« On trouve fréquemment des écailles et des plumules très faciles parmi les objets les plus difficiles;..... j'observerai qu'on distingue bien plus facilement les échantillons dont la couleur est foncée et que les noirs ne prouvent rien, tandis que plus le tissu est transparent, plus il est difficile de distinguer sa structure. J'insisterai aussi sur les dimensions, la longueur ou la largeur de l'objet, car dans certains cas, les échantillons longs et étroits sont très difficiles et les gros et courts, très faciles..... »

Ainsi donc, on ne doit pas employer indistinctement toutes les plumules et il importe de connaître les caractères de celles qu'il faut préférer. Nous allons donner la liste des *test-objects* proposés par le docteur Goring, puis nous décrirons leurs caractères distinctifs en nous conformant au travail du docteur et enfin, nous exposerons nos propres idées sur ce sujet délicat.

LISTE DES TEST-OBJECTS (Dr GORING).

PÉNÉTRATION.

PREMIÈRE SECTION. *Faciles.*

Ecailles de	Petrobius maritimus. Lepisma saccharina.

2ᵉ SECTION. *Etalons.*

Plumules de	Morpho menelaus. Alucita pentadactyla. Id. hexadactyla. Lycenæ argus. Tenea vestianella.

3ᵉ SECTION. *Difficiles.*

Plumules de	Pieris brassica.
Ecailles de	Podura plumbea.

DÉFINITION.

Poils de	Souris. Chauve-souris.
Feuille d'une espèce inconnue de mousse appartenant au genre *Hypnum*.	
Ecailles mouchetées du	Lycenæ argus.

CARACTÈRES.

1° *Lepisma saccharina*.

On emploiera les écailles fraîches, lorsque l'insecte est mort depuis long-temps, on risque de les altérer en les détachant.

Les stries longitudinales divergent légèrement en quittant leur point d'origine ; elles paraissent plates ou carrées comme les dentelures de quelques coquilles bivalves. Il existe d'autres stries qui suivent plusieurs directions. On doit surtout s'en rapporter à la netteté des espaces qui les séparent.

2° *Petrobius maritimus*. Se trouve sous les pierres au bord de la mer. La forme des écailles est à peu près semblable à celle des précédentes, mais elles sont plus longues et les stries transversales très prononcées.

3° *Morpho menelaus* (Amérique).

Les plumules imbriquées placées au centre de la face supérieure de l'aile, sont d'un bleu pâle et quelques unes presque noires. Les premières sont plus larges et doivent seules être employées comme *test*. Elles présentent des stries longitudinales et transversales qui simulent les lignes d'une muraille en briques.

Ces stries et leurs intervalles doivent paraître bien distincts ; il est rare qu'on puisse voir toutes les stries transverses en même temps. Il faut détacher ces plumules avec beaucoup de soin, car elles s'altèrent facilement et les stries transverses disparaissent aussitôt.

4° et 5° *Alucita pentadactyla et hexadactyla*. On emploie les plumules prises sur le corps et non sur les ailes. Elles sont transparentes, ordinairement plus larges que longues, et non symétriques. Souvent, elles sont couvertes d'une trame délicate, inégale et membraneuse qui cache les lignes. Les stries longitudinales ne sont pas difficiles à distinguer, mais elles sont tellement rapprochées, qu'il faut un grossissement considérable et un éclairage convenable pour les isoler. (Rares.)

6° *Lycena argus*. Plumules de la face inférieure de l'aile d'un jaune brillant, intervalles très transparens. Nous reviendrons sur les plumules ponctuées.

7° *Tenea vestianella*. Petites plumules de la face inférieure de l'aile. Ce *test* n'est pas très difficile, mais il faut un excellent microscope pour montrer les stries avec netteté.

8° *Pieris brassica*. Il faut préférer les plumules pâles, minces, cordiformes, dont la racine est terminée par une houppe chevelue, et qui se rencontrent sur quelques parties de l'aile. Elles sont très transparentes, jaunâtres et leur surface est rarement lisse. On distingue fort bien les stries longitudinales en employant l'éclairage oblique.

Indépendamment des stries longitudinales et transversales, il existe encore deux ordres de lignes obliques toujours plus pâles que les autres et qui ne sont jamais réunies. Il est difficile de bien les voir; il faut encore que la lumière arrive obliquement et que l'éclairage ne soit pas trop vif.

9° *Podura plumbea*. On le trouve dans le bois humide, la sciure de bois et les caves. Il n'est pas facile de prendre ces insectes; nous allons indiquer le procédé à suivre. Saupoudrez de farine un morceau de papier noir que vous placerez près de l'endroit où se trouvent les podures; quelques heures après mettez le papier dans un grand vase verni que vous transporterez dans un lieu éclairé; aussitôt les podures sauteront de la farine dans le vase où l'on peut les conserver. Le corps et les pattes de ces insectes sont recouverts d'écailles très délicates qu'il faut recueillir avec précaution. L'insecte est très mou et s'écrase facilement: le liquide qui s'écoule adhère aux écailles et fait disparaître les stries.

Je n'ai jamais pu distinguer ces lignes avec un grossissement au dessous de 350 fois. On peut aussi les voir avec un bon doublet et l'éclairage de Wollaston. Leur transparence est en raison inverse de leurs dimensions. Leurs formes sont variées mais elles ne présentent jamais d'angles aigus. Avec un bon microscope et un éclairage convenable, on aperçoit une série de lignes ou saillies disposées de différentes manières. Tantôt elles sont droites et traversées par deux ordres de lignes obliques, les autres sont ondulées. Il en est même dont on n'a pu jusqu'à ce jour reconnaître la disposition.

Règle générale : plus les écailles sont petites plus le test est difficile.

Quant aux *tests* opaques ou destinés à prouver le pouvoir définissant du microscope, on ne trouve dans le *Microscopic cabinet* aucun détail sur leurs caractères ; l'auteur renvoie aux planches de cet ouvrage, nous citerons seulement les plumules du *lycenæ argus*, dont nous avons déjà parlé.

Ces plumules prises sur la face inférieure de l'aile ressemblent par leur forme à une raquette couverte de taches. Elles paraissent composées de deux couches délicates dont la supérieure présente des rangées régulières d'épines coniques qui doivent se montrer très distinctement. Lorsque la lumière arrive obliquement, elles se mêlent et ressemblent à une ligne tremblée.

On peut encore augmenter le nombre déjà considérable des *test-objects ;* ainsi les globules de sang des différens animaux, les prolongemens flagelliformes des animalcules spermatiques et des infusoires, les cils vibratoires de ces derniers, etc., sont également de fort bons objets d'épreuve. Mais pourquoi multiplier les exemples ? Ne vaut-il pas mieux faire un choix rigoureux parmi les plus difficiles et s'en tenir aux résultats qu'ils fournissent. Un bon microscope sortira vainqueur de toutes les épreuves ; lorsqu'une fois il aura fait voir bien nettement un ou deux objets très difficiles, il ne sera pas nécessaire de répéter l'expérience sur un autre *test*, à moins toutefois qu'on n'ait du temps à perdre et le contraire arrive ordinairement à qui sait bien l'employer. Nous avons cependant choisi plusieurs *test-objects*, parce que tous les microscopes n'ont pas une puissance suffisante pour faire voir les plus difficiles et que d'ailleurs, il en est qu'on se procure plus facilement que d'autres.

Voici notre division et les caractères des différens corps.

1re DIVISION. *Faciles.*

Stries longitudinales et apparence de lignes obliques sur les écailles de la *forbicine.*

Stries des plumules du *petit papillon du chou.*

2e DIVISION. *Difficiles.*

La granulation des stries des mêmes plumules.

3e DIVISION. *Plus difficiles.*

Stries longitudinales des plumules du *grand papillon du chou.*

4e DIVISION: *Très difficiles.*

Lignes interrompues des petites et moyennes écailles de la *podure.*

Granulations des stries des plumules du *grand papillon du chou.*

1° FORBICINE (*Lepisma saccharina*), vulgairement connu sous le nom de poisson argenté, demoiselle d'argent, cet insecte doit sa couleur argentée à un grand nombre d'écailles luisantes qui le couvrent entièrement. Lorsqu'on veut employer les écailles, il faut prendre l'insecte avec une plume et le poser délicatement sur une lame de verre que l'on recouvre aussitôt d'une seconde; soumis à une pression modérée, l'animal s'agite et laisse une partie de ses écailles attachées aux bandes de verre.

Ces écailles présentent des stries longitudinales qui se courbent vers le point d'insertion et forment à l'extrémité opposée des dentelures prononcées. Ces striés se distinguent facilement, même avec un microscope de moyenne force; elles doivent paraître nettes et bien tranchées.

Avec une amplification de 100 à 150 fois, on reconnaît deux sortes de lignes obliques qui sont probablement formées par la coïncidence des stries longitudinales.

2° **Petit papillon du chou** (*Pieris rapæ*, piéride de la rave).
Les ailes de ce papillon fort commun, sont revêtues de trois ou
quatre espèces d'écailles différentes. C'est à M. Le Baillif que nous
devons la découverte des petites écailles qu'il nomma *plumules* et
qu'il faut employer de préférence à toutes les autres. On les recueille sur les ailes du papillon mâle. Une de leurs extrémités est
cordiforme et les deux lobes sont arrondis ou carrés, l'autre est
terminée par des filamens chevelus. Entre les deux lobes du cœur
et à l'extrémité d'un pédicule délié on observe une petite boule
qui, d'après les observations intéressantes de M. Bernard Des-
champs, est la partie qui s'implante sur la membrane de l'aile.

Avec un bon microscope et une puissance ordinaire on aperçoit
des stries qui s'épanouissent en quittant la partie étroite de la
plumule. Rapprochées vers le centre, elles s'écartent en avançant
vers les bords et s'infléchissent en suivant à peu près les contours
de la plumule. Avec une amplification de 300 fois, on distingue
la disposition granulée qui leur donne l'apparence d'un cha-
pelet dont les grains laisseraient entre eux un certain intervalle.
On reconnaît la bonté de l'instrument à la netteté des granulations
qui parfois permet d'en compter un certain nombre.

3° **Grand papillon du chou** (*Pieris brassicæ*, piéride du chou).
Il faut employer exclusivement les plumules du mâle dont les
deux extrémités ont quelque ressemblance avec celles dont nous
venons de parler; mais les contours des lobes sont parfaitement
arrondis, les plumules sont très allongées et leur coloration est
d'un jaune pâle. Les stries sont longitudinales, très rapprochées
dans la partie aiguë de la plumule et s'avancent en divergeant
vers l'extrémité cordiforme dont elles suivent faiblement les
contours.

L'excellence de l'instrument pourra se mesurer sur la netteté
plus ou moins grande de ces stries, mais *les granulations qui les
composent doivent être considérées comme le test-object le plus diffi-*

cile, la véritable pierre de touche. Un excellent microscope a seul le pouvoir de faire distinguer ces granulations fines et rapprochées.

M. Goring décrit deux espèces de lignes, les unes longitudinales et les autres obliques ; à son avis, ces dernières l'emportent en difficulté sur les autres *tests*.

Nous différons d'opinion avec le docteur anglais. Pour nous il n'existe qu'une seule espèce de stries longitudinales dont l'apparence est granulée. M. Goring lui-même revient sur ses premières idées et dit en parlant des stries : « Elles cachent un mystère inexplicable, car si elles sont produites d'après le même principe que les lignes des micromètres, pourquoi ne les voit-on pas aussi facilement? » Le docteur Brewster étudia ces stries avec le plus grand soin et reconnut enfin que les lignes mystérieuses des *test-objects* n'existent qu'en apparence et qu'elles sont formées par une série de dentelures qui avec les fibres auxquelles elles s'attachent, constituent la trame délicate des plumules. Relativement aux lignes obliques, le docteur Brewster les considère comme résultant d'une illusion d'optique produite par l'alignement accidentel des différentes séries de dentelures également éclairées par une lumière oblique, etc.

4° Podure (*Podura plumbea,* podure plombée, nous avons indiqué plus haut la manière de se procurer cet insecte.) Les écailles de la podure ont généralement une forme oblongue, mais leur grandeur varie. Avec un microscope médiocre, leur surface paraît unie, mais avec un instrument parfait, on découvre une multitude infinie de points oblongs qui simulent des lignes droites, croisées, obliques ou onduleuses suivant les variations que l'on fait subir à l'éclairage.

Il n'est pas très difficile de découvrir ces points sur les plus grandes écailles, aussi faut-il choisir les plus petites et nous les considérons comme l'un des meilleurs objets d'épreuve pour démontrer le pouvoir pénétrant du microscope.

12

Nous n'abuserons pas plus long-temps de la patience du lecteur déjà fatigué sans doute de la longueur et de l'aridité de ces détails. Cet aperçu suffira pour lui donner une idée exacte des *test-objects;* néanmoins nous ajouterons quelques mots sur les difficultés qu'on éprouve à distinguer les caractères que nous venons de décrire, même avec le meilleur microscope.

Dans aucune circonstance la disposition convenable de l'éclairage n'est plus importante. Citons un seul exemple.

Les stries des plumules sont tellement délicates qu'elles seraient complètement noyées dans une lumière trop vive, la délicatesse des saillies qu'elles forment à la surface de la plumule, exige une lumière oblique et ces lignes ne deviennent apparentes qu'au moyen des ombres que l'on parvient à leur faire projeter. Il est évident qu'il faudra suivre une marche analogue pour les autres *tests,* en les plaçant toujours dans les conditions les plus favorables.

Au surplus, il serait trop long et fastidieux de décrire minutieusement toutes les précautions nécessaires ; aussitôt que l'on aura acquis une certaine habitude du microscope, on devinera sans peine la meilleure méthode à suivre. Avec l'expérience et les renseignemens que nous avons donnés dans le cours de cet ouvrage, les observateurs auront bientôt découvert tous les secrets de la science microscopique. Nous nous empresserons toujours de guider leurs premiers pas et de leur signaler les qualités de leurs instrumens, espérons que devenus maîtres à leur tour, ils voudront bien nous indiquer les défauts qu'ils auront pu rencontrer dans les nôtres, ce sera notre meilleure récompense.

Nos différens tests ont été dessinés avec le plus grand soin à la chambre claire adaptée au microscope, par un jeune artiste, M. Vaillant, dont le talent est bien connu de nos professeurs. Malheureusement nous craignons que la gravure n'ait pu reproduire toute la délicatesse du dessin. Le lecteur pourra toutefois se régler sur les figures pour apprécier la netteté avec laquelle il distinguera les objets d'épreuve ; c'est ainsi que nous les avons vus avec nos meilleurs microscopes, c'est ainsi qu'il faudra les voir avec un bon instrument.

Nous ne saurions mieux terminer cet article, qu'en traduisant le code promulgué par le docteur Goring dans sa *Micrographia*.

CODE.

Article premier. Le meilleur instrument est celui qui fait voir avec le plus de pureté et bien nettement, les différens détails des objets ; peu importe qu'il soit construit de telle ou telle manière, chromatique ou achromatique, *planatic* ou *aplanatic*, bien ou mal ajusté, que les lentilles soient bien ou mal travaillées, polies ou centrées. Si je pouvais voir dans un microscope fait avec le crystallin d'un merlan pourri, *quelqu'objet qui ne fût pas visible dans un autre instrument,* je dirais que le premier est le meilleur et reste maître du champ de bataille (1).

Art. 2. Lorsqu'on veut comparer un microscope à un engiscope, il faut employer le même objet: s'agit-il d'écailles d'insectes, on doit les dessiner pour être toujours sûr de choisir le même specimen.

Art. 3. *Cæteris paribus*, je dois dire que *le meilleur instrument est celui qui fait parfaitement voir un objet avec le pouvoir le moins fort.* Soit un instrument A, qui permet de bien voir un objet avec un pouvoir de 200, tandis qu'un autre, B, dévoile également bien tous ses détails *sur une plus petite échelle*, avec un pouvoir de 100, je dirai que B est le meilleur: dans ce cas, je suppose que lorsque la puissance des deux appareils est fixée à 100, leur effet n'est pas égal, et que B a tout l'avantage. Mais si leur puissance était portée à 200 et qu'alors A eût l'avantage, je dirais encore que B est le meilleur. Dans mes écrits, j'ai souvent insisté sur ce

---

(1) Nous traduisons littéralement ; à part les embellissemens tant soit peu britanniques dont l'auteur a orné sa pensée, nous sommes convaincus qu'elle ne rencontrera pas d'opposition.

point, et signalé ce que je considère comme des raisons suffisantes de mes assertions.

Art. 4. Si deux instrumens, C et D, font voir également bien les stries et les taches d'un objet, mais qu'avec C on aperçoive le bord de l'écaille ou de la plumule (l'appareil demeurant fixé au point nécessaire pour voir les stries), de telle sorte que les stries et le périmètre soient visibles en même temps; si D ne donne pas le même résultat, C sera le meilleur.

Art. 5. Si avec un instrument, les lignes d'un test paraissent formées par une agrégation de points ou globules, ou brisées, interrompues, déchirées, tandis qu'un autre microscope les montre distinctement, comme de véritables lignes tracées à la plume, ce dernier l'emportera, etc. (1).

Art. 6. Si avec deux instrumens, on voit également bien certains corps striés étudiés comme objets transparens, mais que l'un des deux les montre plus ou moins nettement comme objets opaques, ce dernier aura l'avantage.

Art. 7. Si deux instrumens sont également bons sous tous les rapports, mais que l'un d'eux soit achromatique, il devra être préféré, car les images seront exemptes de coloration, etc.

Les différens *test-objects* sont représentés planche 5.

Fig. 1 et 1'. Ecailles de la Forbicine,

— 2. Plumule du petit papillon du chou.

— 3.   *Id.*   du grand papillon du chou dont les détails ont été dessinés avec une amplification égale à fig. 3'.

.— 4. Ecailles de la podure.

— 5, 5', 5''. Appendices flagelliformes et cils d'infusoires décrits par M. Dujardin, *Ann. des Sc. Nat.*, tom V, 1836.

(1) Nous n'admettons pas cette proposition. Les stries doivent au contraire paraître granulées; comment admettre que les dentelures découvertes par le docteur Brewster, puissent avoir l'apparence d'une ligne non interrompue et parfaitement droite?

CHAPITRE XI.

PRÉCAUTIONS A PRENDRE AU MOMENT D'OBSERVER. — PRÉPARATION
DES OBJETS.

Avant de commencer les recherches microscopiques, il faut
s'assurer de l'état de l'instrument. Combien de fois n'est-il pas
arrivé que l'oubli de cette première précaution a rendu l'observation impossible? Tantôt, la poussière s'était introduite dans
l'intérieur de l'instrument et l'on s'était contenté d'essuyer la face
extérieure des verres; tantôt ces derniers étaient ternis par l'humidité, etc..... La persistance de ces obstacles impatiente l'observateur, il met de côté microscope, expériences, et perd trop
souvent une belle occasion d'observer un phénomène passager.

Ces remarques pourront sembler puériles au micrographe qui
procède avec soin et méthode, mais nous écrivons surtout pour
ceux qui ne savent pas ou qui veulent opérer trop vite; aussi ferons-
nous passer sous leurs yeux, les moindres circonstances, toutes
les minuties qui doivent nécessairement être nombreuses dans
une science comme celle qui nous occupe. A force de lui répéter
qu'il faut prendre des précautions et ne rien négliger, il est probable que le lecteur le moins attentif, finira par essayer, reconnaître l'importance et enfin se faire une habitude de ces petits
riens qui peuvent empêcher de grands et beaux résultats.

Une autre condition indispensable au succès des expériences,
est la préparation convenable des objets. L'anatomiste habile at-

tache une grande importance à la beauté des préparations anatomiques faites sur le cadavre, et ce n'est pas un désir futile de mettre sa dextérité en évidence, ce n'est pas une ridicule coquetterie qui le guident, puisque le plus souvent, ces dissections ne doivent durer que le temps nécessaire à une démonstration. Celui-là n'est pas anatomiste qui prétendrait frapper aussi vivement les yeux et l'esprit de ses élèves en leur exposant un cadavre en lambeaux, qu'en développant devant eux l'œuvre séduisante d'une main habile. Comment soumettre une idée nouvelle, une découverte au creuset de l'opinion, si tous ne peuvent remonter avec vous à la source première? Comment vous-mêmes, pourrez-vous accorder une confiance entière à des résultats véridiques peut-être, mais entourés de ténèbres et que vous aurez peine à ressaisir pour les vérifier.

Ce que l'anatomiste fait pour les préparations en grand, il le fait encore pour les travaux les plus délicats ; cette heureuse habitude de concentrer toutes ses facultés vers l'œuvre dont on s'occupe actuellement, devient la source des plus belles découvertes.

Suivons l'ordre que nous avons indiqué et voyons ce qu'il convient de faire avant de soumettre un objet au microscope.

Les différens verres sont fréquemment couverts de poussière ; si elle n'existe que sur la face extérieure, il suffit d'un pinceau doux pour l'enlever. Mais si les corps étrangers ont pénétré dans le tube et se trouvent sur l'autre face des verres, il faut les dévisser successivement pour leur rendre leur netteté. Il peut arriver que l'humidité et le contact des doigts aient formé sur les lentilles, une légère couche qui leur donne un aspect terne ; il faut également employer le pinceau d'abord, pour enlever les corpuscules durs ou fragmens de silice mêlés à la poussière et qui pourraient altérer le poli des verres en rayant leurs surfaces ; ensuite on les essuie légèrement avec un morceau de batiste très fine et un peu usée. Si ce moyen ne suffit pas, on se sert avec avantage d'un peu d'alcool qu'on essuie avec soin. Pour les petites lentilles collées, on doit humecter légèrement le linge et essuyer rapidement, car le liquide pourrait altérer leur netteté en agissant sur le baume de Canada qui sert à les réunir. Il faut revisser les différentes pièces bien exactement pour que le centrage soit toujours parfait.

On évitera de respirer sur l'oculaire, dans le cas où cela arriverait, le nuage se dissiperait bientôt à moins que la vapeur trop abondante ne se condensât en une couche liquide qu'on essuierait avec soin.

Quelques personnes saisissent le corps de l'instrument avec la main, pour lui imprimer certains mouvemens; en hiver, ou dans une pièce froide, la chaleur de la main agit sur l'air contenu dans le tube et bientôt un léger nuage vient ternir les verres; on a recommandé de tenir l'instrument dans une pièce chaude.

Lorsqu'on examine un objet, il faut autant que possible, le placer bien au milieu de la platine ou dans l'axe optique, sauf à changer ensuite sa position.

Nous allons maintenant aborder la préparation des objets. Le lecteur appliquera sans peine les règles générales que nous poserons dans ce chapitre, aux différens corps qu'il se proposera d'étudier.

Le célèbre Boerhaave rendit un bien grand service à la science en recherchant avec soin dans les lettres et manuscrits de Swammerdam, les procédés mis en usage par ce grand anatomiste pour disposer et disséquer les objets microscopiques.

C'est à l'excellent ouvrage d'Adams que nous devons ces renseignemens précieux pour les expérimentateurs.

Swammerdam disséquait les petits insectes sur une table en cuivre construite par Mussenbroek. Sur cette table, deux bras mobiles étaient destinés l'un, à maintenir l'objet, l'autre à porter la lentille ou le microscope construits avec le plus grand soin: Leurs foyers ainsi que leurs dimensions étaient variables. Swammerdam commençait ses observations avec les plus faibles amplificateurs dont il augmentait progressivement la puissance.

Il paraît avoir excellé surtout à construire de très petits ciseaux et à leur donner un tranchant parfait; il en fesait usage pour les objets très déliés, preférant leur manière nette de trancher les corps, à l'action des scalpels et des lancettes qui, bien qu'excessivement fins, altèrent souvent les substances délicates et tiraillent les organes. Ces scalpels, lancettes, aiguilles, etc., étaient si déliés qu'il ne pouvait leur donner le tranchant nécessaire qu'en les examinant à travers une loupe, mais aussi fesait-il avec ces instrumens l'anatomie d'une abeille aussi nettement qu'auraient pu le faire les plus fameux anatomistes sur de grands animaux. Il maniait avec une adresse infinie des petits tubes de verre effilés, aussi minces que des soies de porc. Ils lui servaient à insuffler les plus petits vaisseaux pour la démonstration, à les isoler dans leur marche ou à les injecter avec des liquides de différentes couleurs ; il fesait périr ses insectes en les plongeant dans de l'alcool, de l'eau ou de l'essence de térébenthine qui empêchaient la putréfaction, augmentaient la solidité des parties molles et faciliaient leur dissection.

Quand il avait divisé le petit individu avec les ciseaux et noté attentivement tout ce qu'il remarquait d'abord, il enlevait avec soin et patience les divers organes après les avoir préalablement isolés avec des pinceaux fins, de la graisse abondante qu'on rencontre chez les insectes et dont la dissection entraîne souvent l'altération des parties voisines. Cette manœuvre est plus facile lorsqu'on la pratique sur les insectes à l'état de nymphe.

Parfois il plongeait les viscères dans l'eau et les agitait doucement pour mettre en évidence les conduits aérifères qu'il parvenait par ce moyen, à isoler des parties environnantes sans les altérer. Il nettoyait souvent les viscères en dirigeant sur eux le jet d'une seringue, puis il insufflait les trachées et les fesait sécher pour de nouvelles observations. Plusieurs fois, il fit les recherches et les découvertes les plus importantes, sur des insectes conservés dans du baume pendant des années. Il lui arrivait aussi de les ponctionner avec une aiguille très fine et après avoir chassé tous les fluides par une légère pression, il insufflait avec des tubes très fins, fesait sécher les individus à l'ombre et les enduisait d'une couche d'huile d'aspic tenant en dissolution une petite quantité de résine; ces préparations retenaient long-temps leurs formes naturelles. Swammerdam connaissait un moyen secret de conserver aux nerfs, leurs formes et leur souplesse.....

. . . .

Il reconnut que l'essence de térébenthine dissolvait entièrement le tissu graisseux des insectes et dès lors il put découvrir nettement les organes : après cette dissolution, il soumettait les pièces à des lavages répétés dans l'eau. Souvent il passa des journées entières à nettoyer ainsi des chenilles, pour découvrir la structure du cœur.

Nous devons mentionner son procédé ingénieux pour enlever l'enveloppe extérieure des chenilles au moment où elles se disposaient à filer. Il les suspendait par leur fil et les plongeait subitement dans de l'eau bouillante d'où il les retirait aussitôt. L'épiderme se détachait alors avec la plus grande facilité et il enlevait sans peine les débris de l'enveloppe, en plaçant la chenille dans un mélange à parties égales d'esprit de vin et de vinaigre distillé, qui augmentait la solidité des parties. Au moyen de ce procédé, il démontrait évidemment l'emboîtement du papillon dans la nymphe et de cette dernière dans la chenille. . . . .

. . . .

Lyonet avait toujours coutume de noyer les insectes qu'il voulait étudier; il leur conservait ainsi la transparence et la souplesse. Ce naturaliste disséquait de préférence avec deux aiguilles fines fixées dans de petits manches.

Le docteur Hooke avait reconnu combien il est difficile de dessiner certains insectes doués d'une grande mobilité et notamment la fourmi. Il imagina de les plonger dans de l'esprit de vin rectifié où ils trouvent une mort instantanée. Lorsqu'on les en retire, l'alcool s'évapore et le petit individu reste parfaitement sec et dans une position naturelle.

On trouve également dans l'ouvrage d'Adams, quelques règles générales sur la manière de préparer certains organes communs à un grand nombre d'individus : on nous blâmerait sans doute, de les passer sous silence; nous abrégerons autant qu'il sera possible de le faire sans nuire à l'intelligence des préceptes.

Ailes. Quelques uns de ces organes sont très difficiles à déplier; il faut saisir l'insecte entre l'index et le pouce, essayer légèrement d'ouvrir l'aile avec une pointe mousse, l'étendre sur la pulpe de l'index et porter aussitôt le pouce sur les parties développées. On détache l'aile avec des ciseaux bien tranchans sans cesser la compression, puis on la met en presse pendant une heure entre deux feuilles de papier et lorsqu'on la retire, on peut la placer entre les lames de verre sans craindre de la voir se replier de nouveau. Il faut autant que possible faire cette opération aussitôt après avoir tué l'insecte.

L'aile du perce-oreille est au nombre de celles qui offrent le plus de difficultés.

La préparation des *proboscides* ou trompes, exige beaucoup de soins et il ne faut porter un jugement sur la forme et la disposition de leurs parties, qu'après en avoir disséqué plusieurs; quelquefois on découvrira sur un échantillon, des détails qu'il sera impossible de retrouver sur d'autres. La proboscide de l'abeille est un des plus beaux objets microscopiques ; pour la préparer, il faut en premier lieu la laver avec soin dans l'alcool et enlever toutes les particules poisseuses qui s'y attachent. Quand l'organe est bien sec, on le lave encore avec un pinceau excessivement doux qui ramène dans leur direction naturelle, les poils nombreux dont il est revêtu, etc.....

Pour préparer les *yeux* des insectes, on doit les laver avec précaution et les faire macérer dans l'eau pendant quelques jours ; cette macération permet d'enlever une ou deux couches qui rendraient ces organes trop opaques, mais il faut opérer délicatement et craindre d'amincir tellement le tissu, qu'il serait impossible de se faire une idée exacte de son organisation.

Les *dépouilles* des insectes n'exigent que peu de préparation. Sont-elles repliées, il suffit de les placer pendant quelques minutes dans un endroit humide et bientôt on parvient à les étendre dans une position naturelle ; la vapeur d'eau chaude est excellente pour cette opération.

On étudie les *fibres musculaires* en plaçant sur une lame de verre, un morceau de chair que l'on humecte avec de l'eau chaude ; quand l'eau est évaporée, on distingue parfaitement les vaisseaux et par des macérations ou lavages répétés, on rend toutes les parties de plus en plus visibles.

Les *matières grasses* seront placées entre deux lames de verre comprimées légèrement de manière à augmenter la transparence en diminuant l'épaisseur. Néanmoins, telle est l'organisation de certains corps, que la moindre altération de leurs formes, entraîne la destruction des parties que nous voulons étudier ; les nerfs, les tendons, les fibres musculaires, la moelle du bois, etc., sont dans ce cas et il vaut mieux les placer dans un liquide transparent. Les fibres musculaires si difficiles à bien distinguer, laissent voir leurs moindres détails de structure si on les examine dans l'eau ou l'huile.

Il convient d'étendre les objets élastiques tandis qu'ils sont sous le microscope, pour reconnaître la structure des parties que cette manœuvre met en évidence.

Les *os* seront d'abord étudiés comme corps opaques, puis comme objets transparens lorsqu'on les aura réduits en lames minces. On doit couper ces lames dans tous les sens et les laver avec soin ; dans certains cas il convient de les faire macérer. On peut encore les faire rougir au feu ; lorsqu'on les en retire, le tissu celluleux est net et isolé de toute autre matière. Quelquefois au contraire, on cherche à détruire les sels calcaires, il faut alors plonger l'os dans l'acide hydro-chlorique affaibli.

On fera tremper les *écailles de poissons* dans l'eau pendant quelques jours, puis avant de les placer entre deux lames de verre, on les essuiera bien pour enlever tous les corps qui pourraient y adhérer.

Voici le procédé à suivre pour disséquer les *feuilles*. On en place un certain nombre dans l'eau et ce n'est qu'après trois semaines ou un mois qu'on les en retire si elles paraissent bien macérées. On les pose alors sur une planche plate et les tenant d'une main, on les râcle doucement avec le tranchant d'un couteau qui enlève presque toute la couche superficielle ; on fait subir la même opération à la face opposée, le tissu intermédiaire est détruit par des lavages répétés et la structure admirable de la trame devient parfaitement visible. Il est facile de dédoubler la préparation après avoir fendu le pédicule. Les deux couches superficielles qu'on a enlevées, peuvent être placées au nombre des objets microscopiques. Cette opération réussit très bien en automne.

Il est nécessaire de laver les *minéraux* avec une petite brosse pour les dégager de la matière qui les entoure. On peut mettre en évidence la structure intime des coquilles en les amincissant sur une meule.

A la suite de ces instructions générales empruntées à Adams, nous placerons les suivantes qui leur serviront de complément.

On pourrait croire que le microscope n'est destiné qu'à l'examen des corps nommés microscopiques et le nom même de l'instrument favoriserait l'erreur. Mais les plus grands objets ne sont en réalité qu'un composé de parties infiniment petites. La connaissance exacte de la structure intime d'une de ces parties constituantes, peut souvent donner une idée exacte de leur ensemble. La chimie décompose les corps pour étudier isolément leurs élémens, le microscope leur fait subir la même opération sans les désunir et montre tout à la fois les détails et l'ensemble. Néanmoins, il est souvent nécessaire de séparer les parties qu'on veut étudier ; certaines préparations sont indispensables pour leur donner les dimensions, la forme, la position, la transparence convenables ; les règles générales qui précèdent, indiquent en partie les différens procédés mis en usage, mais elles ne suffiraient pas aux besoins de l'observateur.

Nous devons considérer d'abord *l'état actuel* du corps soumis au microscope.

Les corps *transparens* seront posés simplement sur une lame de verre, mais leur forme, les accidens de leurs surfaces, peuvent empêcher les différens points de se présenter à la fois au foyer des lentilles ; les plis, les mamelons, les anfractuosités, sont autant d'obstacles que l'on fait disparaître en recouvrant l'objet d'une lame de verre excessivement mince ; souvent même, il faut placer l'objet dans un liquide avant de le renfermer entre les deux verres.

L'addition de quelques gouttes d'eau froide ou chaude suivant la nature du corps, est nécessaire lorsque les fluides sont trop épais ; dans le cas contraire, il faut en faire évaporer une partie spontanément ou bien au moyen d'une chaleur douce ; telle est la manière de procéder pour les cristallisations salines que l'on obtient aussi avec la plus grande rapidité, en remplaçant l'eau par l'éther ou l'alcool rectifié lorsque les sels sont solubles dans ces liquides. Ces préparations doivent être bien purgées de tout corps étranger et placées à l'abri de la poussière. On parvient à les obtenir très pures au moyen de dissolutions et de filtrages répétés. Le sel sera bien pur lorsqu'une goutte posée sur le porte-objet, produira de belles cristallisations exemptes de corps étrangers.

Lorsqu'on veut extraire les *infusoires* des macérations où ils se sont formés, on promène la pointe d'un cure-dent ou une des tiges végétales de l'infusion, à la surface du liquide, et on dépose sur une bande de verre la petite goutte qu'on recouvre ensuite d'une de nos lames minces. Cette plaque force la goutte à s'étendre et à présenter une surface plane, les animalcules ne sont pas gênés dans leurs mouvemens, l'évaporation est plus lente et on peut continuer les observations pendant quelques heures. Il arrive souvent que la mobilité excessive des animalcules entrave l'exploration ; on doit alors laisser évaporer une partie du liquide avant de le couvrir ou bien y mêler une substance narcotique telle que l'opium, mais toujours en très faible quantité.

Les infusoires peuvent exister en si grand nombre dans une goutte de liquide, que l'œil ne saurait suivre un individu au milieu du tourbillon ; l'addition d'une goutte d'eau suffit pour les disséminer sur un plus grand espace. Quelques personnes emploient un procédé fort ingénieux pour isoler les individus qu'ils veulent étudier. A côté de la goutte d'infusion, ils déposent une goutte d'eau pure et les réunissent toutes deux au moyen d'un petit canal formé en traînant une pointe d'aiguille de l'une à l'autre ; bientôt les infusoires s'engagent dans ce détroit et aussitôt que la goutte d'eau pure en contient un nombre suffisant, on intercepte la communication en détruisant le petit canal.

Le *compressorium* dont nous avons donné la description, est nécessaire toutes les fois qu'il s'agit d'étudier de petits insectes vivans. Si l'on n'employait pas une compression graduée, on risquerait d'altérer leurs formes ou même de les écraser. Dans le premier cas, il serait impossible de faire des observations exactes, dans le second, on arrêterait les phénomènes vitaux, et les fluides qui s'échapperaient du corps, souilleraient toutes les parties et troubleraient la netteté de l'image. Il en est de même pour les insectes morts récemment et pour tous les objets transparens ou opaques qu'on veut étendre ou fixer dans certaines positions.

Nos boîtes translucides à surfaces parallèles sont indispensables quand on veut étudier des corps dans les liquides mêmes où ils se développent. Nous avons déjà indiqué leur usage.

On trouvera au chapitre *Accessoires*, l'énumération des instrumens nécessaires aux dissections microscopiques, néanmoins nous la reproduirons ici en l'accompagnant de quelques détails sur leurs applications spéciales.

Les *scalpels* et *lancettes* servent à diviser les tissus qui présentent quelque résistance, soit par leur structure particulière, soit par leur position sur la lame de verre qui les supporte; mais lorsqu'on veut séparer des parties que la pression pourrait altérer, il vaut mieux employer les *ciseaux* fins à long manche et à ressort; la section sera plus nette, plus rapide et l'objet moins tiraillé en divers sens.

Avec les *presselles* fines et bien ajustées, on saisit les tissus qu'on fixe d'une main, tandis que l'autre conduit les instrumens tranchans.

Les *aiguilles* droites ou à pointe recourbée sont peut-être les instrumens les plus utiles. Elles occupent peu de place sur le porte-objet, n'obstruent pas le champ et pénètrent dans les plus petites sinuosités. Nous avons dit que Swammerdam construisait de petits outils si déliés, qu'il était obligé d'employer une loupe pour leur donner le tranchant nécessaire. N'est-il pas présumable que cet habile anatomiste façonnait la pointe de ses aiguilles en forme de petits scalpels? En tous cas, nous pensons qu'on pourrait employer ce procédé et même faire usage de petites aiguilles à cataracte dont la pointe taillée en fer de lance est tantôt droite.

tantôt recourbée. Des *pinceaux* de différentes grosseurs et plus ou moins souples, serviront à laver les préparations, à isoler doucement les organes des tissus environnans et à absterger les fluides qui viennent altérer la netteté des parties. Pour compléter le petit arsenal du micrographe, il faut mentionner le couteau micrométrique ou mieux, l'instrument microtomique. Vers l'année 1770, Adams le père imagina une machine pour couper des lames de bois très minces. L'instrument fut perfectionné par M. Cumming et il paraît que M. Custance excellait dans la préparation de ces petites tranches. On a construit un grand nombre de machines destinées au même usage; en général, elles se composent d'un couteau à tranchant incliné et d'une vis micrométrique qui fait mouvoir un petit chariot dans lequel on fixe l'objet. Par ce moyen on parvient à couper jusqu'à quarante ou cinquante tranches et plus, dans l'épaisseur d'une ligne. Dernièrement on m'a remis un nouveau microtome de l'invention de M. Valentin. Il est formé de deux lames qu'on peut rapprocher ou écarter à volonté au moyen d'une petite vis. Lorsque les deux lames sont rapprochées, elles agissent comme une seule, mais si on les écarte légèrement, elles pénètrent séparément dans le corps que l'on veut diviser et dont une petite lamelle se loge dans leur écartement. Nous avons essayé de faire usage de cet instrument et nous avons reconnu qu'il ne pouvait remplir complètement le but qu'on se propose. Les faces des deux lames sont taillées en biseau et forment par conséquent, deux plans inclinés qui forcent les lames à se rapprocher graduellement à mesure qu'elles pénètrent dans la matière. La tranche ne peut donc être d'égale épaisseur et souvent même son tissu est altéré.

On comprend toute l'utilité des microtomes pour étudier la structure des corps opaques lorsqu'ils ont un certain volume; réduits en lames minces, ils livrent passage à la lumière. Tels sont les nerfs, les muscles, enfin les parties molles des animaux et des végétaux, les bois coupés en divers sens, les bois fossiles, les pierres usées, amincies et polies ou d'autres substances réduites en fragmens minces.

Les *dissections* microscopiques s'exécutent plus facilement lorsque les corps sont plongés dans un liquide. Dans l'eau, ils conservent souvent leur souplesse, certains organes surnagent, deviennent plus visibles, les membranes se développent et la transparence générale est augmentée. L'alcool et les acides étendus rendent les tissus plus fermes et leur donnent quelquefois une teinte légère qui facilite les recherches. Swammerdam dissolvait les parties grasses en les humectant avec de l'essence de térébenthine. Nous avons déjà parlé de la manière de ramollir les insectes desséchés, mais nous croyons qu'il est utile de décrire d'une manière plus étendue, le procédé dont les entomologistes font un usage fréquent.

On remplit à moitié de sable fin un petit vase muni de son couvercle; après avoir humecté le sable que l'on tasse légèrement, on le recouvre d'une rondelle de papier dont le diamètre est égal à celui du vase. Pour ramollir un insecte, on le place sur la feuille de papier et on ferme le vase; quelques heures plus tard, on l'en retire parfaitement souple et sans la moindre altération. S'agit-il de placer l'objet dans une position particulière, il suffit de faire mouvoir les parties avec une pointe déliée, elles conservent l'attitude qu'on leur donne et quand on veut les conserver dans cet état, on les fait sécher à l'ombre en les plaçant quelquefois dans le baume de Canada.

Les *macérations* prolongées ne sont pas seulement utiles pour étudier la structure des végétaux; de même que l'anatomiste fait macérer certaines parties pour faciliter les grandes préparations, de même le micrographe doit recourir à ce procédé pour isoler ou détruire certaines parties qui se putréfient plus rapidement que d'autres.

Les pinces ne suffisent pas toujours pour maintenir l'objet immobile pendant qu'on procède aux dissections. Le microscope
amplifie tellement les moindres choses, qu'un mouvement léger
de la main, peut faire sortir l'objet du champ et parfois exposer
à léser quelques parties. Si le corps a un certain volume, il faut le
fixer au fond d'une petite cuve en verre avec un peu de cire molle.
On remplacera la cire par une goutte de térébenthine ou de
baume de Canada si l'objet est très petit. Lorsqu'il est fixé de
cette manière, on peut remplir le récipient d'eau qui n'a aucune
action sur la cire ou les résines, et les pinces pourront aller saisir
les différentes parties sans qu'on ait à redouter le moindre déplacement. Cuvier employait fréquemment ce procédé.

Les corps sont parfois si mous, qu'on est obligé de les assujettir
d'une autre manière. Il faut prendre une pincée de plâtre de mouleur, la délayer dans un peu d'eau et y placer l'insecte en lui
donnant une position convenable. Le plâtre durcit et l'objet est
maintenu de toutes parts sans éprouver aucune déformation.

Lorsqu'on a passé quelque temps à préparer, qu'on a surmonté les difficultés de l'opération et obtenu un beau résultat,
il serait pénible de perdre la pièce et de se voir obligé de recommencer le même travail pour les différentes observations qu'on
peut faire sur un même sujet. On se déciderait avec peine à abandonner un échantillon rare à une destruction imminente. Les
procédés conservateurs différeront suivant que l'objet sera plus
ou moins volumineux. S'il est petit, mince et plat, on le mettra
entre deux lames de verre maintenues en contact par plusieurs
tours d'un fil solide : la pression chasse l'humidité contenue dans
le corps et l'empêche de se replier ou de revenir sur lui-même.
Après l'avoir laissé un ou deux jours dans cette petite presse, on
l'en retire avec précaution pour ne pas l'altérer s'il adhère aux lames, ensuite on le plonge pendant quelque temps dans de l'éther
ou de l'esprit de vin. Il suffit de l'exposer à l'air pour faire éva-

porer ces liquides et obtenir l'individu parfaitement sec. S'il restait encore quelques traces d'humidité, on renouvellerait l'opération autant de fois qu'il serait nécessaire pour la chasser entièrement. On choisit une lame de verre bien nette sur laquelle on colle une bande de papier ou d'étain percée à son centre d'une ouverture circulaire ; l'objet est placé au milieu de cette ouverture et le tout recouvert d'une lame semblable à la première, fixée par deux petites bandes de papier collées aux extrémités. L'épaisseur du papier intermédiaire aux deux lames, sera proportionnée à celle de l'objet, de manière à supporter la lame supérieure et à l'empêcher de peser trop fortement sur le petit corps. Mais lorsque les échantillons sont excessivement petits et qu'on est obligé pour les voir d'employer les plus forts grossissemens, on place d'abord l'objet sur la lame inférieure, puis on le couvre d'une de nos petites plaques minces maintenue par une bande de papier collée sur la surface des verres.

Nous rejetons complètement l'ancien procédé. Les anneaux placés dans les ouvertures pour maintenir les verres ou le mica en contact, exerçaient souvent une pression trop forte et comprimaient certaines parties plus que d'autres.

Parmi les corps translucides, il en est dont la transparence est plus ou moins prononcée, souvent leurs formes s'opposent à ce que toutes leurs parties soient également visibles ; pour les préparer, on emploie le même procédé que ci-dessus, seulement on les place dans une goutte de térébenthine ou de baume de Canada qu'il faut comprimer progressivement avec la plaque supérieure, de manière à l'étendre et à chasser les bulles d'air qui pourraient s'y rencontrer. La matière résineuse pénètre les tissus et les rend diaphanes, sa puissance réfringente détruit en grande partie les phénomènes de diffraction qui se manifestent autour de certains corps tels que les cheveux, les poils, etc. Si l'objet a trop d'épaisseur, il pourra soulever le centre de la petite lame de verre et la forcer à basculer d'un côté ou de l'autre; on évite cet accident, en plaçant sur deux côtés du petit carré, des morceaux de cartes ou d'étain en feuilles d'une épaisseur à peu près égale à celle de l'objet. Le parallélisme exact des verres, est de la plus grande importance, car si les surfaces étaient inclinées, leurs différens points ne se présenteraient pas simultanément au même foyer. L'immersion des objets dans le baume du Canada, n'a pas seulement pour résultat de les rendre plus diaphanes, elle les préserve encore d'une manière inaltérable en les mettant à l'abri de l'air et de la poussière.

Vient-on à briser un de ces porte-objets, on plonge les fragmens dans l'essence de térébenthine qui dissout le vernis et isole l'objet qu'on peut alors préparer de nouveau.

Pour le microscope solaire, on emploie ordinairement le même procédé, mais on doit avoir soin de coller de petites bandes d'étain sur tous les bords des verres, autrement le vernis fondu par l'ardeur des rayons solaires, s'écoulerait hors du porte-objet.

Quand les corps ont une plus grande épaisseur, qu'on veut les conserver dans l'alcool ou tout autre liquide, il faut modifier la préparation. Avec un pinceau fin et du blanc de plomb préparé à l'huile, on fait sur une bande de verre un petit encadrement dont on augmente l'épaisseur au moyen de couches successives, en la proportionnant à celle de l'objet. On place alors dans ce petit réservoir le liquide et l'objet à conserver, on les recouvre d'une petite lame qui doit porter sur l'encadrement et qu'on rapproche du liquide par une compression graduée, de manière à les mettre en contact immédiat, en évitant toutefois de faire échapper ce dernier sur les bords. Il faut alors passer légèrement et à plusieurs reprises sur ces bords, un peu d'huile d'amandes douces qui pénètre dans les interstices et les ferme exactement. Après avoir enlevé l'huile surabondante, on applique une nouvelle couche de blanc de plomb de mêmes dimensions que la première, on fait sécher et la pièce peut être conservée intacte pendant plusieurs années. C'est ainsi qu'il faut préparer les molécules actives du docteur Robert Brown.

M. Pritchard emploie pour conserver les cristallisations salines, des bandes de verre taillées en biseau sur leurs bords dont la réunion forme des espèces de gouttières qu'on remplit de cire à cacheter. De cette manière les deux verres se trouvent réunis et l'objet à l'abri du contact de l'air ; quelquefois on creuse au centre des bandes de verre, une petite cavité destinée à recevoir l'objet, qu'on recouvre ensuite d'une lamelle assujettie par une bande de papier collé.

Les corps opaques exigent moins de préparation. Si on les éclaire par réfraction, avec la loupe placée sur le côté de l'instrument, on les colle avec de la gomme arabique sur de petits disques noirs pour les objets de couleur claire et blancs pour les corps sombres. Mais quand on emploie la lumière réfléchie par le miroir de Lieberkuhn, il faut se servir du petit appareil fig. 6, pl. 4, que nous avons déjà décrit. Les grands disques intercepteraient la lumière réfléchie par le miroir inférieur, tandis qu'avec le support opaque, on fixe à l'extrémité de l'épingle, des rondelles de liége excessivement petites sur lesquelles on a préalablement collé les objets qu'il est facile de tourner dans tous les sens pour examiner leurs détails. Baker indique un moyen fort ingénieux de faire ces petites rondelles ; il prenait des cartes à jouer et profitant de leurs couleurs, rouge, noire ou blanche, il découpait des disques qui formaient un excellent contraste avec les objets.

Telles sont les instructions générales dont la connaissance nous a paru indispensable avant d'aborder le chapitre des *Expériences microscopiques* où l'on trouvera les détails spéciaux. Il nous eût été facile de nous étendre sur ce sujet en donnant une multitude de procédés particuliers à chaque observateur; mais il importait surtout de choisir les moyens sûrs et d'une exécution facile; l'homme intelligent sait toujours imaginer une foule de petites dispositions pour faciliter ses recherches.

Toutes les personnes qui ont connu M. Le Baillif doivent se rappeler les appareils simples et ingénieux qu'il improvisait à l'instant même. Le micrographe habile ne doit jamais être embarrassé dans ses expériences.

CHAPITRE XII.

Nous plaçons toujours quelques objets préparés dans les boîtes qui renferment nos microscopes et cette précaution est doublement utile. D'abord, le commençant peut les prendre pour modèles de préparations et en second lieu, il a sous la main des objets choisis sur lesquels il fera facilement ses premiers essais d'observation et de maniement du microscope. Mais lorsqu'il aura acquis une certaine habitude, qu'il sera rassasié de cette petite collection, il voudra l'augmenter et faire de nouvelles expériences. Nous savons combien on est embarrassé quelquefois dans ces premières tentatives; tandis que mille objets sont à votre disposition, vous vous creusez vainement l'esprit pour en trouver un seul.

Les commencemens d'une science sont toujours pénibles, aussi doit-on chercher avec soin à déguiser ces difficultés et l'ennui qui les accompagne, sous des dehors agréables et des expériences variées quand le sujet les comporte. On marche long-temps et sans fatigue dans une route semée de fleurs. Quand vient ensuite l'amour de la science, il n'est plus besoin d'autre stimulant!

On ne s'attendra donc pas à trouver ici un recueil d'observations scientifiques avec leur cortége de raisonnemens et de conclusions; on nous traiterait d'ambitieux et l'on serait en droit de nous traiter plus sévèrement encore. A nous, les commencemens et les fleurs, à d'autres, la tàche plus difficile de dévoiler les mystères de la science.

Infusoires. — Nous avons choisi parmi les infusoires, les individus les plus curieux. On pourra consulter les ouvrages de Muller, d'Ehrenberg, et les articles de M. Dujardin consignés dans les annales des sciences naturelles, mais le second est fort cher et il est souvent difficile de rencontrer le Muller. Nous avons publié dernièrement un abrégé de l'ouvrage anglais de M. Pritchard (1). Les endroits où l'on trouve plus spécialement les différens genres, sont indiqués à la fin de chaque description. Ces renseignemens sont puisés dans l'ouvrage de Muller.

Les infusoires du genre *Proteus* sont fort curieux à étudier. Ils possèdent la singulière faculté de changer de forme plusieurs fois en une minute; ces transformations s'opèrent avec lenteur et sont faciles à observer. C'est dans l'eau de rivière au mois de mars et parmi les lentilles d'eau, que se rencontrent le plus fréquemment les *protées*.

Nous indiquerons en second lieu, les *vibrions* ou anguilles du vinaigre et de la colle de pàte. Quelques fabricans mêlent de l'alun à la colle et il paraît que cette préparation favorise le développement des *vibrions*. La structure de ces infusoires est curieuse et bien visible avec un grossissement médiocre.

Sherwood, chirurgien anglais, découvrit un mode curieux de reproduction propre à ces animalcules. Ayant par hasard, blessé un *vibrion*, il vit sortir par la plaie, un tube délié semblable à un intestin. Sherwood communiqua ce fait à Needham et tous deux répétèrent l'expérience qui donna constamment le même résultat et leur démontra évidemment que cette blessure livrait passage à plusieurs petits *vibrions* vivans renfermés chacun dans une membrane propre excessivement mince.

(1) Brochure in-8°, avec six planches représentant 300 infusoires.

Lorsqu'on veut vérifier cette expérience, il faut prendre avec la pointe d'une épingle, un peu de pâte contenant les infusoires, et la délayer dans une petite quantité d'eau ; on apercevra bientôt à l'œil nu, plusieurs *vibrions* nageant dans le liquide.

Il est facile de glisser sous un des plus gros, la pointe flexible et très déliée d'une plume et de le porter dans une goutte d'eau placée sur une lame de verre. L'aiguille aiguisée en petit scalpel, est très commode pour couper transversalement le vibrion vers le milieu de sa longueur ; il faut à l'instant même le poser sous le microscope et l'on apercevra une multitude de petits vibrions qui s'échapperont par l'ouverture. L'expérience réussit presque toujours, à moins que le *vibrion* n'ait déjà produit tous ses petits. Si l'on observe l'animalcule mère avant l'opération, on distinguera les petits qu'il contient et plus on les examinera en un point rapproché de la queue. plus leurs formes seront prononcées.

Nous donnerons ici la manière de préparer la pâte. Faites bouillir un peu de farine dans de l'eau jusqu'à ce que le liquide ait pris la consistance de la pâte employée par les relieurs. Exposez-la à l'air dans un vase découvert et battez de temps en temps pour empêcher la surface de durcir ou de se recouvrir de moisissures : après quelques jours, la préparation s'aigrit et c'est alors qu'on trouve à la superficie, des myriades de vibrions.

Pour conserver cette pâte pendant toute l'année, il faut ajouter de temps en temps un peu d'eau ou de pâte nouvelle ; on peut y verser parfois une ou deux gouttes de vinaigre. Le mouvement continu des vibrions empêchera la moisissure.

La *Vorticella rotatoria* ou rotifère est un des plus beaux sujets microscopiques. La disposition des cils, leurs mouvemens particuliers qui les font ressembler à de petites roues ; la belle organisation que l'on découvre sans peine à travers les tissus transparens, les mouvemens de translation, tout se réunit pour exciter l'admiration. Les *vorticella convallaria* et *lunaris,* et surtout la belle *V. Senta* de Muller, *ou Hydatina Senta* d'Ehrenberg, méritent une mention spéciale.

On les rencontre dans l'eau de mer, parmi les lentilles d'eau à la fin de l'été, principalement sur les feuilles, sur les petits coquillages, dans plusieurs infusions végétales préparées en été, dans les eaux stagnantes, les gouttières, etc.

Nous trouvons dans une note de Le Baillif (1), un procédé qu'il donne comme infaillible pour se procurer des rotifères.

« En 1811, dit-il, j'exploitai particulièrement la mare d'Auteuil. Toutes les fois que les eaux rapportées contenaient des productions connues sous le nom de loges de vers à tuyaux (*Phryganes*), j'étais sûr d'y trouver des rotifères. En conséquence, je fis une ample provision de toutes les espèces de débris que je pus rencontrer. »

» Depuis cette époque, tous les ans au mois d'avril, j'ai mis six ou huit de ces tuyaux dans un vase contenant de l'eau de fontaine et placé sur une fenêtre exposée au Nord. Vers le cinquième jour, suivant la température, une monade jaunâtre m'annonçait la génération prochaine des rotifères et le dixième jour au plus tard, je trouvais des colonies de ces animalcules. Il suffisait pour les conserver, de renouveler une partie de l'eau de temps en temps. »

Le Baillif fit aussi des expériences sur la résurrection des ro-

(1) Nous ferons souvent des emprunts aux notes nombreuses que nous tenons de cet habile observateur. La publication de ce recueil curieux serait une heureuse nouvelle à annoncer aux micrographes. Maintes fois nous avons mis la main à l'œuvre, mais il aurait fallu répéter certaines expériences pour les compléter. Quelques indications sont d'un laconisme désespérant et souvent même un seul mot suffisait à Le Baillif pour lui rappeler le fait le plus important. Enfin, parmi toutes ces observations intéressantes, il en est beaucoup qui auraient eu besoin d'être fécondées par leur auteur. Ces matériaux contribueront à enrichir ce chapitre, mais l'élève a dû reculer devant l'idée présomptueuse de compléter l'œuvre du maître.

tifères après plusieurs jours de dessication. Voici comment il s'exprime :

« Mon excellent ami M. Laligant, a pris sur les tuiles de la maison qu'il habite, une touffe de mousse bien verdoyante. Placée dans de l'eau, elle s'est montrée fort riche en rotifères. »

» Ce matin, 29 novembre 1831, il a eu la bonté de m'apporter une lame de verre sur laquelle il tenait sept rotifères *desséchés depuis huit jours* et pris dans la touffe de mousse dont nous avons parlé. Deux ou trois gouttes d'eau furent placées sur les animalcules et au bout d'une heure, trois avaient déjà recouvré complètement leur mobilité. »

» Cette plaque étiquetée et gardée avec soin sera imbibée d'eau de mois en mois. »

POLYPES *verts et bruns.* (*Hydra viridis et grisea.* Lin.) — Ces polypes qui semblent destinés par la nature à servir de transition entre le règne végétal et le règne animal, sont remarquables par la simplicité de leur organisation et la manière dont ils se reproduisent. Ils ont une apparence gélatineuse et présentent plusieurs branches qui viennent toutes aboutir à un tronc commun. La bouche est entourée de tentacules rayonnées, en nombre variable, et tubulées comme le reste du corps. L'extrémité postérieure ou queue est évasée en forme de pavillon pour embrasser une plus grande surface lorsque le polype se fixe sur un objet; toutefois on n'y remarque aucune ouverture et les matières sont rejetées par l'orifice antérieur ou bouche. On peut comparer le polype à un tube. La cavité joue le rôle de tube digestif que les alimens parcourent au moyen des contractions et dilatations successives du corps. On ne reconnaît aucune trace de systèmes nerveux ou respiratoire. Ils changent de place en se fixant alternativement par la tête et la queue sur les corps qui les environnent, et se meuvent également dans l'eau. Ils se nourrissent ordinairement de petits crustacés, de larves, et quelquefois de fragmens de viande crue.

Il est vraiment curieux de les voir guetter leur proie. Alors, ils s'étendent, développent leurs tentacules, embrassent la victime et l'engloutissent, puis ils se contractent et sont plongés dans une torpeur comparable à celle qui s'empare du boa lorsqu'il vient de se repaître.

Ils n'ont pas de sexe et chaque individu se reproduit spontanément. Une partie du corps se dilate, donne naissance à une nouvelle branche, et lorsqu'elle est assez développée, les tentacules se montrent sur l'extrémité libre. Il existe entre les cavités des deux individus une communication qui ne cesse que peu de temps avant leur séparation.

Dans les temps chauds, on voit quelquefois paraître sur le même individu, trois ou quatre rejetons qui se reproduisent eux-mêmes avant d'être séparés du corps principal.

Si l'on coupe un polype transversalement en deux, chaque partie se développera bientôt pour former un nouvel individu; M. Pritchard a vu les morceaux se reformer complètement en trois jours.

Baker, qui s'est beaucoup occupé du même sujet, rapporte quelques expériences faites par Trembley en 1704. Lorsqu'on coupe un polype dans le sens de sa longueur, on obtient deux moitiés de tube et les bords de chaque moitié, se réunissent bientôt pour former deux individus distincts. Cette régénération s'opère en deux ou trois heures.

Si la section longitudinale n'est pas prolongée jusqu'à l'extrémité caudale, on pourra obtenir deux polypes sur une seule tige et la division de ces nouvelles branches en produira de nouvelles. Trembley a obtenu de cette manière, un polype à corps unique surmonté de sept têtes. Il les coupa ensuite, elles furent bientôt remplacées et formèrent elles-mêmes sept polypes complets. En lisant ces curieux détails, on se croit transporté aux temps fabuleux où le fils de Jupiter soutenait un rude combat contre l'Hydre de Lerne.

Trembley fit de nouvelles recherches, et reconnut que les deux portions d'un polype divisé transversalement pouvaient se réunir lorsqu'on les mettait en contact ; bien plus, la moitié d'un individu s'est réunie à la moitié d'un autre, mais ces deux expériences ne réussissent pas toujours.

Trembley parvint à retourner le polype comme un doigt de gant, et l'animal ne cessa pas de vivre. Réaumur répéta toutes ces expériences conjointement avec de Jussieu et d'autres savans ; il reconnut des propriétés semblables dans plusieurs animaux.

Donnons quelques renseignemens sur la manière de conserver les polypes.

On doit les placer dans des vases larges et transparens ; ils se portent de préférence vers le côté le plus éclairé.

Le liquide sera changé fréquemment et si l'on ne peut se procurer de l'eau provenant de la mare où on a pêché les polypes, on pourra la remplacer par de l'eau de rivière dans laquelle on fera toujours végéter quelques petites plantes telles que des lentilles d'eau, etc. Avant de changer le liquide il faut transporter les polypes avec les barbes d'une plume, dans un vase contenant un peu de l'eau dans laquelle ils se trouvent. On peut alors enlever les matières qui s'accumulent sur les parois du vase et empêcheraient les polypes de se développer, bien qu'on eût soin de leur donner une nourriture abondante et de changer l'eau.

On les nourrit avec de petits crustacés, des larves ou des vers ; si l'on ne peut s'en procurer, il faut couper de la viande crue en très petits morceaux qu'on laisse tomber doucement dans le liquide à l'endroit où se trouvent les polypes. Dans les temps rigoureux, on doit éviter de les placer trop près de la fenêtre, car le froid les engourdirait.

Ces polypes furent découverts en 1703 par Leeuwenhoek. On les trouve dans les coins des fossés, des bourbiers et des mares, vers le mois de mars. Ils s'attachent aux plantes aquatiques, aux fragmens de bois, aux feuilles pourries, aux pierres, etc., qui séjournent dans l'eau. Quelquefois ils sont fixés sur de petits insectes aquatiques.

On rassemble beaucoup de ces matières dans un vase où les polypes ne tardent pas à se développer. Il est rare de les rencontrer dans les eaux stagnantes ou à courant rapide.

Les mares de la forêt de Saint-Germain sont assez riches en polypes. On cite surtout celle aux cannes ainsi qu'un bassin situé dans le jardin du couvent des Loges.

Parfois les polypes sont couverts d'insectes qui finissent par les détruire ; il faut les en débarrasser au moyen d'un pinceau très doux qu'on promène légèrement sur leur corps. Les matières accumulées sur les parois des vases déterminent quelquefois la mortification d'une portion du polype qu'il faut amputer pour sauver l'individu.

Il est assez difficile de préparer les polypes qu'on veut conserver dans les porte-objets, néanmoins on y parvient avec de la patience et de l'adresse.

Placez un polype dans une petite cupule avec une goutte d'eau, quand il sera bien développé, faites écouler une partie du liquide et plongez le tout dans l'esprit de vin. L'animalcule périra instantanément en se contractant plus ou moins. Nettoyez-le avec un pinceau fin, pendant qu'il est plongé dans l'alcool et enlevez avec soin les insectes qui pourraient y adhérer.

En le retirant de l'alcool, ses différens appendices se réunissent et adhèrent ensemble ; on ne pourrait les séparer sans les mettre en lambeaux. Il faut glisser une lame de verre sous l'animal qui surnage et séparer les appendices ; on le retire ensuite de l'alcool et avec de petites pinces et le pinceau doux imbibé d'esprit de vin, on dispose convenablement les différentes parties. Après avoir fait sécher la préparation, il ne reste plus qu'à la recouvrir d'une lame de verre mince maintenue par le blanc de plomb. Quelquefois on la place préalablement dans du baume de Canada.

Nous nous bornerons à ces renseignemens ; c'est dans l'ouvrage de Trembley qu'il faut lire l'histoire complète des polypes ; cette belle monographie est un véritable modèle à suivre pour les travaux sur l'Histoire naturelle.

Larve *d'une espèce de Dytique, vulgairement nommée crocodile.*

Les œufs qui contiennent ces larves se trouvent pendant le printemps et l'été sous les plantes aquatiques et les conferves qui poussent à la surface de l'eau. Ils sont renfermés dans une espèce de sac un peu plus petit qu'un pois et d'une couleur blanchâtre ; un filament délié les attache aux petites herbes et empêche qu'ils ne soient entraînés par le courant. Placés dans un vase plein d'eau exposé au soleil, ces œufs écloront en peu de jours. Les jeunes larves ont d'abord une couleur sombre et sont très actives ; à une époque plus avancée elles quittent leur enveloppe, sont alors presque immobiles, perdent leur coloration et ne prennent pas de nourriture. Lorsqu'elles ont recouvré leur activité, on remarque, pendant la déglutition, les mouvemens de la glotte, le passage des alimens dans le canal intestinal et la circulation des fluides dans les vaisseaux. On doit éviter de les placer dans un vase contenant d'autres insectes, car ces derniers seraient inévitablement détruits. Deux fortes mandibules qui s'entrecroisent lorsqu'elles sont fermées occupent la partie antérieure de la tête. C'est avec ces armes redoutables que le crocodile saisit sa proie, la blesse et l'entraîne vers sa bouche. Sans attendre que la victime ait succombé, la larve s'abreuve des fluides et ne rejette que la peau de l'insecte. On distingue sur la même partie des palpes composées de quatre articulations, et six yeux groupés de chaque côté. La tête est aplatie et réunie au thorax par des muscles flexibles qui lui permettent de se mouvoir dans tous les sens.

La transparence des tissus laisse apercevoir distinctement les ganglions nerveux, les trachées et l'organe pulsatoire considéré par quelques naturalistes comme le cœur des insectes, mais qui ne reçoit aucun vaisseau d'après les recherches de Cuvier et d'autres observateurs. Leurs six pattes hérissées de poils sont terminées par de forts crochets et parcourues dans toute leur longueur par de petits vaisseaux ramifiés : la queue se partage en deux appendices qui en supportent d'autres plus petits; on prétend qu'ils se reproduisent lorsqu'on les détruit.

Ces insectes se nourrissent principalement de larves d'éphémères et de cousins, quelquefois même ils se dévorent entre eux. A mesure qu'ils avancent vers leur maturité, leurs mouvemens se ralentissent et parfois ils sont tout couverts de *Vorticella convallaria* qui s'y attachent par leurs filamens; on peut surtout observer cette particularité lorsque les larves sont conservées dans un vase étroit. (Voyez *Microscopic Cabinet*, pl. 1re).

Le Monocle. — *Lynceus sphœricus,* Muller. *Monoculus minutus,* Lin. Le tégument de cet insecte est remarquable par des lignes réticulées qui lui donnent l'apparence d'un travail de mosaïque.

Cette coquille très transparente est formée d'une seule pièce, mais elle est assez élastique pour que l'animal puisse la fermer ou l'ouvrir à la manière des moules. Malgré leur nom de Monocle, ces insectes ont deux yeux noirs de grandeurs différentes et enfoncés dans l'écaille. Le bec est pointu et suit la forme convexe de l'enveloppe; au dessous de lui est un second appendice plus court et terminé par des cils, puis viennent les deux antennes portant également des soies à leurs extrémités. Quatre branchies sont placées sur le même rang à l'intérieur de l'écaille et servent à imprimer un mouvement circulaire à l'insecte, quelquefois même elles paraissent lui servir à grimper le long des petites tiges sur lesquelles il se fixe en les saisissant entre les bords de ses écailles. A la partie postérieure se trouve un appendice cilié armé de deux crochets et portant à sa base une espèce de petit trident. On aperçoit parfaitement le canal intestinal et la nourriture qui le parcourt, ainsi qu'un petit corps ovoïde placé derrière la tête et doué d'un mouvement pulsatoire rapide.

Le monocle se nourrit d'animalcules. On le trouve pendant l'été dans les creux des étangs et les flaques d'eau de pluie. Les petits prennent leurs ébats autour de leurs parens et au moindre danger, se précipitent vers leur mère qui les met à l'abri en les renfermant dans sa coquille.

Le Cyclope à quatre cornes ou moucheron d'eau. — *Cyclops-quadricornis*, Muller. *Pediculus aquaticus*, Baker. Ce petit crustacé se trouve dans toutes les saisons à la surface de l'eau, mais surtout en juillet et août; on le prend avec un petit filet. Le corps est couvert d'écailles imbriquées qui se meuvent latéralement et verticalement ; elles ne se réunissent pas sous le corps et laissent un passage aux branchies; le bec est court et pointu; un peu au dessous, se trouve l'œil unique, d'une couleur rouge foncée et noyé dans l'écaille. Aux deux côtés de l'œil, naissent les antennes dont la paire supérieure est la plus longue; elles sont articulées et couvertes de poils. Les cyclopes se meuvent par saccades et se traînent sur les tiges au moyen de leurs branchies qui sont d'une couleur bleuâtre. Les ovaires en forme de grappe, sont très développés et situés au nombre de deux, à la partie postérieure. Les œufs ont une forme globuleuse et lorsqu'ils parviennent à leur maturité , on peut distinguer l'embryon avec un très fort grossissement. La queue du cyclope se bifurque à son extrémité et les deux branches sont terminées par des soies ramifiées chez la femelle seulement. On aperçoit très bien le tube intestinal et les oviductes de la femelle. La couleur de ces crustacés varie. Souvent pâles et transparens, ils sont quelquefois marquetés de rouge; les uns ont une couleur bleue verdâtre , les autres sont rouges et leurs ovaires sont colorés en vert.

Ayant à nous occuper dans ce chapitre d'un grand nombre d'expériences, nous avons abrégé les descriptions ; nous passerons même sous silence *le petit Cyclope, la larve du Cousin, l'Hydrophile, la Libellule, etc.,* en renvoyant aux ouvrages de Muller, Baker, Adams, au *Microscopic Cabinet* et *Microscopic Illustrations* par le docteur Goring et M. Pritchard, où l'on trouvera des détails étendus et de fort belles planches représentant ces différens objets.

Disons maintenant quelques mots des infusoires fossiles. Nous extrairons ce qui suit du tome 6 des *Annales des Sciences naturelles,* année 1836, où se trouve le mémoire de M. Ehrenbérg publié dans les *Annales de Poggendorf,* vol. 38.

« M. Fischer, propriétaire de la manufacture de porcelaine de Pirkenhammer près de Carlsbad, avait remarqué que les dépôts siliceux (*Kieselguhr*) des tourbières de Franzbad, auprès d'Egn, en Bohême, se composaient presqu'exclusivement d'enveloppes de navicules. Il fit un envoi de ce dépôt à M. Ehrenberg qui reconnut que ces enveloppes appartenaient au *Navicula viridis* encore répandu très abondamment aujourd'hui dans les eaux douces des environs de Berlin et autrès endroits. Il trouva également que ce même échantillon renfermait plusieurs autres espèces semblables à celles qui existent actuellement. Déjà en 1834, M. Ehrenberg avait signalé à l'Académie la découverte de M. Kützing sur la composition siliceuse des enveloppes de Bacillaires. Il fit de nouvelles recherches sur les différentes espèces de tripoli et de terres à polir employées dans les arts et observa que le tripoli ordinaire ou feuilleté de Bilin en Bohême, se composait uniquement d'infusoires et qu'il existait dans la terre à polir du même pays et dans le fer limonite tufacé des marais, un nombre infini d'individus du genre *Gaillonella.* Il rencontra également des débris d'infusoires dans la farine fossile de *Santa-Fiora* en Toscane, etc.

M. Ehrenberg termine son Mémoire par l'évaluation du nombre d'infusoires qui forment ces matières. D'après ses calculs, une ligne cube de pierre à polir de Bilin, en contient 23,000,000, et un grain de cette même substance, 187,000,000 !

En résumé, il existe un nombre infini de carapaces fossiles d'infusoires dans les substances que nous venons de nommer ainsi que dans les dépôts siliceux de l'île de France et les tourbes de Franzbad. Ces carapaces appartiennent à des individus que l'on trouve encore vivans aujourd'hui soit dans l'eau douce, soit dans l'eau de mer. M. Ehrenberg a déterminé plus de quarante espèces des genres *Navicula*, *Gonphonema*, *Gaillonella*, *Synedra*. *Bacillaria* et *Spongia*.

Nous avons fait représenter deux de ces infusoires pl. 5.

Fig. 6. *Navicula viridis*, vu sur le côté où l'on distingue trois ouvertures qui existent également sur la face opposée, et. des stries transversales ou lamelles internes entre lesquelles sont placés les ovaires des individus vivans.

Fig. 6'. *Cocconeis Clypeus*, trouvé dans la couche d'infusoires près d'Eger. Nous possédons des échantillons de différentes espèces d'infusoires que nous tenons de M. Ehrenberg. Nos dessins sont exécutés d'après nature.

Animalcules spermatiques. — Nous n'entrerons pas dans le détail des polémiques diverses occasionnées par la découverte de ces animalcules faite vers 1674 par Leeuwenhoek ou Hartsoeker et peut-être par tous deux. Nous ne pensons pas qu'il existe personne aujourd'hui, qui conteste leur existence ou leur refuse la qualification d'animalcules.

Leur aspect général et leurs dimensions sont à peu près semblables dans les différentes espèces d'animaux. Chez l'homme, leur corps est ovoïde, arrondi, présente quelquefois des renflemens et se termine plus ou moins brusquement par un filament caudal très délié. De tous temps, on a signalé leur ressemblance avec le têtard et cette comparaison est exacte. Leeuwenhoek a calculé qu'un animalcule n'égalait pas en grosseur la millionième partie d'un grain de sable et qu'il était plus petit qu'un globule de sang. Les dimensions exactes, sont indiquées pl. 5, fig. 7.

La queue remue continuellement avec une grande rapidité en battant le liquide dans lequel oscillent les animalcules dont la progression est quelquefois assez lente. Leur nombre prodigieux frappe d'étonnement l'observateur qui les voit pour la première fois. L'abbé Spallanzani fit de nombreuses expériences sur ces animalcules et vérifia l'influence de la température sur leur mobilité; dans un lieu chaud ou pendant l'été, ils continuaient à se mouvoir fort long-temps, tandis qu'en hiver ou dans une chambre froide, on les voyait bientôt tomber dans une immobilité complète et mourir.

Nous renverrons à l'ouvrage de cet habile observateur et à celui de Gleichen, pour tous les détails relatifs à ces êtres merveilleux et nous nous contenterons de donner quelques renseignemens sur le mode d'observation le plus convenable pour obtenir de bons résultats.

Il faut prendre une petite goutte de liqueur spermatique et la placer sur un verre plan et mince. On distinguera facilement deux parties dans ce fluide; l'une épaisse, l'autre liquide; c'est cette dernière qu'il faut employer d'abord; la portion épaisse se liquéfie bientôt par son exposition à l'air et les animalcules s'y portent alors en aussi grand nombre que dans les parties les plus fluides.

En recouvrant la goutte de sperme d'une petite lamelle de verre, on rend la surface plane, le liquide s'évapore plus lentement, se refroidit moins vite et les animalcules vivent plus long-temps. Nous en avons conservé vivans pendant douze heures.

Il ne faudrait pas croire avec Buffon, que ces petits individus peuvent vivre plusieurs jours après qu'ils ont été tirés des réservoirs naturels; Spallanzani a victorieusement combattu cette erreur et c'est un de ses principaux argumens pour démontrer combien les esprits les plus élevés sont sujets à se laisser entraîner par des théories préconçues et une imagination trop vive. Spallanzani découvrit que la semence conservée pendant plusieurs jours, produisait un nombre infini d'infusoires de formes variées, tandis que les animalcules périssaient au bout de quelques heures et tombaient au fond du liquide. Buffon n'avait donc pu voir des animalcules encore vivans dans le fluide conservé durant plusieurs jours ; il observa mal, sur une trop grande quantité de matière, n'examina pas successivement la surface et le fond du liquide où il aurait reconnu les cadavres des Zoospermes, et prit pour des animalcules transformés, les individus de nouvelle formation. Aussi Haller le prince des physiologistes, a-t-il dit de Buffon : « ... *Je doute qu'il ait jamais vu les animalcules spermatiques...* »

On peut observer ces individus dans les conduits séminifères de quelques animaux. On parvient à rendre ces canaux transparens, en privant l'animal de nourriture à l'époque de l'accouplement. La salamandre mâle est un excellent sujet pour cette expérience.

Dans ces derniers temps, M. le docteur H. Bayard a fait une heureuse application du microscope aux expertises médico-légales. Dans un mémoire sur l'*Examen microscopique du sperme desséché sur le linge ou sur les tissus de nature et de coloration diverses*, (tom. XXII des Annales d'hygiène et de médecine légale, 1re partie,) ce médecin a indiqué les moyens convenables pour constater la présence des animalcules spermatiques, dans les taches de sperme desséché sur les tissus depuis des mois et même des années, en dissolvant le muçus glutineux qui les entoure, sans altérer aucunement leurs formes (1).

Circulation. — Globules du sang. — La marche du sang dans les vaisseaux, est un des phénomènes qui méritent le mieux d'ar-

(1) J'ai vu faire par M. Le Baillif quelques expériences analogues, à la demande de M. Orfila, mais les résultats n'ont jamais été publiés.

rêter l'attention de l'observateur. Mais cette circulation ne peut être étudiée que sur des sujets vivans ; il faut donc choisir les animaux dont la structure particulière permet d'apercevoir les vaisseaux au travers des tégumens, ou mettre à nu par une incision, les parties les plus transparentes.

La queue du têtard, de certains poissons, de la salamandre, la membrane des pattes postérieures d'une grenouille, l'aile de la chauve-souris, etc., sont d'excellens sujets pour observer sans incision ; mais on distingue la circulation bien plus nettement sur le mésentère d'une grenouille ou la vessie d'une souris. Le procédé opératoire est fort simple.

Si l'animal peut être placé dans une petite cuve transparente à parois planes, on pourra étudier la circulation pendant longtemps et sans blesser le sujet. Nous employons ce procédé pour le têtard, les petites anguilles et les poissons. On verse un peu d'eau dans la cuve et on y pose doucement le têtard ; après quelques mouvemens brusques, il cesse de s'agiter, et c'est l'instant qu'il faut choisir : on peut d'ailleurs le maintenir au moyen d'une petite lame de plomb. Pour examiner l'aile de la chauve-souris, la membrane des pattes d'une grenouille, il faut fixer l'animal par les membres sur une petite planchette de liége au moyen de fortes épingles. La partie que l'on veut soumettre au microscope doit être placée sur une ouverture pratiquée dans la planchette, immédiatement au dessous de l'objectif. C'est encore avec des épingles qu'on étend les membranes dans une position convenable.

Lorsqu'on fait les expériences sur le mésentère d'une grenouille, on fixe l'animal et après avoir fait une incision au ventre, on en tire une portion d'intestins que l'on développe sur l'ouverture de la planchette pour mettre la membrane en évidence.

La vessie d'une souris est facile à découvrir ; il suffit d'inciser légèrement le bas-ventre, pour que le petit sac fasse hernie à travers l'ouverture. Plusieurs anciens observateurs avaient imaginé des appareils plus ou moins compliqués pour fixer les animaux, nous pensons que le procédé indiqué ici, remplira le but plus simplement et tout aussi bien.

Les pattes d'araignées, les antennes des cloportes et les poux, doivent encore être placés au nombre des sujets favorables à l'étude de la circulation.

Les mouvemens du cœur seraient très difficiles à observer dans des animaux d'une certaine dimension, il a donc fallu recourir aux petits insectes pour examiner les pulsations de l'organe qui paraît remplir des fonctions analogues; nous citerons d'abord l'abeille.

Séparez la tête du corps de l'insecte et vous apercevrez un petit corpuscule blanc dont les battemens sont très distincts.

Soulevez avec une épingle le corselet d'une sauterelle et l'organe central de la circulation sera parfaitement visible.

Chez le limaçon, il est situé près de l'ouverture ronde qui se trouve près du cou : en disséquant avec soin, on pourra étudier les pulsations pendant fort long-temps.

L'examen du fluide sanguin contenu dans les vaisseaux, aura fait reconnaître à l'observateur, de petits corps ou globules en nombre infini, nageant dans ces conduits et suspendus dans un liquide de couleur citrine ; ce sont les globules du sang découverts par Malpighi. Pour les examiner avec soin, il faut prendre une goutte de sang sortant de la veine, la placer sur une bande de verre et la recouvrir d'une de nos petites plaques minces.

Les globules de l'homme sont excessivement petits. Leeuwenhoek leur donnait 1/170e de ligne et Della Torre 1/750e ; mais tous les globules d'un même individu n'ont pas la même grandeur, on doit adopter un terme moyen qui paraît être 4/500e de millimètre.

Les plus gros sont ceux de la salamandre, suivant les uns, ils ont 1/35e et suivant d'autres, 1/50e de millimètre.

Les auteurs diffèrent davantage sur leur forme. Pour donner une idée de ces opinions diverses, nous extrayons les passages suivans de la thèse du docteur Ch. Martins.

« On sait maintenant que l'eau modifie la forme des globules sanguins en dissolvant une partie de leur substance. Si donc on ne veut pas examiner le sang tel qu'il sort du vaisseau qui le fournit, il faut l'étendre avec une dissolution de sous-carbonate de soude, de sel marin, d'ammoniaque, de sucre, ou mieux encore avec du sérum de sang de grenouille passé à travers un filtre. Dans tous les mammifères, les globules du sang sont circulaires, excepté dans le dromadaire et l'alpaca. Ils sont, au contraire, elliptiques dans les oiseaux, les reptiles et les poissons. Si on est d'accord sur ces faits généraux, on ne l'est pas sur les particularités de la forme des globules. Voyons d'abord les différentes opinions que les auteurs ont émises sur ceux de la grenouille et de la salamandre qui sont les plus visibles de tous. »

« Pour ne citer que les modernes : MM. Prévost et Dumas, Wagner, Milne-Edwards et Turpin admettent un renflement central, Müller les considère comme sensiblement plats, enfin, Young Hodgkin, Lister, et M. Dujardin, comme légèrement concaves.....

. . . .

» . . . Les globules du sang ont-ils un noyau central ? même divergence sur cette question. Quelques-uns nient l'existence de ce noyau dans le globule vivant, et le regardent comme un produit de la coagulation de la fibrine : tels sont Blumenbach, de Blainville, Weber, Wagner, Dujardin, Mandl, et Donné. Hewson, Ev. Home, Prévost et Dumas ainsi que Müller, admettent un noyau central auquel la matière colorante sert d'enveloppe. »

On sera sans doute étonné de nous voir émettre notre opinion après toutes celles qui précèdent, mais puisque tant d'autres ont vu les globules d'une manière différente et n'ont pu s'accorder sur leurs formes réelles, il est évident qu'on n'a pas encore rencontré la vérité et qu'il nous est également permis de voir d'une autre manière, et de rapporter fidèlement ce que nous avons vu.

Sous le microscope, les globules du sang paraissent aplatis, au centre se trouve le noyau qui forme une légère saillie. Le globule est mou et s'affaisse facilement lorsqu'il est posé sur la lame de verre, tandis que le noyau, plus résistant, conserve à peu près sa forme et se montre plus distinctement. Nous ne saurions mieux rendre l'impression que nous avons ressentie en examinant les globules, qu'en les comparant à une petite vessie contenant une boule-solide et une certaine quantité de liquide. La vessie posée sur une surface plane, s'affaisserait tout autour de la boule qui formerait une saillie au centre.

Quelquefois ces globules sont dentelés à la circonférence, mais leur forme est généralement ronde chez l'homme. Ces dentelures nous paraissent résulter de l'adhérence de certaines parties du globule qui ne s'étend pas egalement sur la lame de verre. Une couche graisseuse se forme quelquefois sur le glissoir et pourrait produire cette irrégularité. Lorsque le globule est sec, on aperçoit toujours le noyau, il paraît même plus distinct. Comment supposer alors qu'il n'existe pas, comment le prendre pour une dépression centrale, et pourquoi n'y voir qu'un jeu de lumière ? En définitive, nous avons toujours vu les globules comme nous les représentons planche 5, fig. 8. On a dessiné en regard fig. 9, les globules du sang de grenouille.

Lorsque le sang se coagule, les globules se réunissent et forment des rangées à peu près semblables à des piles d'argent renversées. Cette disposition est parfaitement représentée dans les planches d'un ouvrage inédit qui sera publié en Allemagne par M. Gerber professeur d'anatomie à l'Université de Berne. M. le docteur Baswitz a bien voulu nous communiquer les planches de ce travail.

Nous nous arrêtons ici, en manifestant le désir de voir les opinions diverses se réunir bientôt pour donner naissance à une description exacte.

Parmi tous les autres fluides de l'économie animale, nous examinerons actuellement *le lait*. Ce liquide soumis au microscope, paraît composé d'une multitude de globules sphériques de grosseurs différentes, depuis un 5/100ᵉ jusqu'à 1/100ᵉ de millimètre de diamètre environ. Ils sont formés par la matière grasse. Ces globules sont réguliers et nagent librement dans un liquide qui ne contient pas d'autres particules. Lorsque les globules laiteux sont agglomérés et mêlés à des corps granuleux, on peut déclarer que le lait n'est pas encore formé ou qu'il est de mauvaise nature. Si l'on distingue au milieu des véritables globules, d'autres globules pointillés, dentelés et opaques, c'est que le lait contient du pus, et il est facile de vérifier ce fait par une seconde épreuve. En ajoutant au liquide quelques gouttes d'une solution alcaline, les globules purulens sont dissous en quelques minutes et les globules laiteux restent intacts, tandis que l'éther dissout complètement ces derniers sans exercer la moindre action sur le pus. Chez les animaux fatigués ou que l'on trait trop abondamment, on rencontre quelquefois des globules sanguins mêlés à ceux du lait. L'ammoniaque dissout complètement les premiers. La quantité de matière grasse est ordinairement en rapport avec celle des autres élémens solides de ce liquide ; on peut donc connaître approximativement sa richesse d'après la quantité des globules.

Tous ces détails sont puisés dans un intéressant mémoire sur le lait, publié en 1837 par le docteur Al. Donné.

Il faut toujours opérer sur du lait frais et autant que possible, au moment où il vient d'être tiré ; on en dépose une très petite goutte sur une bande de verre et on la recouvre avec une lame mince.

Une goutte de *salive* disposée de la même manière, forme en séchant de fort jolies cristallisations. Le Baillif avait fait des expériences intéressantes sur ce fluide.

« Depuis long-temps , dit-il, j'ai fait voir à divers curieux, la différence notable qui existe entre la salive recueillie à jeun, immédiatement après le repas , ou lorsqu'on s'est pincé le bout de la langue. La première est en général remplie de squammes ou petites particules charnues ; elle contient un peu d'ammoniaque et de muriate de soude (sel marin). La deuxième, présente quelques squammes, une très petite quantité de molécules rondes ou ovoïdes et forme, en séchant , des cristaux ou le muriate d'ammoniaque domine le plus souvent. La troisième enfin, ne contient que des dendrites ammoniacaux et de très petits cristaux de muriate de soude. Je pensai que les molécules rondes et ovoïdes que j'avais constamment observées dans les expériences , devaient être la fécule du pain ; en effet, en ajoutant un atome de solution d'iode, tous ces corpuscules prirent une couleur bleue. » Après quelques réflexions sur cette expérience , Le Baillif ajoute : « Tout me confirme que le microscope deviendra , dans bien des cas , un excellent moyen d'analyse au moins préparatoire. »

M. le docteur Al. Donné a publié un tableau des *différens dépôts de matières salines et de substances organisées qui se font dans les urines*. Voici quelques détails extraits de ce travail intéressant.

A. *Matières salines.*

1.º URINES ACIDES. — Plus communes que les alcalines ; leurs dépôts, ordinairement colorés en jaune rougeâtre ou en rose plus ou moins foncé, sont cristallisés ou pulvérulens ; les premiers, composés d'*acide urique ,* se présentent sous la forme de lames rhomboïdales parfaitement transparentes, parfois elles sont groupées et de couleur jaune ; ces cristaux qui ont depuis 1/100° jusqu'à 1/10° millimètre et plus , sont solubles avec effervescence dans l'acide-nitrique concentré et insolubles dans l'acide hydrochlorique.

Les sédimens pulvérulens sont ordinairement formés par l'*urate d'ammoniaque* auquel peut quelquefois se mêler du *phosphate-calcaire* très soluble sans effervescence dans les acides. L'ammoniaque le précipite de ces dissolutions sous l'apparence d'une matière blanche et amorphe; l'*urate d'ammoniaque*, soluble avec effervescence dans les acides concentrés, se transforme en acide urique par l'action des acides étendus, et une dissolution de ce sel traitée par l'ammoniaque, donne des lames rhomboïdales transparentes ou de petits cristaux grenus.

L'oxalate de chaux se présente aussi mais rarement, sous la forme de cristaux grenus; on le distingue du phosphate, en ce qu'il est insoluble dans l'acide acétique et que l'ammoniaque le précipite de sa dissolution dans les acides minéraux, sous cette même forme grenue.

On reconnaît le *chlorure de sodium* ou sel marin, à des cristaux en octaèdre dont les faces présentent des degrés. Pour les obtenir, il faut faire évaporer une partie du liquide.

La présence de la *cystine* est extrêmement rare.

2° Urines alcalines. — Pâles, à sédimens blancs ou légèrement jaunâtres, cristallisés ou pulvérulens, formés par,

Le phosphate ammoniaco-magnésien. Cristaux de formes variées mais dérivant, en général, du prisme droit rhomboïdal. La solution de ce sel dans un acide étendu, donne par l'ammoniaque, une multitude de petits cristaux diversement groupés.

Le phosphate de soude et d'ammoniaque que l'on ne rencontre qu'après l'évaporation de l'urine. Beaux cristaux formant de larges pyramides à quatre faces et à sommet tronqué.

B. *Substances organisées.*

1° Urines acides.

Globules muqueux, liés entre eux, ayant environ 1/100e de millimètre.

Lamelles épidermiques.

Mucus uréthral entraîné dans le premier jet d'urine, sous forme de petits filamens blancs visibles à l'œil nu. Vus au microscope, ces filamens sont composés de particules allongées, renflées à une extrémité et se terminant par l'autre en forme de queue.

Globules purulens (dans certains états pathologiques), reconnaissables aux caractères que nous avons indiqués en parlant de la présence du pus dans le lait.

Globules du sang (même observation). Ils sont quelquefois tout à fait blancs.

Sperme. Durant les pertes séminales. Il faut chercher les animalcules à la partie la plus déclive des vases où leur pesanteur spécifique les entraîne toujours.

Quelquefois chez les ictériques, on rencontre la *bile* dans l'urine. Elle présente des fragmens irréguliers de substance d'un beau jaune.

Dans le *diabètes*, on remarque des corpuscules globuleux, transparens, diversement groupés, ayant presque l'apparence des globules du lait. Ce sont les *corpuscules du ferment* découverts par M. Cagniard-Latour.

2° URINES ALCALINES. Elles dissolvent les globules de mucus, du pus et du sang.

Parfois, les matières salines et les substances organisées se trouvent mêlées ensemble dans les dépôts ; il arrive aussi que les cristaux se déposent sur les substances organisées et forment des figures bizarres. Ce court extrait du tableau sur les urines, inspirera sans doute aux amateurs, le désir de compléter notre analyse par la lecture du travail de M. le docteur Donné.

Nous renonçons avec peine à raconter l'histoire de l'*acarus scabiei* ou insecte de la gale ; le lecteur aurait suivi avec intérêt les nombreuses vicissitudes que ce petit animalcule dut subir avant d'être admis au nombre des êtres existans, les mystifications auxquelles il donna lieu, ses mœurs et ses formes ; mais nous devons simplement indiquer la manière de le découvrir et les sources où l'on trouvera des renseignemens étendus.

Lorsqu'un galeux n'a pas encore été soumis à un traitement, si on cherche attentivement sur le dos des mains, le poignet ou entre les doigts, on remarquera que plusieurs vésicules, peu après leur développement, présentent à leur sommet ou par côté, un petit point pareil à celui qui résulte d'une très petite piqûre de puce, moins l'aréole rouge. Quelquefois ce point s'allonge un peu en demi-cercle et se trouve situé sur une petite tache blanchâtre.....

Sur d'autres boutons plus avancés, on apercevra, à partir du point, une trace ponctuée, noirâtre ou blanchâtre, tantôt allant du sommet à la circonférence, tantôt traversant la vésicule suivant son diamètre.

La trace ponctuée paraît être l'origine d'un petit chemin couvert, improprement appelé sillon ou *cuniculus*. En se plaçant au soleil, on peut voir à l'extrémité de la trace, opposée au petit point et sur le côté de la vésicule, une petite tache blanche et un point brunâtre. En soulevant l'épiderme en cet endroit avec la pointe d'une épingle, on peut, sans percer la vésicule, en extraire un petit insecte qui est l'acarus ou sarcopte. Toutes les vésicules ne donnent pas naissance à un sillon.

Notre insecte placé dans le genre sarcopte de Latreille, sous le nom de sarcopte de l'homme, est blanc opalin, transparent, de forme arrondie et presque circulaire; sur son dos, on aperçoit plusieurs rangées de petits tubercules surmontés de poils. Il n'existe ni tête ni corselet, mais une sorte de bec ou museau rouge, court, un peu aplati en forme de palette, arrondi au bout, hérissé de plusieurs poils et inséré dans un angle dont le sommet se prolonge sur le thorax en une ligne d'un rouge doré. Les pattes sont au nombre de huit, leur couleur est d'un rouge foncé ; on distingue les quatre pattes antérieures, placées de chaque côté de l'organe de la manducation; elles sont formées de quatre articulations et d'une pièce basilaire oblique qui offre comme un triangle dont l'hypoténuse est tournée du côté de la partie postérieure du corps. Chacune de ces articulations est hérissée de poils et la dernière est armée en outre, d'une sorte de tige ou article très long, fragile, mince, terminé par une petite caroncule ou godet, qui sert à la progression et que M. Raspail désigne sous le nom d'*ambulacrum*.

Les quatre pattes postérieures sont éloignées des antérieures, elles sont beaucoup plus courtes, mais présentent au reste la même organisation, si ce n'est que l'*ambulacrum* manque et se trouve remplacé par un poil aussi long que le corps; l'abdomen les couvre aussi presque entièrement et l'anus, tantôt saillant, tantôt effacé, se montre à la partie postérieure de l'animal. Toute la surface de son corps est tapissée, suivant M. Raspail, d'un réseau cellulaire très résistant; en écrasant l'insecte vivant sur l'ongle, on entend très distinctement un petit craquement. Sa longueur n'excède pas un demi-millimètre et on en trouve qui dépassent à peine la moitié de cette longueur.

Si l'on examine le mode de progression de cet insecte sous l'épiderme, il est facile de se convaincre qu'il ne se fraie pas son *cuniculus* à la manière des taupes; les pattes ne sont nullement disposées pour cela; il agit plutôt en soulevant l'épiderme au moyen de son bec aplati; les poils qui hérissent son dos et qui sont dirigés en arrière, l'aident dans son travail, en rendant, comme l'a remarqué M. Raspail, tout recul impossible. Cette manœuvre fait éprouver au malade une assez vive démangeaison qu'il diminue en se frottant. (*Recherches sur l'acarus ou sarcopte de la gale de l'homme*, par Albin Gras, *docteur ès-sciences, élève à l'hôpital Saint-Louis, aujourd'hui professeur de pathologie interne à Grenoble*. 11 *octobre* 1834. *Chez Béchet.*)

On peut lire également, le *Mémoire comparatif sur l'histoire naturelle de l'insecte de la gale*, par M. Raspail ; les *recherches microscopiques sur l'acarus*, etc., par MM. Leroi et Vandenhecke, et les articles de MM. D. Duparc et Beaude dans le journal *des Connaissances Médicales* du 15 juillet 1834.

Dans sa traduction de la *Revue générale des écrits de Linné*, par Pulteney, M. Millin de Grandmaison fait mention de l'*Acarus scabiei*, et de celui de la Dyssenterie. (*Acarus dyssenteriæ.*)

Linné a consigné dans les *Amœnitates academicæ*, une thèse de J. C. Nyander publiée en 1757 ; cet auteur adopte l'opinion de Kircher qui attribue les maladies contagieuses à des animalcules. Il dit que leur existence a été démontrée dans la gale et la dyssenterie, dans la ladrerie des cochons par Langius, dans la peste par Kircher, dans le mal vénérien par Hauptman (1), dans les pétechies par Sigler, dans la petite vérole par Lusitanus et par Porcellus, ainsi que dans le serpigo et d'autres maladies cutanées. Bartholin avait remarqué que les matières évacuées pendant la dyssenterie, étaient pleines de petits insectes.

On trouve dans le même recueil, la dissertation de C. F. Adler (1752) sur la *Noctiluca Marina.*

Ce fut pendant son voyage en Chine fait en 1748, que ce chirurgien reconnut l'existence des insectes phosphorescens qui rendent le sillage des navires lumineux ; il soumit au microscope et fit dessiner ce petit individu qui n'est pas plus gros que la seizième partie du pouce. Baker a également donné quelques détails sur cet insecte. On le rencontre au commencement de l'été et principalement parmi les plantes marines.

Les *écailles de l'anguille* dont l'existence fut long-temps inconnue, sont fort curieuses et exigent une préparation particulière. Il faut prendre un morceau de peau sur les parties latérales de

(1) Les expériences microscopiques de M. Donné sur les affections vénériennes, confirment les assertions de Hauptman.

l'anguille et l'étendre bien exactement sur une lame de verre où on la laisse sécher. C'est alors qu'on aperçoit les saillies formées par les écailles placées sous une pellicule mince qu'on peut soulever avec la pointe d'un scalpel; les écailles se détachent ensuite avec la plus grande facilité.

La peau du lézard et de l'iguane est formée de deux couches, l'une mince et transparente, l'autre plus épaisse et opaque; en les séparant, on obtient deux objets microscopiques fort remarquables. *La perche*, *la sole*, *la morue*, etc., fournissent de très belles écailles.

Nous avons fait dessiner pl. 5, fig. 10, la tranche d'un poil de barbe, rencontrée par hasard dans cette position sur un porte-objet où nous avions déposé plusieurs fragmens semblables. Pour obtenir ces tranches, il faut réunir plusieurs poils en un seul faisceau, les serrer fortement avec un fil mince et couper l'extrémité du paquet avec un bon rasoir; quelquefois même lorsque la barbe est peu longue, on peut rencontrer de très bons échantillons sur le linge qui sert à essuyer le rasoir. Les cheveux ou poils seront toujours placés dans le baume du Canada qui augmente leur transparence et détruit la diffraction produite sur leurs bords. Les poils de *souris*, du *mulot*, de la *chauve-souris*, de la *larve du dermeste*, du *chat*, du *renard* et de certaines *chenilles*, sont excessivement curieux à observer et fournissent de bons *tests* opaques et transparens.

Plusieurs animaux des ordres inférieurs sont munis d'un appareil destiné à mouvoir les fluides le long de la surface de divers organes. Si on coupe une portion des branchies d'une moule et qu'on la soumette à l'examen microscopique dans une goutte d'eau renfermée entre deux lames de verre, on remarquera dans ce liquide un courant dont la direction est constante et déterminée. Le fragment de branchie est couvert de poils ou cils très déliés, sans cesse en vibration et qui impriment le mouvement au liquide.

On trouvera dans le troisième volume des Annales des sciences naturelles, année 1835, les observations de M. William Sharpey et le mémoire de MM. Purkinje et Valentin qui ont découvert l'existence de cet appareil dans les animaux à sang chaud. Ils ont vu ce mouvement ciliaire dans l'oviducte des oiseaux et les trompes de Fallope des mammifères ainsi que dans les voies aériennes de ces deux classes. Nous nous bornerons à signaler les organes qui présentent ce phénomène destiné principalement à entretenir un courant de liquide le long de la surface de l'appareil respiratoire et dans beaucoup de cas, à l'introduction de la nourriture, à l'expulsion des œufs et à faciliter la locomotion.

En 1830 , M. Sharpey observa ce mouvement dans les larves de la salamandre et du crapaud, dans un grand nombre de mo-lusques, dans les annelides et dans l'actinie. Il nous apprend que Steinbuch avait déjà décrit les courans des branchies du têtard et de la larve de la salamandre et que plusieurs autres observateurs tant anciens que modernes, avaient fait des observations semblables. MM. Purkinje et Valentin remarquèrent en disséquant un lapin femelle fécondé trois jours auparavant, de petits fragmens de la membrane muqueuse des trompes de Fallope, se mouvant avec rapidité, et tournant comme autour d'un axe. Rapide dans les trompes, ce mouvement était plus lent dans les cornes de l'utérus ainsi qu'aux points d'attache de l'organe, mais il était surtout remarquable sur les lèvres de l'utérus et dans le vagin. L'oviducte d'un oiseau examiné immédiatement après le passage de l'œuf, présenta la même vibration dans toute son étendue. D'après ces observateurs, ce mouvement n'existe que dans les organes sexuels de la femelle et dans ceux de la respiration, chez les mammifères, les oiseaux et les reptiles. Ils ne le rencontrèrent dans le tube intestinal, que chez la moule de rivière, sur une éminence charnue longitudinale que présente la surface intérieure du tube, tandis que M. Sharpey l'a vu dans le tube digestif des échinodermes , des annélides et l'actinie , ainsi que dans la cavité alimentaire de plusieurs polypes.

Chez les amphibies et les serpens , les oiseaux et les mammifères , les muqueuses de l'oviducte et des conduits respiratoires , offrent ces vibrations dans toute leur étendue.

Pour observer ce curieux phénomène , il faut examiner l'animal immédiatement après sa mort. On détache avec des ciseaux , un morceau de la membrane qu'on plie sur elle-même de manière à ce que sa surface libre forme le bord du pli et que l'autre surface soit en contact avec elle-même. Il faut alors placer l'objet sous le *compressorium* avec un peu d'eau , puis presser doucement afin que le bord du pli apparaisse distinctement sous le microscope. Pour rendre le phénomène encore plus visible , on peut ajouter au liquide , une matière colorante , de l'indigo ou du carmin , comme pour colorer les organes digestifs des infusoires. Il est important que la membrane muqueuse soit parfaitement débarrassée des tissus voisins et que le pli de cette membrane se présente facilement à l'objectif. Ces vibrations suivent une direction déterminée. excepté chez la moule de rivière , où elles ont lieu régulièrement dans deux directions différentes , chaque direction changeant toutes les six ou sept secondes. (Ann. des Sc. nat. v. 3, p. 347.)

Le docteur Baswitz nous a communiqué la note suivante , sur l'application du microscope au diagnostic de certaines affections.

« Au mois de juin 1838 , j'ai vu un homme qui portait une tumeur dans l'arrière-bouche. Le toucher seul ne suffisait pas pour diagnostiquer la nature de l'affection. Etait-ce une tumeur fongueuse , un polype ou un sarcome? Une petite portion de la tumeur s'étant ulcérée , j'enlevai avec une aiguille à cataracte , un lambeau de tissu que je plaçai sur le porte-objet du microscope, et je reconnus aussitôt que j'avais affaire à un polype.

» Il est souvent difficile de faire le diagnostic différentiel des tumeurs de l'utérus , le microscope peut éclairer le chirurgien. »

Après les corps tirés du règne animal, on doit placer immédiatement les différentes parties des végétaux. La circulation de la
sève, les mouvemens et l'éjaculation polliniques, le tissu des
tiges, des pétales, etc., fourniront à l'observateur, une source
abondante de jouissances nouvelles.

Circulation dans les végétaux. CHARA. — Aucun végétal ne laisse
voir aussi distinctement ce curieux phénomène découvert par
l'abbé Corti en 1774. Plusieurs savans parmi lesquels nous pouvons citer MM. Amici, Robert Brown, Schultz, etc., ont observé la
circulation dans d'autres végétaux, mais il n'est pas très facile de
réussir dans ces expériences, tandis qu'un tube de chara bien préparé, donne toujours des résultats satisfesans. Lors de son passage à Paris, M. Amici fit voir le chara à plusieurs savans et
pendant quelque temps, on pensa que le microscope catadioptrique de ce physicien était indispensable pour faire cette belle
expérience; mais bientôt on reconnut qu'il ne fallait qu'un pouvoir de 50 à 100 fois.

Le Baillif écrivit sur le chara, une notice dont nous possédons
le manuscrit et qui fut insérée en partie dans le bulletin de M. de
Ferrussac. C'est dans le travail original que nous puiserons les détails suivans.

Le chara se trouve abondamment dans l'étang de Villebon près
de Meudon, à deux lieues de Paris; on le rencontre aussi dans
le grand bassin de la Villette, canal de l'Ourq. Cette plante est
toujours submergée; on se la procure en attachant un crochet à
l'extrémité d'un roseau de dix pieds, ou bien au bout d'une fi-
celle qu'on lance avec force sur l'endroit où se trouve le chara.
Pour emporter la plante, on la plonge dans une fiole pleine d'eau.
On choisit ensuite les tiges les plus fortes, qu'on met à l'aise dans
une large terrine remplie de l'eau de l'étang où le chara a été
recueilli. Il faut éviter de ployer les tiges, car les entre-nœuds
froissés ne peuvent servir. Il serait convenable de couper quel-

ques entre-nœuds et de les suspendre par un fil dans l'eau où ils continueraient à végéter. Dans la saison chaude , ce végétal se décompose facilement, au bout d'une quinzaine de jours, il passe du vert au jaune sale et sa préparation devient quelquefois très difficile.

Il existe plusieurs espèces de chara : le *flexilis* ou *translucens* , l'*hispida* ou *tomentosa*.

Dans le premier, on aperçoit un peu la circulation à travers l'écorce, mais le second est préférable. Les entre-nœuds ont de trois à quatre pouces et plus et contiennent souvent les globules curieux dont nous parlerons plus loin.

Le chara ne peut être soumis au microscope qu'après avoir subi certaines préparations. Il faut choisir un entre-nœud bien vert et ferme et couper les verticilles en leur laissant environ 6 à 8 lignes de longueur. On élague tous les petits jets et on place la tige principale dans une petite cuve en verre pleine d'eau, placée au foyer d'une loupe montée sur son pied.

On enlève l'écorce superficielle par lanières, avec la plus grande précaution, car la moindre blessure faite au tube intérieur, arrêterait la circulation à l'instant même. Lorsqu'on est parvenu à décortiquer ce tube, il faut le râcler légèrement en lui imprimant un mouvement de rotation sur lui-même. Cette opération est indispensable pour débarrasser le tube d'une couche de carbonate de chaux qui le recouvre ; on doit la pratiquer avec un canif à fil couché, qu'on dirige de gauche à droite sans jamais râcler dans le sens contraire.

Le *mérithal* sera parfaitement dénudé, quand on n'apercevra plus aucun corps étranger, avec une loupe de 6 lignes de foyer. Le microscope fait alors distinguer sous une amplification de soixante-quinze à cent fois , des lignes parallèles formées par des ovules verts régulièrement espacés, ainsi qu'une ligne où ces ovules manquent constamment et que Le Baillif nommait *la voie lactée*.

On peut conserver cette préparation sous l'eau, mais au bout de cinq à six jours, la surface du tube se recouvrira de cristaux de carbonate calcaire qu'on pourra enlever de nouveau mais avec beaucoup plus de soin que la première fois. Le Baillif conservait les tubes décortiqués dans une petite boîte aquatique d'une construction facile.

Il coupait des bouts de gros tubes de verre et les fendait en deux suivant leur longueur, avec un diamant. Deux carrés de plomb cimentés aux extrémités, maintenaient le demi-tube dans la position horizontale.

Il plaçait le mérithal décortiqué dans cette petite cuve pleine d'eau et la recouvrait avec une lame de verre qui retardait l'évaporation du liquide et le mélange des corpuscules voltigeant dans l'atmosphère. Nos petites auges à parois planes sont d'une grande utilité pour cette expérience.

Les variations de la température, la décortication déjà ancienne et même des ligatures pratiquées sur le tube, n'ont aucune influence sur la circulation.

Si l'on examine l'un des courans à droite ou à gauche de la ligne médiane, on verra qu'ils suivent toujours la même direction, mais si l'on place cette ligne de manière à ce qu'elle occupe exactement le milieu du champ du microscope, on verra les molécules vertes entraînées dans un double courant de droite à gauche et de gauche à droite. Au moyen d'une montre à secondes ou d'un pendule, on peut calculer le temps qu'un globule met à traverser le champ.

En prolongeant l'observation, il sera facile de s'assurer que les molécules flottantes peuvent passer d'un courant dans l'autre et ce fait est important, car il prouve d'une manière évidente, qu'il n'existe pas de diaphragme sur la ligne médiane. Si l'on trempe pendant un instant, l'une des extrémités du tube dans de l'eau légèrement acidulée avec du vinaigre ou de l'acide hydrochlorique, la circulation cesse au bout de quelques minutes.

Le **21 octobre 1827**, Le Baillif vit sur un chara conservé depuis dix jours, de longues séries de molécules vertes se disjoindre, se soulever et marcher dans le torrent de la circulation ; bientôt une grande partie de l'intérieur du tube fut si bien dénudée, qu'on voyait les molécules vertes se mouvoir à peu près comme un train de bois brisé ; on continuait néanmoins à distinguer les molécules de la circulation habituelle qui flottaient pêle-mêle. Dans plusieurs endroits, il se forma des obstructions considérables.

La circulation ordinaire persiste pendant plusieurs jours et ne se ralentit pas pendant la nuit. Si l'on veut suivre la marche des molécules, il faut, suivant la méthode de l'abbé Corti, choisir un petit rejeton tenant encore à un des verticilles et dont la surface est peu chargée de carbonate calcaire, qui probablement ne s'amasse que sur la plante adulte. En observant ce petit rejeton vers son extrémité transparente, on reconnaîtra le mouvement circulatoire, et si l'on suit deux ou trois molécules dans leur course, on les verra se contourner à l'extrémité du rejeton et revenir dans le sens opposé.

On rencontre quelquefois dans un mérithal, des sphères ou globes en assez grand nombre qui se meuvent les uns par dessus les autres, se dépriment, prennent une forme ovale suivant les pressions qu'ils éprouvent et crèvent quelquefois en mêlant leur contenu au fluide circulatoire ; plus tard, on voit de petits globes se reformer et voyager dans le liquide. Avec un bon éclairage, on distingue nettement l'épaisseur de la tunique sphéroïdale ainsi que les molécules qu'elle renferme. Ces dernières sont diaphanes, de formes très variées et sujettes à des transpositions produites par la compression et le mouvement imprimés aux sphères.

Si l'on suspend un tube de chara dans l'eau par une de ses extrémités, les sphères tombent à la partie inférieure, et elles suivent encore la même direction lorsqu'on retourne le tube. On peut examiner le phénomène avec une loupe ordinaire. Quand on veut observer isolément les sphères, il faut couper l'entre-nœud qui les contient et exprimer le fluide sur une lame de verre, alors les sphères se montrent comme autant de gouttes de suif parfaitement distinctes.

M. J. Holland a décrit un moyen fort ingénieux pour étudier la circulation sur de jeunes pousses de chara; on renferme une jeune pousse de ce végétal, dans un des petits porte-objets faits avec le blanc de plomb et remplis d'eau (chap XI.) La lamelle supérieure est percée sur le côté, d'une petite ouverture. Le chara continue à végéter jusqu'à ce qu'il remplisse toute la cavité et peut-être, ajoute M. Holland, parviendra-t-on à découvrir les causes de la circulation, en examinant le végétal aux diverses époques de son développement.

L'ouverture de la plaque supérieure, permet de renouveler le liquide à mesure qu'il s'évapore. On pose sur ce petit trou, un fragment de verre mince qui le ferme exactement et retarde l'évaporation.

M. Schultz observa la circulation de la sève dans plusieurs végétaux, entre autres, dans les stipules du *ficus elastica*. On rend ces stipules transparentes en enlevant la couche superficielle qui laisse à nu une partie blanche, fibreuse, transparente, dans laquelle on voit très bien la circulation de la sève. La feuille de la *Chélidoine* présente le même phénomène sans exiger autant de préparation; il suffit de la placer sur le porte-objet et de l'observer au soleil, mais on ne réussit pas toujours.

Le Baillif observa également cette circulation dans le figuier commun. On comprend que, pour ces expériences, il faut toujours employer des végétaux non fanés.

M. Schultz donna à Le Baillif une liste des plantes dans lesquelles il avait observé le plus facilement la marche de la sève, nous la transcrivons ici telle qu'elle nous a été laissée par M. Le Baillif :

Chélidoine (foliole du calice).

Salsifix (feuille).

Pissenlit (*id.*).

Alisma plantago (plantain d'eau).

Ficus élastica (stipules).

Figuier ordinaire.

Platane.

Stipules d'érable.

Mûrier blanc.

Aloës (tige et étamines).

Angélique.

Impératoire et presque toutes les ombellifères qui ont des sucs colorés.

Bryone blanche.

Euphorbe (moelle).

Asclépiade.

Arroche.

Laitue ordinaire.

Chiendent.

Tragopogon des prés et presque toutes les chicoracées.

Le 49e volume des Transactions de la Société des Arts, (*Transactions of the Society of Arts*, etc.) contient un mémoire de M. H. Slack sur la circulation observée dans la *Nitella flexilis*, l'*Hydrocharis morsus ranæ*, la *Tradescantia virginica* observée d'abord par le docteur Brown et décrite dans son Mémoire sur les *Orchidées.* — M. Slack signale encore les poils de la corolle d'une espèce de *Penstemon*, les stipules du *Ficus elastica* décrites par M. Schulz, et enfin la *Chélidoine* observée par le même auteur. Relativement à cette dernière, M. Slack nous apprend que le phénomène ne se manifeste pas lorsque la feuille est encore attachée à la branche, mais qu'il devient évident, aussitôt qu'on l'a détachée. Nous avons dit que cette expérience ne réussissait pas toujours, il est possible que l'insuccès de nos tentatives, dépende seulement d'une mauvaise préparation. Nous recommandons aussi à nos lecteurs, le travail de M. Varley et le supplément de M. Solly, consignés dans le 48e volume du même recueil. Ces Mémoires sont remplis de détails intéressans sur la circulation et l'organisation des végétaux.

Le pollen présente un spectacle très curieux lorsqu'il est placé dans certains liquides et soumis au microscope; jetés sur une goutte d'eau, les grains polliniques se meuvent en différens sens et éclatent en lançant un nuage de petites granulations ou des boyaux qui se contournent de différentes manières. M. Raspail a reconnu que l'acide hydrochlorique et l'ammoniaque liquide produisaient le même effet.

Il faut placer une petite goutte d'eau sur une bande de verre et déposer le pollen dans le liquide. C'est encore des notes de Le Baillif que nous extrayons les exemples suivans.

Pollen de Chicorée sauvage. — Mis en contact avec l'eau, il cesse d'être sphérique et présente plusieurs mammelons ou gibbosités. Ces grains de Pollen sont en général attachés ensemble par un ou deux petits filets.

P. de Balzamine. — Produit des boyaux très transparens qui s'allongent pendant plusieurs jours et ont sept à huit fois la longueur du grain de pollen.

P. d'Onagraire. — Présente un cordon d'attache très long quand il est unique, se gonfle quelquefois extraordinairement dans l'eau; enfin il éjacule une grande quantité de molécules ovales et rondes. Plusieurs grains de ce pollen poussent des boyaux cylindriques.

P. de Houblon. — Éjaculation très vive, la semence a un mouvement de locomotion très visible.

P. de Lavende. — Chaque grain contient trois molécules ovoïdes qui peuvent égaler le diamètre du grain, alors il crève et l'on aperçoit sa capsule très diaphane.

P. d'Epinards. — Se gonfle beaucoup, mouvement de recul, éjaculation diffuse de molécules de grosseurs diverses, parmi lesquelles on distingue parfaitement les molécules ovales.

P. de Coloquinte. — Très gros, sphérique, quelquefois mais rarement hirsuté, il se gonfle beaucoup dans l'eau à la circonférence. Dans les premiers momens de l'immersion, on voit autour du pollen beaucoup de molécules rondes qui se meuvent pendant plus d'une heure en sens divers et à distance du pollen qui éjacule largement mais avec lenteur.

P. de Cactus à feuilles courtes. — Sphérique, lisse, gris cendré, produit quelquefois un long boyau, dans d'autres circonstances on voit se former une, deux ou trois vésicules. Quelques uns de ces grains éjaculent une matière noire, et l'on voit souvent autour d'eux des corpuscules mobiles.

Le Baillif a vu éjaculer du pollen de *Maïs* conservé dans un cornet pendant deux ans; il a observé le même phénomène sur celui du tourne-sol, et M. Raspail sur celui de l'hélianthus annuus.

P. de Violette marine. — Très abondant, sphérique, diaphane, hirsuté, recule vivement à l'instant de l'éjaculation.

P. de Valériane. — A sec il est ovale, cloisonné, presque transparent; dans l'eau il devient à peu près sphérique et beaucoup plus opaque qu'après l'éjaculation. Au moment qui la précède, on voit se former une vésicule très diaphane, égalant en volume à peu près le tiers du globule, elle se déchire et donne passage à une grande quantité de poussière. Cette expérience réussit toujours avec rapidité.

P. de Scabieuse. — Ne change pas de forme dans l'eau, quelquefois on voit naître une vésicule. L'éjaculation a lieu au bout de quinze secondes ou une minute, elle est vive, mais ne se fait pas à une grande distance.

***P*. *de Rose trémière*.** — Opaque, très hirsuté, après quatre ou cinq minutes de gonflement, il éjacule lentement par deux, trois et quatre endroits différens, les granules polliniques sont très noirs et paraissent avoir une grosseur uniforme.

***P*. *de Lis jaune*.** — Locomotion même à sec. Il est ovoïde, lisse, réticulé, plus ou moins coloré en gris cendré, éjacule par le côté, mais il faut le prendre sur une anthère déjà passée.

***P*. *de Luffa fœtida*.** — Rond, jaune, lisse, donnant des résultats variables d'après son degré de maturité. Dès qu'il est en contact avec l'eau, on voit se former trois vésicules diaphanes, d'où part souvent l'éjaculation. Parfois, il se forme un gros boyau qui peut égaler deux ou trois fois le diamètre du grain pollinique et qui est rempli de semence noire immobile ; quelquefois ce boyau s'allonge et crève, alors on voit marcher la semence vers l'extrémité ouverte.

***P*. *de Maïs*.** — Se globulise et devient opaque dans l'eau. Après l'éjaculation qui est vive et abondante, le grain devient presque transparent.

***P*. *de Lopesia racémosa*.** — Se présente toujours sous une forme triangulaire, mais après une minute de séjour dans l'eau, on voit se former à chaque angle une vésicule très diaphane. Ces grains sont pourvus d'un ligament chevelu d'une grande ténuité. Ils éjaculent quelquefois.

Nous ne prolongerons pas cette liste, et nous laisserons à nos lecteurs le plaisir de l'augmenter par des recherches pleines d'intérêt, dont ils se procureront facilement les matériaux.

On rencontrera souvent dans les infusions anciennes, des spirales mêlées aux débris parmi lesquels nagent les animalcules. Ces spirales ne sont autre chose que les trachées ou organes destinés à la circulation de l'air dans les végétaux.

Nous placerons ici quelques mots sur la *Cryptogamie* et les services importans que le microscope a rendus à cette partie de la science botanique. Mais nous dirons d'abord, que le passage suivant est le fruit de nos relations avec M. le docteur Montagne. Sa conversation a été pour nous une source abondante d'instruction, c'est dans nos souvenirs que nous puiserons ce peu de lignes.

Tous les botanistes connaissent les travaux de ce savant. Ils ont pu remarquer l'exactitude rigoureuse de ses dessins. Cette précision qu'il faut d'abord attribuer au talent de l'observateur, tient encore à sa grande expérience dans l'emploi de la chambre claire appliquée aux microscopes. Les beaux résultats obtenus par M. Montagne, attestent hautement l'utilité de la camera lucida.

La *Cryptogamie* embrasse toutes les plantes dans lesquelles on n'a pas encore reconnu d'une manière évidente la présence des sexes. Dans cette dernière classe du système de Linné, on a fait un certain nombre de familles naturelles de plantes dont les unes plus parfaites que d'autres sous le rapport de leur structure, sont cependant moins avancées qu'elles sous celui des moyens de reproduction ; ainsi les Fougères ont des vaisseaux qui manquent aux Mousses, mais celles-ci sont pourvues des deux sexes qui, chez les premières, ont jusqu'ici échappé à notre investigation. Une étude plus approfondie de ces plantes, les a fait diviser en deux grandes classes : les *Æthéogames*, ou plantes dont les noces sont insolites ou douteuses, et les *Agames*, ou plantes dont les noces sont nulles ou du moins inconnues.

Toutes les plantes en question sont du domaine de la Cryptogamie et composent, à l'exception des Fougères, des Lycopodiacées et de plusieurs autres groupes voisins, les végétaux cellulaires. C'est à cette classe qu'appartiennent les familles des Mousses, des Hépatiques, des Champignons, des Hypoxylées, des Lichens et des Algues, toutes plantes dont l'étude exige impérieusement l'usage du microscope.

Il est en effet impossible sans cet instrument, on pourrait dire sans ce nouveau sens, de pénétrer dans la structure intime de ces végétaux dont quelques uns même ne sont visibles que par son secours. C'est à lui que l'on doit un nombre considérable de travaux importans sur les familles énumérées plus haut et dont l'application à la physiologie des plantes plus élevées dans l'échelle végétale, n'a pas été sans profit. Les recherches de M. de Mirbel sur le *Marchantia*, de M. Mohl sur la multiplication des cellules, de M. Morren sur les *Closteries* ont été fertiles en applications de ce genre.

C'est surtout dans la famille des Algues qu'on peut, qu'on doit espérer, par des travaux suivis et une patience infatigable, de découvrir quelques uns de ces mystères de la végétation que la nature a cachés jusqu'ici derrière un voile impénétrable. Non-seulement ce sont les organismes les plus simples, les premiers linéamens pour ainsi dire de la vie végétale que les plantes inférieures de cette famille offrent à nos regards, mais le milieu même qu'elles habitent, facilite singulièrement l'observation dont nous voulons les faire devenir l'objet et les expériences auxquelles nous désirons les soumettre.

Les Algues sont en un mot la palette où la nature étale les vives et brillantes couleurs dont son pinceau magique compose, en graduant admirablement ses teintes, tous les végétaux qui font sa parure. Elles sont aussi le point de départ ou de confluence des deux grandes séries des corps organisés, le point où souvent il est difficile de prononcer à laquelle des deux appartient l'être qu'on observe; d'où il est aisé d'inférer l'importance de leur étude comparée.

Il serait oiseux de pousser plus loin l'énumération des services que l'étude microscopique des Agames peut rendre à la science; tout homme de bonne foi les comprendra sur-le-champ. Mais, en supposant même que l'on ne désirât faire de cette étude qu'un

objet de simple amusement, nous pensons que rien ne peut procurer plus de jouissances à une ame honnête, que la contemplation
des phénomènes de la vie dans ces êtres aussi admirables par
leur petitesse et leur simplicité, qu'étonnans par la symétrie et
l'élégance de leurs formes.

Les plantes Agames ont d'ailleurs dans l'économie domestique
et industrielle, comme dans celle de la nature, une foule d'usages
très importans qu'il serait trop long, et d'ailleurs hors de propos
d'exposer ici avec quelque détail. Qu'il suffise donc de savoir que
parmi les Algues et les Lichens, il en est un très grand nombre
qui servent à la nourriture de l'homme et des animaux, et que
cet aliment est presque exclusif dans certaines localités. Nous ne
parlons pas des Champignons dont tout le monde sait l'utilité sous
ce rapport et que les gourmands recherchent et savourent avec
délices. Quant à l'économie agricole et industrielle, les Algues
fournissent aux terres un excellent engrais et contiennent deux
principes, l'iode et la soude, dont l'utilité n'est mise en doute par
personne.

Les Lichens enfin, donnent des matières colorantes parmi lesquelles l'Orcine, dont on retire une magnifique couleur pourpre,
tient le premier rang.

Les observateurs qui ont employé avec talent le microscope et
fait tourner au profit de la science, dans les temps modernes, l'é-
tude microscopique des plantes inférieures, sont M. de Mirbel,
par ses recherches sur le *Marchantia polymorpha ;* M. Mohl, par
plusieurs Mémoires importans de physiologie végétale ; M. Morren,
par ses Mémoires sur les *Closteries* et son genre *Aphanizomenon ;*
M. Turpin, par un grand nombre de recherches microscopiques
sur les organismes inférieurs des deux règnes ; M. Greville, par
ses belles analyses de la Flore cryptogamique d'Ecosse et de ses
Algæ britannicæ ; MM. Berkeley, Desmazières et Léveillé, par
leurs travaux analytiques sur l'organisation et les moyens de re-

production des Champignons. M. Montagne par des observations et des analyses faites sur ces mêmes objets, par des travaux analogues sur la plupart des familles *cryptogamiques*, mais surtout par ses anatomies soignées d'Algues que l'on trouve dans le *Voyage dans l'Amérique méridionale* par M. Alcide d'Orbigny et dans l'*Histoire civile, politique et naturelle de l'île de Cuba* par M. Ramon de la Sagra ; sa notice sur l'organisation des *Caulerpées*, etc. M. J. Agardh, par son Mémoire sur la propagation des Algues ; M. Duby, par ses Mémoires sur les *Céramiées ;* enfin, M. Fée, par ses figures analytiques des thèques des Lichens.

La *muscardine* ou maladie du vers à soie, ne commença à être bien étudiée que du moment où on la soumit à l'analyse microscopique. Le Mémoire inédit de M. le docteur Montagne qui doit être inséré dans le *recueil des savans étrangers*, le rapport de M. Dutrochet sur ces recherches et celles de M. Audouin, sont les meilleurs documens à consulter pour avoir une connaissance exacte de cette curieuse maladie produite par une plante cryptogame et des travaux qui ont paru à différentes époques.

Terminons ce chapitre par quelques expériences de chimie microscopique, et nous aurons fourni des exemples des diverses opérations qui réclament l'emploi du microscope.

La *cristallisation* de plusieurs substances fournira à l'observateur une source abondante de jouissances variées. Examiné avec le microscope solaire, le phénomène est admirable. La formation des cristaux et les dispositions qu'ils affectent, réalisent tout ce que l'esprit peut imaginer de plus bizarre, de plus gracieux et de plus délicat. Ces expériences n'exigent pas de grandes préparations, cependant nous devons indiquer les principales règles à suivre pour choisir, disposer et conserver les échantillons soumis au microscope ; Peut-être nous reprochera-t-on de nous servir du mot *cristallisation*, car les substances préparées pour l'observation microscopique, prennent des formes variées et l'on ne retrouve

pas ces figures régulières et constantes des véritables *cristallisa-*
tions; on pourrait peut-être employer le terme *arborisation*, mais
il nous semble que le premier frappera mieux l'esprit du lecteur, et donnera une idée plus exacte du phénomène.

L'eau distillée doit être employée de préférence pour dissoudre
les différens corps; on peut au besoin se servir d'eau ordinaire,
mais on est exposé à rencontrer des corps étrangers mêlés aux
solutions et quelquefois ils peuvent altérer la forme des cristaux.

Dans le chapitre *préparation* des objets, nous avons indiqué les
solutions alcooliques ou éthérées qui s'évaporent promptement
et donnent des résultats plus rapides.

L'eau sera froide ou chaude suivant le degré de solubilité du
corps, et les solutions seront toujours concentrées. On les obtient
facilement à cet état, en les saturant; le repos amène la précipitation de la matière surabondante. Si on opérait avant cette
précipitation, il ne se formerait sur le porte-objet, que des
masses cristallines confuses. En observant ces précautions, les
mêmes sels donneront toujours des figures semblables.

On prend une goutte de la solution au bout d'une tige en verre
plein et on l'étend sur une lame de verre de manière à ce que la
couche ne soit pas trop épaisse. Si la substance cristallise spontanément et avec rapidité, on la place de suite sur la platine et
on met le microscope au point en examinant toujours le liquide
vers les bords, où la couche de liquide est plus mince et com-
mence d'abord à se cristalliser. Si au contraire, la chaleur est
nécessaire pour développer le phénomène, on tient la bande de
verre au dessus de la flamme d'une bougie ou sur un feu clair,
jusqu'à ce que l'on aperçoive de petites portions qui se solidifient
et deviennent blanches ou de toute autre couleur, suivant la nature du corps; c'est en ce moment qu'il faut placer le porte-
objet sur la platine et observer à la circonférence de la couche

liquide. La cristallisation est d'abord lente, mais à mesure que le liquide s'évapore, les cristaux se forment beaucoup plus vite et quelquefois même, on ne peut suivre leur marche et la formation des différentes branches qui apparaissent avec la rapidité de l'éclair. Il faut bien se garder de cesser l'observation pendant un seul instant, car chaque seconde voit naître une nouvelle forme; lorsque vous croyez l'expérience terminée, de nouveaux rejetons s'élancent de tous côtés et souvent ils ne ressemblent en rien aux premières productions.

Quelquefois on éprouve de la difficulté à étendre la goutte de solution sur la bande de verre, elle se sépare en plusieurs petites gouttelettes qu'on ne peut réunir ; il faut dans ce cas, frotter le liquide sur la lame, de manière à humecter exactement la surface lisse du verre, et lorsque cette couche légère est sèche, on y étend sans peine, une autre goutte.

Il arrive aussi que le liquide en s'évaporant, se condense sur l'objectif et empêche de continuer l'observation ; on peut il est vrai, dévisser les lentilles et les essuyer, mais on perd souvent un temps précieux pendant lequel le phénomène suit sa marche, d'ailleurs l'évaporation n'est quelquefois pas terminée lorsqu'on replace les verres et il faut recommencer la même manœuvre. Cet accident est encore plus fréquent dans d'autres circonstances, aussi notre appareil chimique est-il indispensable lorsqu'on veut se livrer à une suite d'expériences sur les actions réciproques des différens corps.

Il est utile de conserver une série des diverses cristallisations pour les avoir sous la main à l'instant même, lorsqu'on veut démontrer leurs formes ou en faire le sujet de nouvelles observations. Cette collection est surtout précieuse pour les expériences de polarisation dont on trouvera plus loin quelques exemples.

Quand on a fait cristalliser une substance sur une lame de verre, il faut la recouvrir d'une autre lame d'égale grandeur, mais beaucoup plus mince. On empêche le contact des surfaces qui pourraient altérer la préparation, en plaçant entre les deux lames, une feuille d'étain plus ou moins épaisse, percée d'une ouverture proportionnée à l'étendue de la cristallisation, enfin on lute les deux lames avec du mastic ou de la cire à cacheter et quelquefois en collant des bandes d'étain sur leurs bords. Les cristallisations se conservent parfaitement dans ces porte-objets.

SEL MARIN, *hydro-chlorate de soude*, cristallise sous forme de cubes, de lames quadrilatères, de pyramides creuses, à bases quadrilatères; leurs côtés présentent une série de degrés et elles se terminent tantôt en pointe tantôt par une surface tronquée.

SALPÊTRE, *nitrate de potasse*. En chauffant légèrement, on voit paraître sur les bords, des cristaux allongés, transparens, à bords parallèles, terminés en biseau, en pointe; souvent ils se dissolvent et se reforment de nouveau. Si on a soumis le liquide à l'action d'une forte chaleur, il se forme rapidement des ramifications magnifiques.

Sulfate de cuivre. Produit des cristaux d'abord très courts mais qui ne tardent pas à s'étendre. Ils sont solides, transparens, réguliers réfléchissent admirablement la lumière par leurs faces et leurs angles. Pendant l'évaporation du liquide, on voit paraître des corps déliés, capilliformes, juxta-posés, entrecroisés ou partant d'un centre commun pour former une espèce d'étoile. Bientôt il se forme au milieu de la goutte, des stries longitudinales garnies de petites ramifications plus ou moins rapprochées.

Alun. 1° Sur les bords, formation de petits cristaux à plusieurs faces, se rapprochant plus ou moins de la véritable forme cristalline du sel.

2° Formation de petits points arrondis qui s'étendent, prennent une apparence étoilée et quelquefois celle d'une comète.

3° Lorsque le liquide est presque entièrement évaporé, apparition subite de cristaux allongés, sinueux sur leurs bords qui donnent naissance à des lignes semblables d'où s'élancent de nouveaux rejetons. Ceux-ci s'élargissent vers leurs extrémités et se terminent en forme de massue. D'autres fois ces figures sont parallèles et coupées par un grand nombre de stries transversales. On rencontre aussi des lignes parallèles que d'autres coupent à angle droit en formant une espèce de tissu diaphane.

Sel ammoniac, (*hydro-chlorate d'ammoniaque*). — De nombreux épis toujours parallèles s'élancent des bords de la goutte et donnent naissance à des branches analogues situées à angle droit. Tous les épis ne marchent pas dans le même sens, quelques uns s'avancent directement, d'autres horizontalement, mais par groupes dont les différentes tiges sont toujours parallèles. Quelquefois la tige principale se fend et forme deux branches dépourvues de saillies sur leur bord interne. Le centre de la goutte est bientôt rempli d'épis semblables mais anastomosés de différentes manières. Souvent ils forment des espèces de croix et l'on rencontre même des figures en zig-zag.

Est-il nécessaire de multiplier les exemples et ne suffit-il pas actuellement, de donner les noms de quelques substances dont les cristallisations sont plus ou moins remarquables?

Solution de fleurs d'antimoine.

— de sublimé corrosif.

— de sel de Glauber.

Dépôt salin des urines.

Mucus nazal.

Solution de camphre dans l'alcool.

Si l'on étend sur une lame de verre, une goutte de solution de nitrate d'argent et que l'on y projette quelques parcelles de limaille de cuivre, on observera avec le microscope disposé comme pour les objets opaques, une végétation admirable de rameaux d'argent naissant autour des parcelles de cuivre et envahissant peu à peu tout le champ du microscope. On peut remplacer la limaille par des fils de cuivre ou de petits globules de mercure. On verra également de fort belles végétations, si l'on soumet au microscope de petits fragmens de ces productions curieuses connues sous les noms d'arbres de Diane et de Saturne.

Quelques substances ont besoin de l'action de la chaleur pour manifester leurs formes cristallines; le deuto-iodure de mercure, par exemple, réduit en poudre impalpable et placé sur une lame de verre, changera complètement d'aspect si on le soumet à une douce chaleur; de rouge qu'il était, il devient jaune et l'on aperçoit aussitôt des cristaux dont la forme varie suivant le degré de chaleur auquel on a soumis la substance. Si l'on poursuit l'observation, on voit bientôt paraître des jets d'un beau rouge orangé et la préparation finit par prendre entièrement cette couleur. Nous avons fait les mêmes expériences sur le proto et le deuto-chlorure de mercure et toujours nous avons obtenu de fort beaux résultats. Nous conseillons à nos lecteurs de faire des essais semblables sur d'autres substances.

M. J. Cuthbert nous envoya au mois d'avril 1834, deux échantillons d'or cristallisé; cet objet nous parut d'autant plus curieux, que nous crûmes reconnaître les formes et toute l'apparence des jolies paillettes polygonales qui ornent l'aventurine artificielle. La préparation de cet or cristallisé est peu connue; nous allons indiquer le procédé à suivre pour l'obtenir. On prépare une dissolution saturée d'or dans l'eau régale et on la laisse reposer; au bout d'un certain temps, on remarque un précipité qui forme au fond du vase un disque d'or cristallisé; on peut aussi chauffer une lame d'or mince et la soumettre sur un morceau de charbon à l'action du chalumeau jusqu'à ce qu'elle soit à peu près fondue; alors on la plonge dans l'eau régale qui agit sur les surfaces et met en évidence les cristaux. Il faut répéter ces manœuvres jusqu'à ce que la cristallisation soit bien évidente. Le premier procédé est le plus simple et nous préférons les cristaux que l'on obtient de cette manière.

Les petites parcelles d'or ou de platine qui résultent de la déflagration de ces métaux par l'électricité, doivent trouver place dans la collection d'objets.

Tout le monde sait que lorsqu'on bat le briquet, le silex détache des fragmens d'acier qui sont quelquefois fondus par la chaleur développée durant l'opération et que l'on peut recueillir sur une feuille de papier blanc. Ces fragmens examinés comme objets opaques, sont arrondis ou ressemblent à des copeaux que les jeux de la lumière ornent des plus belles couleurs irisées. S'il se trouvait beaucoup de fragmens de silex mêlés aux parcelles d'acier, on isolerait facilement ces dernières en promenant sur le papier un barreau aimanté.

Nous trouvons dans les notes de Le Baillif, quelques détails sur une expérience curieuse faite par M. Wiegman. Mettez dans un vase d'une certaine capacité, un demi-gros de poudre de corail blanc ou rouge avec six onces d'eau distillée, puis exposez le liquide au soleil en ayant soin de l'agiter plusieurs fois; au bout de quinze jours, décantez le liquide et exposez-le de nouveau à l'action des rayons solaires. Quinze jours plus tard, vous y reconnaîtrez d'abord la matière verte de Priestely, puis des conferves; au bout de trois ou quatre mois surtout en été, ces dernières donneront naissance aux animaux connus sous le nom de *cyprides detecta*. Si on expose le liquide au soleil dans un long et étroit cylindre, il s'y formera des espèces d'ulves qui, au bout d'un certain temps, se convertiront en *daphnia longispina*.

Nous avons déjà dit un mot sur la manière de conserver les molécules actives de Brown, il nous reste encore à indiquer leur préparation. On dissout un peu de gomme gutte dans de l'eau et on renferme une petite quantité de cette solution dans un porte-objet fermé avec le blanc de plomb; on apercevra au microscope, une multitude de petits corpuscules qui s'agitent en tout sens dans le liquide; ce mouvement continuera pendant plusieurs années, aussi doit-on avoir soin de noter exactement l'époque de la préparation. Ce curieux phénomène a donné naissance à des discussions assez vives entre plusieurs savans, mais comme nous l'avons dit en commençant, nous donnons ici un recueil d'expériences et nous laissons à d'autres le soin de les expliquer.

Le *Philosophical-Magazine*, année 1836, contient un travail de M. Ed. Craig sur la chimie microscopique. M. Craig se sert d'un de nos microscopes qu'il trouve parfaitement adapté à ce genre de recherches. Son procédé pour étudier la réaction des divers liquides, est très ingénieux. Après avoir placé une goutte d'un liquide sur une lame de verre, il la recouvre d'une de nos plaques minces dont la face inférieure est enduite avec le réactif.

Voici quelques-unes de ces expériences.

Du carbonate de cuivre placé sur la plaque inférieure et de l'acide nitrique sur la supérieure , on voit l'acide carbonique se dégager sous la forme de petites bulles qui se réunissent, et il se forme des petits cristaux bleus, ou plaques rhomboïdales de nitrate de cuivre. Si on enlève avec précaution la plaque supérieure et qu'on la remette en place après y avoir déposé une goutte d'ammoniaque , les cristaux se dissolvent et font place à d'autres cristaux de nitrate d'ammoniaque et à des groupes de prismes violets de nitrate ammoniacal de cuivre.

Si l'on mêle du bichromate de potasse avec du sel marin sur la bande de verre inférieure, et que l'on enduise la plaque supérieure d'acide sulfurique, il se manifeste d'abord un dégagement d'acide hydrochlorique, bientôt le champ du microscope est traversé par des courans en différentes directions au milieu desquels flottent des particules vertes et rouges ; le liquide s'éclaircit ensuite, on voit se diriger vers les bords, des gouttelettes rouges d'acide chloro-chromique et il se forme au centre du liquide, des cristaux de sulfate de soude et de sulfate de potasse tachetés de gouttelettes d'acide rouge et mêlés à des cubes de sel marin et à des cristaux de bi-chromate de potasse non décomposés.

En fesant agir le ferro-cyanate de potasse sur le sulfate de fer, on remarque des courans indiqués par les particules de bleu de Prusse.

Si l'on ajoute de l'acide sulfurique à du carbonate de cuivre, les cristaux de sulfate se montrent sous forme de prismes aplatis à six faces, en ajoutant un peu d'ammoniaque, les cristaux se métamorphosent en longs prismes rectangulaires avec une facette sur les angles, un excès d'ammoniaque les change de nouveau en octaèdres rhomboïdaux et l'on fait reparaître les prismes rectangulaires par l'addition d'un peu d'acide nitrique.

Si l'on ajoute une goutte d'acide nitrique aux grains de fécule colorés en bleu par l'iode, ils se gonflent et se rompent enfin.

En fesant agir la teinture d'iode sur une solution de sulfate de soude, le sel cristallise aussitôt en longs prismes, on voit paraître des gouttelettes d'iode d'une couleur rouge cerise, et bientôt l'iode forme des cristaux métalliques, rhomboïdaux et opaques.

Nous citerons encore quelques expériences empruntées à Le Baillif.

La gomme arabique mise en contact avec l'acide sulfurique, produit une multitude de cristaux baccillaires, fusiformes, radians d'un centre commun et formant quelquefois des aigrettes. Il faut poser la goutte d'acide sur le côté afin de bien voir les progrès de la cristallisation. Au bout d'une demi-heure, l'effet semble terminé, mais si l'on attend quatre ou cinq jours, on obtiendra des cristaux magnifiques.

Râclez de la racine fraîche d'iris de Florence ou un morceau de vieille racine macérée pendant une heure dans l'eau chaude, et vous apercevrez déjà une grande quantité de cristaux d'oxalate de chaux. Mais pour les obtenir parfaitement isolés et purs, il faut râper de la racine fraîche et la faire bouillir dans la potasse caustique; on verra alors parfaitement, la forme des cristaux longs , très diaphanes et assez semblables à un burin.

On peut reconnaître l'existence de la fécule dans un quart de grain de chocolat ; cette sophistication a fréquemment lieu dans le commerce. Délayez le chocolat dans une goutte d'eau sur une lame de verre et vous distinguerez des grains de fécule diaphanes, de formes très variées et présentant des ondulations. Ajoutez une goutte de solution d'iode, tous les grains deviendront d'un bleu de saphir ou d'un bleu turquin, suivant le temps laissé à l'action de l'iode ; un grossissement de 200 fois est suffisant pour cette expérience.

J'ai trouvé (dit Le Baillif) un moyen fort expéditif pour distinguer le café des îles du café de chicorée ou de betterave et pour reconnaître la sophistication du café des îles que les épiciers vendent moulu. Je remplis d'eau deux verres à réactifs, je saupoudre légèrement le liquide d'un des vases, avec du café moulu des îles ; la poudre reste à la surface de l'eau sans la colorer et au bout d'une demi-heure, le liquide prend une légère teinte ambrée, tandis que le café de chicorée se précipite à l'instant même au fond du vase et colore fortement l'eau. Le café des îles moulu et traité par l'acide sulfurique, présente au microscope une teinte légère ; autour de chaque molécule, on remarque une multitude de gouttelettes huileuses. Le café de chicorée traité par le même réactif, n'en offre pas une seule et la coloration est générale et bien manifeste.

Nous trouvons dans notre recueil, des notes sur un réactif nouveau au moyen duquel Le Baillif distinguait facilement les substances azotées. Nous n'avons pas répété ces expériences, aussi nous contenterons-nous de dire qu'il employait le proto-nitrate de mercure pour donner une teinte plus ou moins rouge aux corps azotés avec lesquels ce réactif était mis en contact.

Les expériences faites au moyen du microscope polarisant, (voir le chap. 6) présentent le plus haut intérêt et le spectacle le plus admirable; nous avons promis d'en indiquer quelques unes. acquittons notre dette en terminant ce chapitre.

Les observations suivantes sont extraites du Mémoire de M. Talbot inséré dans le *Philosophical magazine*, vol. 5, 3ᵉ série.

Cheveu. Pour le rendre bien transparent et empêcher la diffraction de la lumière, on le place dans l'huile ou le vernis. Quand on a rendu le champ bien sombre, (voir chap. VI) on pose l'objet sur la platine et il paraît alors orné des plus brillantes couleurs. L'œil ne recevant pas d'autre lumière que celle qui traverse le cheveu, il est facile de distinguer les moindres détails de structure. Parmi les substances végétales et animales, il en est plusieurs qui présentent ce phénomène au même degré et d'autres qui n'ont aucune action sur la lumière polarisée. Ainsi le sel commun paraît constamment noir lorsqu'il est pur.

Ces beaux phénomènes sont surtout évidens, lorsque les substances ont été bien cristallisées.

Le *sulfate de cuivre* dissous dans un peu d'éther nitrique, précipite bientôt sous forme de petits cristaux très fins, rhomboïdaux et parfaitement translucides. Mais comme l'épaisseur de ces cristaux varie, chacun d'eux présente une coloration différente et l'on aperçoit un fond sombre qui paraît semé de rubis, de topazes, d'émeraudes et d'autres pierres précieuses. En fesant évaporer à une douce chaleur, sur une lame de verre, une goutte de sulfate de cuivre, on obtient des cristaux magnifiquement éclairés dont la coloration varie avec l'épaisseur. Quelques échantillons sont taillés obliquement et présentent trois ou quatre bandes diversement colorées qui indiquent parfaitement les différens degrés d'épaisseur.

Quelquefois les sels forment des cristaux si fins, qu'ils n'ont pas le pouvoir de dépolariser la lumière et ne deviennent pas visibles sur le champ noir; dans ce cas, il faut avoir recours au procédé suivant. On sait que les plaques de mica soumises au microscope polarisant, sont plus ou moins colorées suivant leur épaisseur et qu'elles produisent un champ d'une couleur uniforme. Si l'on pose les cristaux infiniment petits sur une de ces lames, ils pourront quelquefois altérer la couleur produite par le mica ; par exemple , la couleur bleue se changera en pourpre et l'on verra des cristaux pourpres sur un fond bleu , etc.

Lorsqu'on examine les cristallisations pendant l'évaporation des liquides, les changemens de coloration se succèdent avec une telle rapidité, qu'il est presqu'impossible de les suivre. M. Talbot versa un peu d'alcool dans une solution aqueuse d'un sel qu'il n'indique pas ; aussitôt que le liquide commença à s'évaporer, il se manifesta des courans qui traversaient le champ du microscope, entraînant les cristaux et les fesant pirouetter sur leurs axes. Ils avaient l'apparence d'étincelles diversement colorées, car tantôt, ils se trouvaient placés de manière à dépolariser la lumière et tantôt, ils devenaient tout à fait invisibles.

Jusqu'ici , nous avons placé le prisme polarisant dans la position nécessaire pour assombrir le champ, si maintenant nous lui fesons parcourir sur son axe, un arc de cercle de 90°, nous donnerons naissance à un spectacle nouveau. Dans cette position, l'appareil peut quelquefois imprimer aux cristaux une teinte bien marquée ou les rendre complètement opaques, ce qui arrive le plus souvent avec les sels de cuivre , de Nickel et quelques autres.

Si on tourne le prisme analyseur, le cristal paraîtra lumineux lorsque le champ deviendra obscur et quand ce dernier deviendra lumineux à son tour, le cristal sera noir et opaque ; souvent les cristaux qui se forment dans le liquide, croissent suivant toutes leurs dimensions en conservant toutefois leurs formes géométriques ; leur coloration change en même temps que leurs dimensions, de sorte qu'au bout d'une minute, le cristal qui était bleu par exemple, deviendra rouge ou vert.

Lorsque le champ du microscope reste obscur malgré les divers mouvemens imprimés aux prismes ou au corps soumis à l'examen, c'est une preuve que ce corps n'agit pas sur la lumière polarisée; son action se manifeste au contraire, quand il devient visible en tout ou en partie et qu'il se nuance de couleurs variées. Il est certains corps qui présentent simultanément les deux phénomènes. Les grains de fécule ont chacun deux méridiens qui se coupent à angle droit et n'agissent pas sur la lumière polarisée, car ils restent constamment noirs; mais les segmens compris par ces méridiens, présentent des couleurs variées qui indiquent leur action, ainsi que l'a constaté M. Biot.

Ces diverses expériences sur les corps qu'on rencontre dans la nature ou qui sont produits artificiellement, faciliteront les études du commençant, lui inspireront le goût du microscope et forment le complément indispensable de cet ouvrage. Nous ajouterons un mot sur une petite pile qu'on nous a envoyée dernièrement de Londres. Ce petit appareil, inventé par M. Schilliber, tient peu de place, entraîne peu de dépense et agit avec assez d'énergie. Une disposition simple et ingénieuse permet de changer les courans avec la plus grande rapidité. En fixant les fils conducteurs de cette pile à notre appareil électrique, fig. 19, pl. 2, on pourra étudier l'action galvanique sur les infusoires, les petits insectes, la circulation des fluides, les sels et les différens corps soumis au microscope.

Nous avons toujours indiqué les sources où nous puisions nos expériences; notre cadre nous forçait d'abréger les descriptions, nous avons voulu que nos lecteurs pussent consulter les ouvrages originaux et compléter nos aperçus; d'ailleurs, il est dans nos principes de laisser à chacun le mérite de ses œuvres et de ne jamais nous parer des plumes du paon.

CHAPITRE XIII.

Quelques oublis ont pu se glisser dans cet ouvrage, malgré tout le soin apporté à sa rédaction. Il était bien difficile de ne rien omettre dans l'immense quantité de matériaux qu'il m'a fallu parcourir. C'est surtout à la partie expérimentale qu'on peut appliquer ce reproche ; mais le chapitre XII n'est point un compendium de tous les travaux des micrographes, c'est un recueil d'expériences destiné aux commençans. Il eût été impossible de renfermer dans des limites aussi étroites, ce qui exigerait un travail spécial et fort étendu.

En publiant cet ouvrage, j'ai cherché à remplir une lacune qui devenait plus sensible de jour en jour. Une longue étude des instrumens d'optique et du microscope en particulier, a dû nécessairement me donner une expérience qui ne pouvait résulter que de persévérantes et minutieuses observations. Lorsque le microscope réellement perfectionné eut enfin conquis un rang élevé dans la science, je fus assez heureux pour être distingué par les savans qui s'empressaient de mettre en usage ce nouveau levier. Comment ne pas profiter de ces relations avec les hommes les plus remarquables de différens pays? Quelquefois, ils daignaient me demander des renseignemens, souvent, ils me fournissaient des matériaux précieux. Les amateurs qui fesaient des recherches microscopiques, leur délassement favori, ne savaient où trouver des instructions précises; il manquait donc un travail spécial sur le *maniement des microscopes*. On avait bien publié des ouvrages sur les résultats obtenus avec cet instrument, mais les auteurs de ces écrits, supposaient toujours à leurs lecteurs les connaissances premières indispensables pour pouvoir vérifier ce qu'ils avançaient; cependant aujourd'hui même, il est peu de personnes qui sachent bien disposer leurs microscopes pour les différens genres d'observation.

Est-il, maintenant, un seul homme qui puisse nier consciencieusement l'utilité du microscope? Je ne saurais le croire. La physiologie, l'anatomie, la physique, la chimie, la botanique ont, tour à tour, demandé de nouvelles lumières à ce merveilleux instrument; chaque jour sa puissance se manifeste par des découvertes où par la rectification d'erreurs anciennes consacrées par le temps.

Les observateurs des différentes époques se sont partagés en deux camps; les uns, ne fesaient usage que du microscope simple et rejetaient l'instrument composé constamment employé par les autres. De nos jours encore, on rencontre quelques personnes qui ont hérité de ces idées exclusives; mais si l'on comprend que les premiers observateurs aient rejeté le microscope composé dont les imperfections étaient si nombreuses, on ne saurait expliquer les opinions diverses qui existent aujourd'hui. Les belles recherches de Leeuwenhoek et de Hooke, sont connues de tous; leurs travaux ont également fait sensation dans le monde savant, et cependant, le premier n'employait que le microscope simple, tandis que le microscope composé était le seul instrument dont se servît le docteur Hooke. On pourrait encore citer d'une part, Sénebier, Spallanzani, Lyonet, Ellis, Wilson, etc., de l'autre, Hedwing, Muller, Gaertner, etc. Des deux côtés on trouve des travaux remarquables, et, il faut le répéter, à cette époque, les partisans du microscope composé avaient le désavantage.

Au lieu de se priver systématiquement de l'un de ces moyens d'investigation, on doit employer les deux appareils suivant les exigences des recherches; mais il est certain que le microscope composé muni des divers accessoires décrits dans cet ouvrage, peut suffire seul à tous les besoins.

Cet instrument est-il susceptible de nouveaux perfectionnemens? Avant de répondre à cette question, il faut distinguer la disposition mécanique de la partie optique. Le mécanisme des nouveaux microscopes laisse peu à désirer et je crois être en droit de penser qu'il n'y aurait aucun avantage à changer quelque chose à mon modèle où l'on ne rencontre pas une seule pièce inutile. Les progrès des arts et des sciences, font espérer encore des modifications heureuses dans la partie optique. Je saisirai l'occasion pour dire un mot d'un petit microscope que je nommerais volontiers *diamant*. Cet instrument dont tous les verres sont achromatiques, n'a pas plus de quatre centimètres de longueur; il m'a fait voir nettement plusieurs *test-objects*.

J'ai reconnu qu'en l'associant comme objectif, au microscope composé ordinaire, on pouvait obtenir un microscope *bi-composé* produisant l'image dans la position de l'objet. Ces deux nouvelles combinaisons ébauchées depuis long-temps, exigent des recherches que j'espère pouvoir terminer un jour.

Jusqu'à présent le microscope universel est l'instrument favori des observateurs; l'Académie royale des Sciences, le Collége de France, l'École Polytechnique, MM. Audoin, Biot, Brongniart, Breschet, Decandolle, Dumas, Desmazières, Donné, Nathalis Guillot, Lamé, Leclerc-Thouin, Magendie, Mayer, Milne Edwards, Montagne, Morren, Pouillet, Ricord, Savart, Séguier, Serres, etc., font usage de mon appareil, et c'est, je crois, le meilleur éloge qu'on en puisse faire.

J'aurais voulu citer les beaux travaux des micrographes de notre époque et les découvertes remarquables que l'on doit au microscope. Les recherches sur l'embryologie végétale et les bois fossiles, etc., par M. A. Brongniart, les observations de

MM. Decaisne, Gaudichaux, Guillemin, de Mirbel, Turpin, Robert Brown et quelques extraits du magnifique ouvrage de M. Ehrenberg, qui malheureusement n'est pas à la portée de toutes les fortunes, sont autant de précieux matériaux qui auraient enrichi cet ouvrage tout en lui servant d'égide ; mais j'espère pouvoir un jour compléter ce vade-mecum du micrographe que je terminerai par quelques préceptes omis involontairement.

Avant de faire une observation, il faut s'assurer de la netteté des bandes de verre. Pendant l'opération du polissage, des atomes de per-oxide de fer s'introduisent quelquefois dans de petites cavités imperceptibles. Si l'on ne s'est pas assuré d'abord de la présence de ces points rouges, on pourra les prendre pour des corpuscules contenus dans le liquide ou le corps transparent soumis au microscope. On doit également reconnaître à l'avance les globules formés pendant la fusion du verre.

Quand on étudie des corps blancs ou doués d'une grande transparence, il faut, au moyen d'un écran, intercepter la lumière qui arrive immédiatement sur l'objet. Un tube doublé de velours noir et placé sur la platine de manière à renfermer l'objet et l'objectif dans une enceinte obscure, remplit parfaitement le but.

Une expérience ne sera décisive qu'autant qu'elle aura été faite avec un microscope éprouvé sur *les tests* les plus difficiles ; aussi faut-il s'exercer à bien les voir aussitôt qu'on a acquis une certaine habitude par l'observation des objets les plus faciles.

Il faut s'exercer fréquemment aux préparations, répéter plusieurs fois une expérience avant de tirer une conclusion, et ne pas renoncer trop promptement à l'étude d'un même objet, car ce n'est ordinairement qu'après plusieurs tentatives, que l'on parvient à le placer dans la position la plus favorable et souvent même, il faut le faire mouvoir en divers sens pour observer les différentes parties.

Enfin, je recommande aux commençans de ne pas toujours

espérer un spectacle merveilleux, de crainte de se laisser surprendre par une illusion.

Lorsque nous observons des corps volumineux, nous pouvons rectifier les erreurs au moyen du toucher ; mais comment faire agir ce sens sur les corps qui ne sont visibles qu'à l'œil armé du microscope? Ce n'est qu'en multipliant les expériences, en variant les procédés, que l'on obtiendra l'exactitude sans laquelle il n'y a pas d'observation.

Les figures de la planche 3 et la plupart de celles de la planche 2, ont été dessinées au moyen de la chambre claire seule. C'est à l'amitié de M. le capitaine Richoux que je dois ces dessins si exacts. Je suis heureux de lui témoigner ici toute ma reconnaissance.

Pour la planche 5, on a employé la chambre claire appliquée au microscope ; ces divers résultats fourniront la meilleure preuve de l'exactitude et de l'utilité de la caméra lucida.

Les échelles placées en tête de la planche 5, font connaître à la fois le grossissement employé et la dimension réelle de chaque objet. (Pour peu que l'on ait étudié le chapitre VIII, de la Micrométrie, je ne pense pas qu'il soit nécessaire d'indiquer le procédé à suivre dans l'application de ces échelles.) En général dans les micrographies, on a trop souvent négligé l'indication du pouvoir amplifiant et de la grandeur des objets ; aujourd'hui on ne pourra plus accuser la difficulté des procédés micrométriques et l'on sera en droit de rejeter les dessins qui ne seront pas accompagnés d'une échelle exacte.

Qu'il me soit permis de répondre à un argument que l'on m'a souvent opposé. Mon microscope universel est, dit-on, d'un prix trop élevé ; néanmoins presque toutes les personnes qui se livrent à l'étude des sciences, ont fait choix de cet instrument. Depuis que MM. Reichenbach, Frauenhofer et Gambey ont fait faire de si beaux progrès à la construction des instrumens de précision, on a dû reconnaître qu'il ne pouvait exister que de bons ou de mauvais appareils ; car lorsqu'il s'agit de recherches délicates, la médiocrité n'est pas admissible. Mais pour construire un bon instrument, il faut beaucoup de temps et de soins, et tout le monde, sans en excepter mes argumentateurs, comprendra facilement qu'il serait impossible de consacrer ce temps et ces soins à la construction d'un microscope, pour enfin le livrer à ce qu'on appelle *bon marché*.

Le Mémoire sur les diatomées qui termine l'ouvrage, est un des travaux les plus récens du savant M. de Brébisson qui a bien voulu contribuer au succès de ce livre en nous autorisant à réunir son travail au nôtre.

QUELQUES MOTS

SUR LE BAILLIF.

Élève de Le Baillif, je ne pouvais publier un ouvrage sur le Microscope sans payer un juste tribut de reconnaissance à celui qui fut mon premier guide. En parcourant ces notes nombreuses auxquelles Le Baillif confiait toutes ses pensées scientifiques, je me reportais à l'époque où, marchant encore d'un pas mal assuré dans une voie nouvelle, je rencontrai un guide sûr, un mentor sans morgue ni pédantisme, qui me prit par la main et me fit parcourir toutes les sinuosités de la route. Les faibles connaissances que je possède aujourd'hui, je les dois à Le Baillif; il raffermit bien souvent le courage prêt à m'échapper et m'apprit à supporter avec calme, les attaques nombreuses qui accueillirent mes premiers travaux.

A Le Baillif toute ma reconnaissance.

Doué d'une aptitude remarquable pour l'étude des sciences naturelles, Le Baillif embrassa cependant la carrière bureaucratique. Placé d'abord sur les derniers échelons de la hiérarchie administrative, il s'éleva bientôt et fut chargé, sous la république et l'empire, des missions les plus délicates. A son retour de Saint-Domingue il parcourut la Hollande. Honoré de la confiance de Napoléon, il dut se rendre en Italie, en Flandre et dans le nord de la France.

Durant ces voyages, son amour pour l'étude de la nature ne fit que s'accroître et lorsqu'il revint en France occuper une position que lui méritaient ses connaissances et sa haute probité, il se livra ardemment à son goût favori pour le microscope. Il m'a souvent raconté que ce penchant se révéla chez lui en voyant une puce dans le microscope de son curé. Dès ce moment il n'eut plus de repos avant d'avoir construit un instrument semblable; je possède encore son premier microscope simple formé d'un globule fondu enchâssé dans un cône en buis.

Nommé chevalier de la Légion-d'Honneur en 1831, il eut à peine le temps de jouir de cette récompense si bien méritée par trente-sept ans de services rendus à son pays; ses nombreux amis eurent la douleur d'apprendre sa mort le 27 décembre de l'année 1831!...

Le premier en France, il construisit dans la perfection les micromètres sur verre, destinés à la mensuration des microscopiques. M. de Prony fit usage de ces micromètres pour son comparateur. (*Voir la Connaissance des Temps*, 1818.) MM. Biot, Becquerel, Babinet, Norremberg les employèrent également. Le Baillif imagina d'en former son *Mensurateur des Microscopiques* dont nous avons donné la description. Lié avec Charles, de l'Institut, il l'aida à perfectionner son microscope et lui grava des micromètres oculaires et objectifs.

A cette époque, quelques amis connaissaient seuls les travaux de Le Baillif; mais lorsque nous entreprîmes les premiers essais pour achromatiser les lentilles, il fit des recherches et contribua beaucoup aux divers perfectionnemens qu'on remarquait dans le microscope présenté à l'Institut par M. Selligue en 1823. Chargé avec mon père de la construction de cet instrument, j'eus recours à l'expérience de Le Baillif qui ne tarda pas à me donner son amitié. Il surveillait avec une sollicitude toute paternelle les travaux que nous exécutions. Chaque jour il vérifiait leurs qualités, dévoilait leurs défauts et m'indiquait les moyens de les perfectionner. Il me fit appliquer aux microscopes, les diaphragmes variables qui jouent un rôle si important dans l'éclairage.

A sa mort, je fis une perte irréparable. Je conserve avec vénération ses livres, ses papiers, ses instrumens qui me sont échus en partage.

Le cabinet de ce philosophe, que l'on comparait à celui du docteur Faust, était le rendez-vous des amateurs et des artistes. MM. Amici, Audouin, Brongniard, Becquerel, Biot, Brown, Babinet, de Blainville, Bory de Saint-Vincent, de Cassini, Delille, Darcet, Duby, Donné, Gaultier de Claubry, Lassaigne, Leslie, de Mirbel, Norremberg, Nobili, Orfila, de Prony, Payen, Raspail, de La Rive, Séguier, Schultz, Savary, Turpin, Zamboni, etc., etc., venaient souvent admirer l'art et le soin qu'il mettait dans ses préparations et ses expériences. Il n'avait pas fait une étude approfondie des sciences, mais il répétait avec un art infini les nouvelles expériences, souvent il modifiait ou inventait des procédés. Il fit des recherches métallurgiques et ceux qui l'ont connu, se rappellent avec quelle précision il gouvernait le chalumeau. Il inventa les petites coupelles d'argile réfractaire, qu'il décrivit dans un Mémoire publié en 1823 (*Annales de l'Industrie*). Son sidéroscope lui démontra la répulsion exercée par le bismuth et l'antimoine sur l'aiguille aimantée, et l'existence du fer dans un grand nombre de corps où on ne la soupçonnait même pas. Il construisit encore un galvanomètre d'une sensibilité exquise, des électromètres parfaits, des piles sèches et une multitude de petits appareils pour ses recherches. Toutes ces œuvres étaient remarquables par la simplicité et la précision.

Parmi les travaux qui lui sont propres, nous citerons encore ses recherches sur la coloration rouge de sang très intense, de toutes les dissolutions de fer au maximum d'acide, par le sulfocyanure de potasse; ses aiguilles d'argile pour reconnaître l'infusibilité des terres destinées à la fabrication de la porcelaine; ses moyens d'analyse pour reconnaître les subtances métalliques employées dans la coloration des papiers; des notes sur l'aventurine artificielle et la déflagration du fil de fer et de la fonte blanche. Il signala, en 1826, le danger de certains bonbons colorés et reconnut l'existence du chromate de plomb dans les dragées jaunes (1), qui furent bientôt saisies chez tous les débitans.

Mais je m'arrête; entraîné par mes souvenirs et par la reconnaissance, j'oublie que tous mes lecteurs n'ont pas connu Le Baillif et que peut-être, ces détails ne les intéressent pas; mais, comment faire? la mémoire du cœur est si expansive!...

(1) M. Chevallier, chimiste, publia en 1827, une note sur les bonbons colorés avec l'arsénite de cuivre.

LETTRE

DE M. DE BRÉBISSON A M. CHARLES CHEVALIER,

SUR LES PRÉPARATIONS NÉCESSAIRES

A L'ÉTUDE DES ALGUES INFÉRIEURES ;

Suivie d'un Catalogue des Espèces connues

DES DESMIDIÉES ET DES DIATOMÉES OU BACILLARIÉES.

Monsieur,

Sachant que depuis plusieurs années je me suis livré spécialement à l'étude des algues dites inférieures, et surtout à celle des desmidiées et des diatomées ou bacillariées, vous m'avez témoigné le désir de faire entrer, dans l'ouvrage que vous allez publier sur les usages du microscope, quelques détails des procédés au moyen desquels je suis parvenu à recueillir, préparer et conserver d'une manière satisfaisante ces êtres minimes qui sont pour la plupart invisibles à l'œil nu quand ils sont isolés.

Je vais m'efforcer, avec d'autant plus d'empressement, de remplir vos vues, que je pense que c'est, pour ainsi dire, une dette contractée envers vous par les naturalistes observateurs que de vous communiquer le résultat succinct de recherches que vous avez si généralement favorisées par le soin que vous apportez à la confection des instrumens auxquels nous devons la plus grande partie de nos découvertes microscopiques récentes.

L'emploi du microscope, si nécessaire pour reconnaître la structure et l'organisation des végétaux et principalement des algues, est indispensable pour déterminer les petites espèces qui, comme les desmidiées et diatomées, ne peuvent être aperçues qu'à l'aide de pouvoirs amplifians assez considérables. L'étude de ces êtres, comme celle des infusoires, parmi lesquels plusieurs auteurs les placent encore, est donc une étude complètement microscopique.

Je n'entrerai point dans une discussion inutile ici sur la véritable place que doivent occuper ces infiniment petits. Qu'ils forment le passage du règne végétal au règne animal, ou qu'ils appartiennent exclusivement à l'une de ces deux grandes divisions, ces êtres, à organisation très curieuse, réclament également l'examen microscopique, et c'est pour cette raison que je vais donner quelques détails sur leur récolte , sur leur conservation , et enfin sur toutes les préparations qui peuvent faciliter leur étude.

Les différentes opérations minutieuses que l'expérience m'a enseignées chaque jour, et que je vais indiquer, peuvent convenir également , dans beaucoup de cas , à la récolte et à la préparation des infusoires et de quelques algues faisant partie de familles ou tribus voisines des desmidiées et des diatomées : telles sont certaines petites espèces de nostochinées appartenant aux genres *Micraloa, Pleurococcus, Cylindrocystis, Agmenellum, Hormospora*, etc.

Pour ne pas multiplier les citations, je me bornerai aux deux familles (*diatomées* et *desmidiées*) dont je me suis occupé particulièrement; et, pour que l'on puisse se rendre compte exactement de mes indications , je terminerai cette notice par une liste des espèces qu'elles renferment , telles que je les ai groupées (1).

Avant de parler de leur récolte, je vais essayer de tracer superficiellement quelques uns des caractères généraux qui distinguent au premier aperçu ces deux familles.

Les desmidiées présentent des corpuscules de formes très variées , rarement disposés en filamens , le plus souvent isolés , sphériques ou ovoïdes , rayonnans , chargés d'aspérités tuberculeuses ou de pointes, fusiformes , droits ou courbés en croissant , etc. ; ils sont munis d'une enveloppe membraneuse , flexible, se déformant par la dessication. La matière interne (*endochrome*) qu'ils renferment est verte, granuleuse, lamellaire ou rayonnante.

Les desmidiées se trouvent dans les eaux douces, dans les étangs, les mares et les fossés, principalement dans les marais tourbeux où croissent des mousses du genre *Sphagnum.* Je n'en connais point qui habitent les eaux salées. Elles sont beaucoup moins nombreuses dans les contrées dont le terrain est calcaire que dans celles dont le sol repose sur des roches granitiques, quartzeuses ou schisteuses; elles n'ont pas un mouvement sensible sur le porte-objet du microscope. Cependant il est facile de remarquer dans les localités où elles vivent ou dans les vases où on les conserve , qu'elles se dirigent vers la lumière et se rapprochent en pellicules ou en sortes de pinceaux d'un beau vert, réunies entre elles au moyen d'un mucus qui les entoure ordinairement.

Les diatomées ou bacillariées ont des corpuscules (*frustules*) le plus souvent prismatiques et rectangulaires, nus ou renfermés dans un tube gélatineux, simple ou rameux, isolés ou réunis en filamens comprimés ou

---

(1) *Algues des environs de Falaise*, in-8, pl. 1834. — *Considérations sur les Diatomées*, in-8. 1838. Meilhac, libraire, cloître Saint-Benoît , 10.

cylindriques, libres ou attachés à des corps étrangers par des pédicelles plus ou moins allongés. Leur enveloppe (*cuirasse, carapace*) de nature siliceuse, diaphane, fragile, ne se déformant point par la dessication, renferme une matière muqueuse jaunâtre, roussâtre ou brune.

Les diatomées habitent les eaux douces et salées. Elles sont communes dans la mer, les rivières, les ruisseaux, les fossés, les flaques des chemins et des terrains argileux inondés, etc. ; elles se groupent autour des pierres et des végétaux plongés dans l'eau, et les recouvrent, ainsi que la vase des lieux submergés, de couches d'un brun roux plus ou moins foncé. Les corpuscules des espèces libres et de celles pourvues de pédicelle, lorsqu'elles en sont détachées, ont un mouvement de reptation très prononcé.

Plusieurs diatomées ont été trouvées à l'état fossile, et M. Ehrenberg a reconnu que certains tripolis, employés dans les arts, étaient entièrement composés de leurs carapaces siliceuses conservées. La calcination des espèces vivantes ne détruit ni ne déforme même leur enveloppe, et, par ce procédé, on forme un *tripoli artificiel*, comme je l'ai reconnu par des expériences dont j'ai communiqué les résultats à l'Académie des sciences en 1836.

J'ai donné ailleurs les caractères complets de ces deux familles, qui se distinguent surtout par leur mode de reproduction.

Les espèces qu'elles renferment vivent le plus souvent mélangées en grand nombre dans les mêmes eaux, et c'est alors que leur étude devient plus difficile, parce que, ne pouvant isoler les espèces, il semble impossible d'en conserver sur mica ou sur verre des échantillons purs, si nécessaires pour la comparaison, moyen d'étude plus avantageux que les descriptions et les dessins les mieux faits, qu'on ne doit pas négliger cependant à cause des déformations que produit la dessication dans l'endochrome des frustules.

Pour procéder à la récolte, il faut se munir 1° d'un assortiment de flacons à large ouverture, fermés par des bouchons de liége; 2° de quelques feuilles de papier fort bien collé; 3° d'une provision de lames de mica (talc) coupées en petits carrés, ou, à leur défaut, de morceaux de verre mince, pour préparer sur place les espèces qui ne peuvent supporter le transport sans se détériorer; 4° d'un assemblage de rondelles de liége que nous appelons la *Pile diatomique*, et dont je vais décrire plus loin la construction; 5° d'une cuiller en fer étamé dont le manche est remplacé par une douille qui permet de la placer au bout d'un bâton. En outre, comme dans toutes les herborisations on doit avoir une bonne loupe ou biloupe qui donne un grossissement très fort pour pouvoir examiner ce que l'on récolte, en attendant les observations plus complètes que fournira le microscope au retour. Un lame de verre un peu allongée et à angles arrondis sert de porte-objet pendant l'excursion; une lame de porcelaine blanche est souvent utile aussi pour l'observation des desmidiées et des espèces muqueuses qui glissent

quand on est forcé de placer verticalement la lame de verre pour les examiner, tandis que la plaque de porcelaine peut être tenue horizontalement.

En plongeant la lame de verre dans l'eau, où l'on aperçoit quelque indice
des objets qu'on veut recueillir, on râcle légèrement la surface des corps
qu'ils recouvrent, et l'examen à la loupe vous engage à la récolte ou vous
démontre son inutilité si les espèces sont trop mélangées ou en trop petit
nombre.

Si on désire récolter les espèces remarquées, on enlève avec soin, au
moyen de la cuiller, la couche superficielle des corps chargés de ces êtres,
et on la dépose dans un flacon, en ayant soin de l'emplir complétement, si
ce sont des espèces libres, pour diminuer le ballotage produit par le transport. Les espèces filamenteuses, telles que les *Micromega, Schizonema,
Fragilaria, Gaillonella, Diatoma, Desmidium,* etc., peuvent être
enveloppées seulement dans un papier fort, après les avoir fait égoutter un
peu. Quant aux espèces libres, les *Frustulia, Surirella, Sigmatella,
Scenedesmus, Closterium, Micrasterias, Heterocarpella, Binatella,*
etc., on peut en emplir des flacons sans trop de précaution, puisque, lorsqu'on les aura déposées dans des assiettes ou des soucoupes, leur tendance à
se diriger vers la lumière les déterminera en peu de temps à revenir former
une couche au fond de l'eau, sur le sable ou les débris avec lesquels on les
aura recueillies.

Il faut faire attention, en remplissant un flacon, à ne pas étendre beaucoup
sa récolte au-delà du point dont on a examiné le produit à la loupe, car on
serait exposé à mêler un grand nombre d'espèces différentes qui vivent souvent dans le voisinage et présentent les mêmes teintes sur les corps qui en
sont revêtus.

Les diatomées, portées sur des pédicelles par lesquelles elles sont attachées
à d'autres algues ou à des corps inondés de diverses natures, se détachent si
facilement de leurs supports qu'il est indispensable d'en préparer des échantillons sur place. C'est pour avoir négligé cette précaution que beaucoup
d'espèces pédicellées ont été regardées comme libres. Les *Cymbophora,*
pour la plupart, ont été, par cette raison, placés par plusieurs auteurs parmi
les *Frustulia* ou *Cymbella.* Pour faire sécher sans inconvénient les lames
de mica ou de verre sur lesquelles on a disposé des groupes de diatomées
stipitées, on a recours à la *Pile diatomique.* Ce petit appareil est formé de
disques de liége ou simplement de bouchons coupés en rondelles d'une à deux
lignes d'épaisseur, et enfilés par une tige de laiton reployée aux deux extrémités de manière à former un petit bâton d'une longueur convenable pour être
placé diagonalement dans un compartiment réservé à l'un des bouts de la
boîte destinée aux herborisations, ou, avec effort, dans l'intérieur du chapeau de l'explorateur algologiste. Les rondelles de liége sont pressées l''

unes contre les autres par un bout de ressort à boudin placé au milieu de la pile et s'enroulant librement autour de la tige centrale. On engage dans les fentes qui existent entre les rondelles un coin des lames de mica ou de verre sur lesquelles on a préparé l'espèce délicate. On peut ainsi en placer un grand nombre qui se dessèchent sans se toucher. Un morceau de liége entamé par des traits de scie peut remplacer la pile, mais non avec avantage, parce que les lames de verre d'épaisseurs différentes ne sont pas toujours soumises à une pression suffisante pour les empêcher de se détacher.

Les *Achnanthes, Cymbophora, Gomphonema, Exilaria,* doivent être ainsi recueillis pour les avoir complets; sinon, on pourra encore en transporter quelques unes des espèces les plus solides en les plaçant, avec le moins d'eau possible, dans des flacons qu'on peut achever de remplir par de petites touffes de mousses ou de quelque autre substance flexible, pour empêcher le ballotage. Les *Sphagnum* aux feuilles molles et spongieuses remplissent très bien ce but.

On comprendra que la douille adaptée à la cuiller sert à l'emmancher lorsque les objets à recueillir sont dans une eau profonde ou dans un point écarté que la main ne peut atteindre.

Il m'est arrivé quelquefois de manquer de flacons un jour de récolte abondante et de les remplacer par des bouts de la tige fistuleuse de l'angélique sauvage, fermés à une extrémité par un nœud, et dont je bouchais l'ouverture supérieure par un autre bout de tige de plus petit diamètre et muni également d'une articulation.

Certaines espèces forment dans l'eau des flocons légers que le mouvement de la cuiller chasse devant elle, et dont, par cette raison, il est difficile de s'emparer. Pour y parvenir, on se sert avec succès d'un tube ouvert aux deux bouts que l'on plonge dans l'eau en bouchant l'ouverture supérieure avec un doigt : quand on s'est approché du point que l'on veut saisir, on soulève ce doigt; aussitôt le liquide et les corps qui environnent l'ouverture inférieure se précipitent dans le tube; alors, le doigt étant rabattu, on peut enlever la portion du liquide chargé des corps que l'on désirait.

La récolte terminée, le premier soin, au retour, est de préparer les espèces délicates, telles que les filamenteuses et les stipitées, que l'on n'a pu disposer sur place. On en prend de petites portions avec la pointe d'une plume à écrire taillée en cure-dent, ou avec un style en ivoire, écaille, corne ou bois dur, et on les étend sur mica ou sur verre. On peut aussi en arranger de plus grands échantillons sur papier pour placer dans l'herbier. Il faut éviter, en étalant les algues sur mica, de se servir d'une pointe métallique qui, le rayant trop facilement, nuirait à la transparence de ce porte-objet.

Je ne m'étendrai point sur les procédés à employer pour soumettre les objets au microscope ; ces détails, ayant été donnés dans l'ouvrage où cette Notice doit trouver place, deviendraient superflus : seulement, je me bornerai à faire observer que les êtres dont je m'occupe, ayant par leur forme globuleuse, ovoïde, prismatique ou cylindrique, une épaisseur relative assez considérable, il n'est pas nécessaire d'un grossissement très fort pour les étudier avec fruit. Celui de 300 à 350 diamètres est presque toujours suffisant ; au-delà de ce degré, on voit mal les contours, et si l'on gagne quelques détails, on perd l'ensemble, puisque le foyer ne peut convenir à la fois à tous les plans que présente l'épaisseur.

Les desmidiées ne peuvent être bien observées que vivantes et de jour. Les détails de l'enveloppe des diatomées sont mieux saisis à l'état sec et par l'éclairage d'une lampe. Je préfère aussi ramollir ces objets dans l'eau pour les étudier, plutôt que de les conserver, entre deux lames de verre ou de mica, dans une goutte de térébenthine ou de quelque autre résine liquide qui ne permet pas de bien voir certains petits détails, comme les stries, les cannelures, etc.

On laisse sécher à l'air libre ces diverses préparations sur papier, sur mica ou sur verre. Les espèces qui, comme plusieurs *Fragilaria*, *Gaillonella*, *Frustulia*, etc., ne sont pas entourées d'un mucus sensible et qui, en se desséchant, s'exfolient ou deviennent pulvérulentes, demandent à être humectées avec de l'eau légèrement gommée ; mais il faut prendre garde de mettre trop de gomme, car elle produirait une ombre autour des corpuscules desséchés, lorsqu'on les examinerait au microscope.

Les *Heterocarpella*, *Micrasterias* et *Closterium*, lorsqu'ils ne sont pas enveloppés de mucus, exigent aussi un peu de gomme pour les fixer sur la lame de mica.

Les espèces de *Gomphonema* ou de *Cymbophora*, qui vivent dans des masses gélatineuses épaisses, forment, en séchant naturellement, des paquets trop compacts qui ne permettent plus de voir la disposition des frustules. Pour bien les étendre sur la lame du mica, il faut soumettre ces petits groupes gélatineux à une pression modérée entre des feuilles de papier à dessécher, avec la précaution de les recouvrir de petits morceaux de papier suiffé qui s'enlèvent aisément lorsque les échantillons sont secs. Cette opération peut aussi se faire sur place dans un portefeuille.

Le papier suiffé, si précieux pour la préparation des algues marines muqueuses et gélatineuses, se fait en imprégnant de suif fondu une feuille de papier que l'on presse ensuite sous un fer chaud entre plusieurs autres feuilles de papier non collé qui enlèvent le suif surabondant.

Quant aux desmidiées et diatomées libres qu'on a recueillies en masse mêlées au sable ou à la vase des fossés, mares ou flaques que l'on a explorées, on met le contenu de chaque flacon dans un vase séparé, tel qu'une soucoupe ou une assiette creuse que l'on place dans un lieu exposé à la lumière, mais à l'abri des rayons du soleil, qui déterminerait des bulles dans le dépôt et empêcherait la surface d'être unie.

Au bout d'un jour ou deux, suivant les espèces, on voit la couche terreuse qui s'est déposée au fond des soucoupes, se couvrir d'une teinte brune si elle renferme des diatomées, ou d'une pellicule muqueuse verte et souvent chargée de petites houppes ou pinceaux, si ce sont des desmidiées.

Pour les diatomées, on incline doucement la soucoupe afin d'en faire écouler l'eau ; puis on promène, sur la surface chargée de frustules, un pinceau très doux et bien imprégné d'eau, de manière à ne pas atteindre la partie terreuse. On lave le pinceau dans un godet où se déposent les frustules sans aucun corps étranger, si l'on a fait cette opération avec beaucoup de légèreté. Quand l'eau du godet ne renferme qu'une espèce ou qu'elle est dominante, on en charge des lames de mica et de verre pour faire le nombre d'échantillons que l'on désire, en les gommant un peu si cela est nécessaire. Au lieu d'un pinceau, on peut aussi employer les barbes d'une plume que l'on passe doucement sur la vase. Plus le diamètre de la soucoupe est petit, plus la couche de frustules est épaisse et facile à enlever.

Cette méthode est applicable à la plus grande partie des *Frustulia, Surirella, Sigmatella* et *Cyclotella*.

Lorsque le dépôt qui se forme dans les soucoupes est composé de débris de végétaux ou de corps qui ne forment pas une surface assez plane, on peut alors user d'autres moyens qui m'ont réussi plusieurs fois. En tamisant sur ce dépôt inégal une couche de sable fin et lourd, tel que du grès, on forme un sol artificiel uni dont bientôt les diatomées viennent chercher la surface. D'autres fois, je place un morceau de tissu de fil ou de coton un peu clair sur le dépôt, en l'y maintenant étendu par une plaque de plomb du diamètre de la soucoupe et percée au milieu d'une large ouverture. Un ou deux jours plus tard, les frustules traversent le tissu et viennent s'étendre à sa surface supérieure dans la partie laissée libre par l'ouverture de la plaque métallique. Il est alors facile de laver cette partie dans un godet. J'ai encore obtenu des espèces pures en renfermant les débris qui les contenaient dans un petit sachet de gaze plus ou moins serré que je plaçais au milieu d'une assiette pleine d'eau ; les frustules finissaient par quitter leur retraite et se disséminaient sur le fond du vase.

Les desmidiées libres, telles que les *Micrasterias, Helierella, Heterocarpella, Closterium, Scenedesmus, Binatella*, etc., forment, dans les mêmes conditions que les diatomées, une couche muqueuse verte que l'on peut enlever facilement avec de petites cuillers minces ou même avec une lame de couteau, pour les préparer immédiatement. Quand on n'a pas le temps de profiter de leur propension à rechercher la lumière et à s'établir à la surface du dépôt des vases dans lesquels on conserve ces algues, on peut agiter les débris des végétaux auxquels les desmidiées sont le plus souvent mêlées; comme leur pesanteur est plus considérable que celle de ce détritus, en décantant avec précaution d'un vase dans un autre, et se servant d'une barbe de plume pour faire sortir les corps étrangers, on obtiendra un résidu assez pur, composé de desmidiées bien faciles à distinguer par leur couleur verte : on répétera cette transvasion autant de fois qu'il sera nécessaire, en ajoutant toujours assez d'eau pour diminuer l'effet du mucus propre à ces algues, et qui contribue à les faire adhérer aux débris dont on veut les séparer.

Quelques espèces viennent aussi nager à la surface de l'eau; on les recueille en posant à plat sur ce liquide une lame de mica bien sèche, ou, dans certaines circonstances, enduite d'une légère couche de gomme.

Ces diverses méthodes ne sont applicables que dans le cas où les espèces ne sont pas mélangées; mais quand plusieurs espèces de diatomées ou de desmidiées se trouvent réunies, et que l'on ne peut pas se les procurer autrement, il faut, après les avoir séparées des corps étrangers par les moyens décrits plus haut, employer d'autres procédés pour obtenir à part les diverses espèces.

Si elles ont une pesanteur spécifique différente, on y parvient en agitant l'eau qui les renferme dans un vase un peu profond, et opérant des décantations successives après des repos plus ou moins prolongés.

Si ces espèces mélangées ont des dimensions variées, en les faisant passer avec le liquide dans lequel elles nagent au travers de tissus de crin, de gaze, etc., plus ou moins serrés, on arrive également à recueillir séparément des espèces distinctes.

Je ne dois pas oublier un procédé que j'ai employé avec un succès complet pour purifier des diatomées qui se trouvaient engagées dans un sable calcaire dont je ne pouvais achever de les débarrasser par les moyens que j'ai indiqués. Je versai dans la soucoupe qui les renfermait une certaine dose d'acide nitrique, qui bientôt eut dissous le sable calcaire; et, après avoir lavé le résidu, j'obtins très pures les diatomées, qui n'avaient été nullement endommagées, grâce à leur enveloppe siliceuse que l'acide n'avait pu attaquer.

Dans le catalogue des genres et des espèces de desmidiées et de diatomées que je vais donner ci-dessous, comme je l'ai annoncé, je cite principalement les espèces que j'ai étudiées et dessinées moi-même, me proposant d'en publier une Monographie incessamment. Le nom de celles que je n'ai pas encore observées est précédé d'un astérisque. Pour plus de détails, je renvoie aux opuscules que j'ai publiés sur ce sujet, et que j'ai indiqués plus haut dans une note. Pour les desmidiées, sur lesquelles je n'ai encore rien donné de complet, j'ai cru devoir mettre à chaque genre une phrase caractéristique, latine pour plus de concision, pour montrer dans quelles limites je les circonscris, et éviter une longue synonymie qui trouvera place ailleurs.

DESMIDIÉES.

I. DESMIDIUM Ag. Corpuscula geminata in longam seriem conjuncta, itaque filum articulatum constituentia, tubulo communi filiformi mucoso inclusa.

1 D. SWARTZII Ag.
2 D. APTOGONUM Breb. Alg. Fal.
3 D. CYLINDRICUM Grev.
4 D. BAMBUSINUM Breb. mss.
5 D. MUCOSUM Breb. l. c. Conferva mucosa Mert.
6 D. VERTEBRATUM Breb. l. c.
*? D. TENAX Ag.

II. SCENEDESMUS Meyen. Corpuscula fusiformia, aut ovoïdea lateraliter in seriem planam conniventia.

1 S. QUADRICAUDATUS Ehrenb. Achnanthes Turp. Scen. magnus Meyen. Kutz.
  Var : β. S. longus Meyen.
2 S. QUADRIJUGATUS Breb. mss. Achnanthes Turp. Sc. Leibleini Kutz.
  Var : β. S. minor. Kutz.
3 S. OBLIQUUS Kutz. Achnanthes Turp.
4 S. QUADRALTERNUS Kutz. Achnanthes Turp.
  Var : β. S. octalternus Kutz. S. obtusus Meyen.
*5 S. ELLIPTICUS Corda.
6 S. ACUTUS Meyen.
  Var : β. S. fusiformis Menegh.
7 S. PECTINATUS Meyen.
*8 S. TRISERIATUS Menegh.
9 S. DIMORPHUS Kutz. Achnanthes Turp.
10 S. OVALTERNUS Breb. l. c.
11 S. TETRADACRYS Breb. l. c.

Var : β. duplex.
12 S. TRIJUGATUS Kutz.
13 S. BIJUGATUS Kutz.
14 S. BILUNULATUS Kutz.
*15 S. PARVULUS Menegh.

III. HELIERELLA Bory et Turp. (ex parte). Frons applanata, e corpusculis plurimis (quatuor saltem) radiatim vel stellatim conjunctis composita.

1 H. BORYANA Turp. Pediastrum duplex et P. biradiatum Meyen. Micrasterias Boryi et selenœa Kutz.
2 H. HEPTACTIS Breb. mss. M. heptactis Ehrenb. H. renicarpa Turp. Micrasterias Ghibellina Menegh.
  Var. β. Crux-Melitensis. Stauridium Corda.
*3 H. NAPOLEONIS Turp.
*4 H. SIMPLEX Breb. mss. Pediastrum Meyen.
*5 H. CRUCIGENIA Breb. mss. Crucigenia quadrata Morren.

IV. MICRASTERIAS Ag. et Kutz (ex parte). Frons plerumque circularis, inciso - radiata e duobus corpusculis compressis basi coadunatis formata.

1 M. DENTICULATA Breb et God. l. c. M. heliactis Kutz. Echinella radiosa Lyngb. tab. 79. f. 3. E. rotata Grev. Euastrum Ehrenb.
  Var. β. laciniata.
2 M. INCISA Breb. mss.

V. HETEROCARPELLA Turp. (ex parte) Cosmarium Corda. Frons inflata vel vesiculosa polymorpha (elongata vel rotundata, lobata vel sinuosa, tuberculata vel aculeata) e duobus corpusculis basi coadunatis formata.

1 H. ARMATA Breb. mss.
2 H. BAILLYANA Breb. mss.
3 H. MARGARITIFERA Breb. Ursinella Turp.
4 H. TETROPHTALMA Kutz.
5 H. SINUATA Breb., mss. Micrasterias Breb. l. c.
    Var. β. Lyngbyei. Echinella radiosa Lyngb. tab. 79. f. 2.
6 H. PECTINATA Breb. mss.
7 H. CRASSA Breb. mss.
8 H. ELEGANS Breb. mss.
9 H. BINALIS Turp.
10 H. COMMISSURALIS Breb. mss.
11 H. ACULEATA Breb. mss. Binatella Breb. l. c.
12 H. ANTILOPOEA Breb. mss.
13 H. PHASEOLUS Breb. mss. Achnanthes stomatimorpha Turp.
14 H. PALMATA Breb. mss.
15 H. INCUS Breb. mss.
16 H. BIOCULATA Breb. l. c. Cosmarium Menegh.

VI. BINATELLA Breb. l. c. Corpuscula sœpius triangularia (rarò 4–5–6 angularia vel lobato-radiata) puncto centrali binatim conjugata.

1 B. FURCIGERA Breb. mss.
2 B. POLYMORPHA Breb. mss.
    Var : β. retusa.
      γ. tricera. Micrasterias Kutz.
      δ. incurvata.
      ε. tetracera. Staurastrum paradoxum Meyen.
      ζ. didicera. Micrasterias Kutz.
3 B. FURCELLINA Breb. mss.
4 B. CONTROVERSA Breb. mss.
5 B. BACILLARIS Breb. l. c.
6 B. SEXCOSTATA Breb. mss.
7 B. MONTICULOSA Breb. mss.
8 B. SPONGIOSA Breb. mss.

9 B. HISPIDA Breb. l. c.
10 B. MURICATA Breb. l. c.
11 B. CUSPIDATA Breb. l. c. sub B. tricuspidata.
12 B. DEJECTA Breb. l. c.
13 B. BREVISPINA Breb. mss.
14 B. TUMIDA Breb. l. c.
15 B. MUTICA Breb. l. c. Staurastrum trilobum Menegh.
? ECHINELLA ARTICULATA Ag. Conferva echinata Engl. Bot.

VII. CLOSTERIUM Nitzsch. Lunulina Bory. Corpuscula fusiformia rarò cylindrica lunatim curvata aut recta.
1 C. LUNULA Nitzsch.
2 C. LEIBLEINI Kutz. Cette espèce doit-elle être séparée de la précédente?
3 C. SUBRECTUM Breb. l. c.
4 C. STRIOLATUM Ehrenb.
5 C. DOLIOLATUM Breb. mss.
6 C. ELONGATUM Breb. mss.
*7 C. CORNU Ehrenb.
8 C. ROSTRATUM Ehrenb. Echinella acuta Lyngb.
9 C. ACEROSUM Ehrenb.
10 C. ACUS Nitzsch.
11 C. GRACILE Breb. mss.
12 C. SUBULATUM Breb. mss. Frustulia subulata Kutz.
    Var : β. controversum.
13 C. TENUE Kutz.
14 C. GREGARIUM Menegh. Micrasterias lacerata Kutz.
15 C. TRUNCATUM Breb. mss.
16 C. BACULUM Breb. l. c.
*17 C. TRABECULA Ehrenb.
18 C. LAMELLOSUM Breb. l. c.
19 C. DIGITUS Ehrenb.
20 C. GRANULATUM Breb. mss.
21 C. MONILE Breb. mss.
?22 C. TRIPUNCTATUM Nitzsch.
23 C. CURTUM Breb. mss.

? VIII. TROCHISCIA Kutz. corpuscula vesiculosa globosa solitaria aut regulariter conjuncta.

1 T. MONILIFORMIS Menegh. Tessarthronia Turp.

    Var : β. duplex. Scenedesmus duplex Kutz.

*2 T. AMARA Kutz. Heterocarpella Turp.

3 T. QUADRIJUGA Kutz.

*4 T. THERMALIS Menegh.

5 T. BIJUGA Kutz.

6 T. DIMIDIATA Kutz.

7 T. SOLITARIS Kutz.

Les genres *Geminella* Turp , *Sphærastrum* Mey., *Pleurococcus* Menegh., *Echinella* Ach., etc., que je n'ai point fait entrer dans cette liste, ne me semblent point appartenir aux Desmidiées.

DIATOMÉES ou BACILLARIÉES.

NOTA. les espèces qui habitent la mer sont suivies d'un (M.), et celles qui ont été trouvées fossiles d'un (F.).

I. MICROMEGA Ag.

1 M. APICULATUM Ag. (M.)

2 M. RAMOSISSIMUM Ag. (M.)

3 M. PENICILLATUM Ag. (M.)

*4 M. CORNICULATUM Ag. (M.)

*5 M. BLYTTII Ag. (M.)

*6 M. PALLIDUM Ag. (M.)

II. SCHIZONEMA Ag.

1 S. QUADRIPUNCTATUM Ag. (M.)

2 S. HELMINTHOSUM Chauv. (M.)

3 S. DILLWYNII Ag. (M.)

*4 S. SPADICEUM Grev. (M.)

*5 S. OBTUSUM Grev. (M.)

6 S. CORYMBOSUM Ag. (M.)

7 S. COMOIDES Ag. (M.)

8 S. GREVILLII Ag. (M.)

9 S. RUTILANS Ag. (M.)

10 S. SMITHII Ag. (M.)

*11 S. LACUSTRE Ag.

*12 S. HOFFMANNI Ag. (M.)

*13 S. TENUE Ag. (M.)

*14 S. MICANS Ag. (M.)

*15 S. RADICANS Ag. (M.)

*16 S. PUMILUM Ag. (M.)

III. HOMÆOCLADIA Ag.

1 H. ANGLICA Ag. (M.)

*2 H. MARTIANA Ag. (M.)

IV. BERKELEYA Grev.

*1 B. FRAGILIS Grev. (M.)

V. ENCYONEMA Kutz.

1 E. PARADOXUM Kutz.

VI. GAILLONELLA Bory. Meloseira Ag. Kutz.

1 G. SUBFLEXILIS Desmaz.

2 G. VARIANS Desmaz.

3 G. ORICHALCEA Breb. et Desmaz.

4 G. MONILIFORMIS Bory.

    Var. β. G. nummuloides Duby.

5 G. FERRUGINEA Ehrenb. (F.)

6 G. DISTANS Ehrenb. (F.)

7 G. SUBTILIS Breb. Consid. sur les Diat. (F.)

*8 G. ITALICA Ehrenb. (F.)

VII. FRAGILARIA Lyngb.

1 F. PECTINALIS Lyngb.

    Var. β F. hyemalis Lyngb.

2 F. CAPUCINA Desmaz.

    Var. β. F. tenuis Ag.

3 F. STRIATULA Lyngb. (M.)

*4 F. AUREA Carm. (M.)

*5 F. DIATOMOIDES Grev. (M.)

*6 F. CONFERVOIDES Grev.

*7 F. ANGUSTA Ehrenb.

*8 F. BIPUNCTATA Ehrenb.

*9 F. SCALARIS Ehrenb.

VIII. MERIDION Ag.

1 M. CIRCULARE Ag.

IX. DIATOMA Ag.

1 D. MARINUM Lyngb.
    Var. β. D. tœniæforme Ag.
    γ D. brachygonum Carm.
2 D. FENESTRATUM Lyngb.
    Var. β. D. flocculosum Ag.
3 D. TENUE Ag.
    Var. β. fragilarioides.
    γ moniliforme Kutz.
    δ cuneatum Kutz.
*4 D. PAXILLIFERUM Breb. l. c. (M.)
5 D. VULGARE Bory.
6 D. ELONGATUM Ag.
*7 D. SULPHURASCENS Ag.
*8 D. INTERSTITIALE Ag. (M.)
*9 D. LATRUNCULARIUM Ag. (M.)
*10 D. FASCIATUM Ag. (M)
11 D. MENEGHMIANUM Breb. mss.

X. BIDDULPHIA Gray.

1 B. PULCHELLA Gray. (M.)
2 B. AURITA Breb. l. c. Diatoma Lyngb.
    (M.)
3 B. OBLIQUATA Gray. (M.)

XI. ACHNANTHES Bory.

1 A. ARCUATA Kutz (M.)
2 A. UNIPUNCTATA Carm. Grev. (M.)
3 A. LONGIPES ag. (M.)
    Var. β. A. Carmichaelii Grev.
4 A. LEIBLEINI Ag.
5 A. BREVIPES Ag. (M.)
    Var. β. salinarum Ag.
6 A. SUBSESSILIS Kutz.
7 A. INTERMEDIA Kutz.
8 A. MINUTISSIMA Kutz.
9 A. MULTIARTICULATA. Ag. (M.)
10 A. SERIATA Ag. (M.)

XII. CYMBOPHORA Breb. l. c. Cocconema Ehrenb.

1 C. GASTROIDES Breb. l. c. Frustulia
    Kutz.

2 C. FULVA Breb. l. c. Gomphonema
    Leibl. Gomph. semiellipticum
    Kutz.
3 C. MACULATA Breb. l. c. Frustulia
    Kutz.
4 C. VENTRICOSA Breb. l. c. Cymbella
    Ag.
5 C. COFFEÆFORMIS Breb. Cymbella Ag.

XIII. GOMPHONEMA Ag.

*1 G. RAMOSUM Kutz. (M.)
2 G. FULGENS Kutz. (M.)
3 G. FLABELLATUM Kutz. (M.)
4 G. ARGENTESCENS Ag. (M.)
*5 G. SPLENDIDUM Breb. l. c. Licmophora Grev. (M.)
6 G. TINCTUM Ag. (M.)
7 G. PARADOXUM Ag. Echinella Lyngb.
    (M.) (F.)
8 G. DICHOTOMUM Kutz.
9 G. SUBRAMOSUM Ag.
10 G. OLIVACEUM Breb. l. c. Echinella
    Lyngb.
11 G. VULGARE Breb. l. c. G. geminatum Ag.
12 G. LEIBLEINI Ag.
13 G. AMPULLACEUM Grev.
*14 G. LANCEOLATUM Ag. (M.)
15 G. ANGUSTUM Ag.
*16 G. SEPTATUM Ag.
17 G. MINUTISSIMUM Grev.
18 G. CURVATUM Kutz.
19 G. CLAVUS Breb. l. c.
*20 G. BERKELEYI Grev.
21 G. POHLIÆFORME Kutz.
22 G. ABBREVIATUM Kutz.
23 G. BREVIPES Kutz.
24 G. RADICULA Suhr. (M.)
25 G. CUNEATUM Breb. l. c. Echinella
    Lyngb. (M.)
26 G. OCULATUM Kutz.
27 G. PACHYCLADUM Breb. mss. (M.)
28 G. INFLEXUM Breb. mss. (M.)
*29 G. ACUMINATUM Ehrenb. (F.)

*30 G. clavatum Ehrenb. (F.)
*31 G. discolor Ehrenb.
 * G. constrictum Ehrenb.

XIV. EXILARIA Grev. synedra Ehrenb.

1 E. fasciculata Grev. (M.)
2 E. crystallina Kutz.
     Var. viridescens.
3 E. licmoïdea Breb. l. c.
4 E vaucheriæ Kutz.
*5 E. variegata Kutz
6 E. tenuissima Breb. mss. Frustulia
     Kutz.
7 E. curvata Kutz.
*8 E. tabulata Kutz (M.)
9 E. glomerata Breb. l. c.

XV. EPITHEMA Breb.

1 E. pictum Breb. l. c. Frustulia picta
     Kutz.
2 E. adnatum Breb. l. c. Frustulia ad-
     nata Kutz. -
3 E. scutulum Breb. l. c.
4 E. ovale Breb. mss. Frustulia ovalis
     et F. copulata Kutz. Nav. amphora
     Ehrenb.

XVI. SIGMATELLA Kutz.

1 S. Nitzchii Kutz.
2 S. Scalprum Breb. Navicula Gaill.
3 S. attenuata Breb. et God. Alg.
     Fal. Frustulia Kutz.
4 S. acuminata Breb. et God. l. c.
     Frustulia Kutz.
5 S. subrecta Breb. Consid. (M.)
6 S. vermicularis Breb. et God. l. c.

XVII. SURIRELLA Turp.

1 S. striatula Turp. (M.)
2 S. biseriata Breb. l. c.
3 S. elliptica Breb. mss.
4 S. torta Breb. mss.
5 S. solea Breb. l. c. Frustulia quin-
     que punctata Kutz.

6 S. ovalis Breb. l. c.
7 S. pulchella Breb. l. c. Frust. punc-
     tata Kutz?
8 S. minuta Breb. l. c.
* ? Navicula granulata Ehrenb. (F.)

XVIII. FRUSTULIA Ag. Navicula Bory.

1 F. dilatata Breb. l. c. (Exilaria).
     Synedra capitata Ehrenb.
2 F. splendens Kutz.
*3 F. conspurcans Ag.
*4 F. fasciata Ag.
*5 F. quadrangula Ag.
6 F. major Kutz. (F.) N v. viridis Eh-
     renb.
7 F. fulva Breb. l. c. Navic. Ehrenb.
8 F. multifasciata Kutz.
9 F. scaphidium Breb. l. c.
10 F. æqualis Kutz.
11 F. Turpinii Breb. l. c. Bacillaria
     conjugata Turp.
12 F. ulna Kutz.
13 F. oblonga Kutz.
14 F. bipunctata Breb. l. c. Navicula
     Bory.
15 F. obtusa Ag.
16 F. incrassata Kutz.
17 F. viridula Kutz.
*18 F. latefasciata Ag.
*19 F. elliptica Ag.
20 F. avenacea Breb. l. c.
21 F. serians Breb. l. c. Brachysira
     aponina Kutz.
22 F. pellucida Kutz.
23 F. scalaris Breb. l. c. (M.)
24 F. inflexa Breb. l. c. (M.)
25 F. cuspidata Kutz.
26 F. depressa Kutz.
27 F. lanceolata Kutz.
28 F. acrosphæria Breb. l. c.
29 F. nodulosa Breb. l. c.
30 F. producta Breb. l. c.
?31 F. subtilis Kutz.
*32 F. hyalina Ag.

33 E. minor Ag.

34 F. anceps Kutz.

35 F. nidulans Breb. l. c. (M.)

36 F. parvula Kutz.

?37 F. lata. Breb. mss. surinella?

Le *Frust. appendiculata* Ag. renferme plusieurs espèces différentes.

Diatomées qui doivent appartenir à ce genre, mais que je n'ai pas observées :

Bacillaria elongata Ehrenb.

Navicula fusiformis Ehrenb.

— turgida Ehrenb.

— uncinata Ehrenb.

— inæqualis Ehrenb. (F.)

— capitata Ehrenb. (F.)

— phænicenteron Nitzsch. (F.) Espèces mélangées.

— zebra Ehrenb. (F.)

— librile Ehrenb. (F.)

— viridula Ehrenb. (F.)

— gibba Ehrenb. (F.)

— bifrons Ehrenb. (F.)

— follis Ehrenb. (F.)

XIX. CYCLOTELLA Breb. l. c.

1 C. operculata Breb. l. c. Frustulia Ag. Kutz.

de Brébisson.

NOTES.

Extrait d'une lettre de M. le professeur Amici,
à MM. Vincent Chevalier, père et fils.

Modène, 3 octobre 1825.

Messieurs,

M. Moss vient de me remettre votre obligeante lettre datée du 24 septembre 1825, ainsi que les notices et le mémoire que vous m'avez fait l'honneur de m'adresser. En vous remerciant de ce don, qui m'a été bien agréable, je vous dirai que j'ai appris avec un véritable plaisir que vous soyez parvenus à une parfaite construction des objectifs achromatiques pour les microscopes. Cette partie intéressante de l'optique a été généralement négligée, peut-être à cause des grandes difficultés qu'elle présente, et la science demandait encore que des habiles opticiens s'occupassent de l'amélioration de l'achromatisme dans les lentilles à court foyer. Les naturalistes doivent donc vous savoir bon gré de leur avoir offert, suivant les principes du célèbre Euler, des microscopes qui l'emportent sur tous les autres dioptriques.

J'espère qu'il ne se passera pas long-temps que je pourrai admirer vos instrumens à Paris, et j'aurai alors le plaisir de vous montrer quelque petit ouvrage de cette espèce, que j'ai essayé en amateur de construire par moi-même.

J'ai l'honneur d'être, etc.,

J.-B. AMICI.

Copie de la lettre de M. Pelletier, pharmacien, chevalier de la Légion-
d'Honneur, etc., à MM. Chevalier.

Paris, le 1ᵉʳ août 1827.

Messieurs,

Ainsi qu'il en a été convenu entre nous, je vous prie de me faire remettre le plus tôt que vous pourrez un de vos microscopes achromatiques d'après Euler, en échange d'un microscope dit de Selligue, que m'a livré l'ingénieur Chevalier, opticien, Tour de l'Horloge; *j'aurai de plus deux cents francs à vous donner en retour.*

Cet échange, Messieurs, est la preuve *de la supériorité que j'ai reconnue à vos microscopes qui, à grossissement au moins égal, sont infi-*

niment plus clairs que tous ceux que j'ai expérimentés jusqu'ici, et d'un usage plus commode, en exceptant cependant le microscope d'A- mici, mais dont le prix doit être infiniment plus élevé.

Au point de terminer une série d'observations microscopiques sur des pro- duits d'analyse, et voulant ne pas trop retarder la publication de ce travail, vous m'obligerez en me remettant votre microscope aussitôt qu'il vous sera possible.

Agréez, etc.

J. PELLETIER.

———◦◦◦———

*Extrait d'une lettre de **M. Lebaillif à M. Charles Chevalier**.*

Paris....... 1829.

Monsieur et ami,

Depuis hier je suis chagrin, *et très chagrin,* parce que j'ai acquis la certi- tude que mon système lenticulaire est inférieur à ceux que votre talent vous a fait confectionner, et notamment à celui que nous avons essayé hier, et dont vous attribuez l'effet supérieur au temps. Non, car il y a un fait matériel, c'est que ne pouvant employer, hier matin, mon porte-objet de Brassica, qui cependant laisse encore un intervalle quand je l'applique à mon micros- cope, j'ai été obligé de mettre de la même poussière sur une lame de verre : donc le foyer *est plus court.* Voilà ce qui indépendamment de la pureté, nous a fait voir hier les *stries comme je ne les ai jamais vues;* c'est la troi- sième fois que je suis assuré de l'amélioration apportée dans la confection des lentilles. Aujourd'hui *j'invoque la bonne amitié pour me rendre la joie microscopique.* Adaptez à l'instrument qui va partir *un système tout aussi bon,* mais accordez-moi la préférence du système lenticulaire dont une ne visse pas complètement mais *qui m'a donné hier tant de satisfac- tion;* vous savez que vous ne pouvez obliger personne qui vous en sache un meilleur gré.

J'ai l'honneur d'être, du meilleur de mon cœur, Monsieur et ami, votre bien affectionné,

LE BAILLIF.

P. S. Je vous remercie beaucoup de la communication des expériences de M. Nobili.

279

Copie d'une lettre de M. Le Baillif, à M. Charles Chevalier, opticien.

29 Mai 1831.

Monsieur et ami ,

Le fameux microscope de Modène est à la maison; vers une heure MM. de Cassini et Duby doivent venir pour comparer les puissances.

Les N°s 1, 2 , 3 ne donnent que 81/100 de millimètre à mon oculaire n° 1. M. Amici est donc stationnaire sous ce rapport.

Je pense qu'il serait *dans vos intérêts*, puisqu'il s'agit de *comparer,* que je pusse faire voir à ces messieurs vos *progrès;* mais vous avez repris les 50 et les 40, je n'ai plus que vos 60 à montrer ; si vous avez un bon 50 , je vous invite à l'apporter.

Salut de tout cœur, votre ami, LE BAILLIF.

—◦•◦—

Extrait d'une lettre de M. Ehrenberg adressée à M. Charles Chevalier.

Berlin, le 17 mais 1833.

Monsieur,

Ayant reçu la lettre du 23 février que vous m'avez adressée, l'estime pour votre talent et le talent de M. votre père , m'engage à vous donner si-tôt la réponse souhaitée. Votre microscope m'a été recommandé par M. de Humboldt en 1828, et d'après mes propres recommandations, plusieurs savans de Berlin en ont fait venir de Paris. J'en ai aussi fait acheter par M. Devillers , il y a deux ans. Ainsi nous avons à Berlin quantité de vos précieux travaux. En 1829 et 1830, j'ai terminé avec votre microscope, la découverte de la parfaite organisation des infusoires que les autres microscopes dont j'avais fait usage, n'avaient pas suffisamment éclairée. Mes observations m'avaient fait présumer qu'il y avait une structure encore plus fine et j'étais très curieux de voir le microscope de Ploësll à Vienne, qu'on disait plus fort que le vôtre; mais quoique l'augmentation de ce nouveau microscope fût vraiment beaucoup plus forte que celle de votre instrument que j'avais à côté, je n'ai pas réussi à en faire un usage lucratif pour mon but, parce que les deux microscopes de Ploësll, du prix de 200 écus, que j'ai examinés à Berlin , avaient un foyer trop court pour l'observation des objets dans l'eau. C'est pourquoi j'ai sollicité MM. Pistor et Schiek de Berlin, d'essayer à construire un microscope à foyer grand comme le vôtre et à grossissement au moins aussi fort que celui de Ploësll. Aussitôt que M. Schiek eut terminé ce microscope, je découvris la structure des plus petits corps organisés, les dents et plusieurs systèmes d'organes des *Kolpodes*, comme je les avais soupçonnés. Voilà le sujet de mon petit traité. Le système des microscopes de Pistor et Schiek est seulement nouveau par la combinaison des qualités du vôtre et de celui de Ploësll, et je ne doute pas que vous ne puissiez aller plus loin dans la perfection. L'amplification bien nette du microscope de Schiek et Pistor, l'œil se trouvant à huit pouces de l'objet, est de mille à douze cents fois le diamètre et en prolongeant le tube, on pourrait avoir un grossissement de trois mille fois le diamètre, mais sans clarté suffisante.

En cas que vous réussissiez à augmenter le grossissement des verres sans allongement du tube, vous me feriez un grand plaisir de m'envoyer de tels verres pour votre microscope que je possède et dont vous connaissez sans doute les dimensions.

Je suis toujours à portée d'augmenter mes observations qui sont seulement bornées par le défaut d'instrumens. . . . .

. . . .

Je suis, avec beaucoup d'estime,   Votre très dévoué,
EHRENBERG.

EXPOSITION DE 1834. — MÉDAILLE D'OR. — *Rapport du Jury.*

« M. Charles Chevalier obtint, en 1827, une médaille d'argent avec son
» père, M. Vincent Chevalier, auquel il était alors associé.

» Maintenant M. Charles Chevalier est à la tête d'un établissement qu'il a
» formé depuis quelques années. Il expose personnellement divers instrumens
» de physique d'une très bonne exécution ; ses microscopes achromatiques,
» dont nous connaissions déjà les effets remarquables, ont particulièrement
» attiré notre attention. Nous les avons comparés avec un excellent microscope d'Amici, le meilleur de ceux qu'on possède à Paris ; nous avons dû
» reconnaître, non sans étonnement, mais avec une vive satisfaction, que *le*
» *microscope de M. Charles Chevalier est véritablement supérieur à*
» *celui d'Amici.*

» On sait que les instrumens de ce genre sont indispensables au succès
» d'une foule de recherches intéressantes ; en ces derniers temps, ils ont
» conduit à de véritables découvertes, soit dans la chimie organique, soit
» dans l'anatomie végétale ou animale.

» *M. Charles Chevalier, en portant le microscope à un plus haut*
» *degré de perfection, rend aux sciences un service important ; le jury*
» *lui décerne une médaille d'or.* »

Rapporteurs : MM. le baron SÉGUIER, SAVART et POUILLET.
Présidence de M. le baron THENARD.

TABLE DES MATIÈRES.

CHAPITRE Ier.

DU MICROSCOPE SIMPLE.

CHAPITRE II.

MICROSCOPE SOLAIRE. — MICROSCOPE AU GAZ.

CHAPITRE III.

MICROSCOPE COMPOSÉ.

CHAPITRE IV.

MICROSCOPE CATADIOPTRIQUE.

CHAPITRE V.

DE L'ÉCLAIRAGE.

Conditions d'une bonne observation.

CHAPITRE VI.

MICROSCOPE POLARISANT.

ERRATA.

Pag. 11, lig. 27, *lisez :* tenait d'un de ses amis, M. Lalligant. Hooke, etc.

27, 8, *lisez :* les angles ADE, AD'E', AD''E''

id., 11, *lisez :* se réuniront.

35, 29, *lisez :* agir sur le rayon RO.

61, 14, *lisez :* infailliblement.

63, 11, *Après* lentille achromatique concave, *lisez :* Pl. 1, fig. 39.

103, 9, *lisez :* sphérique.

107, 12, *lisez :* Autrefois ces opinions si diverses. etc.

115, 5, *lisez :* lumière directe et réfractée,

118, 23, *lisez :* soit m, n, Pl. 1, fig. 47,

124, 3, *lisez :* Quant à l'éclairage des microscopes solaire et polarisant.

131, 19, *lisez :* à réfléchir les rayons venus du papier;

240, 11, *lisez :* maladie du verre-à-soie,

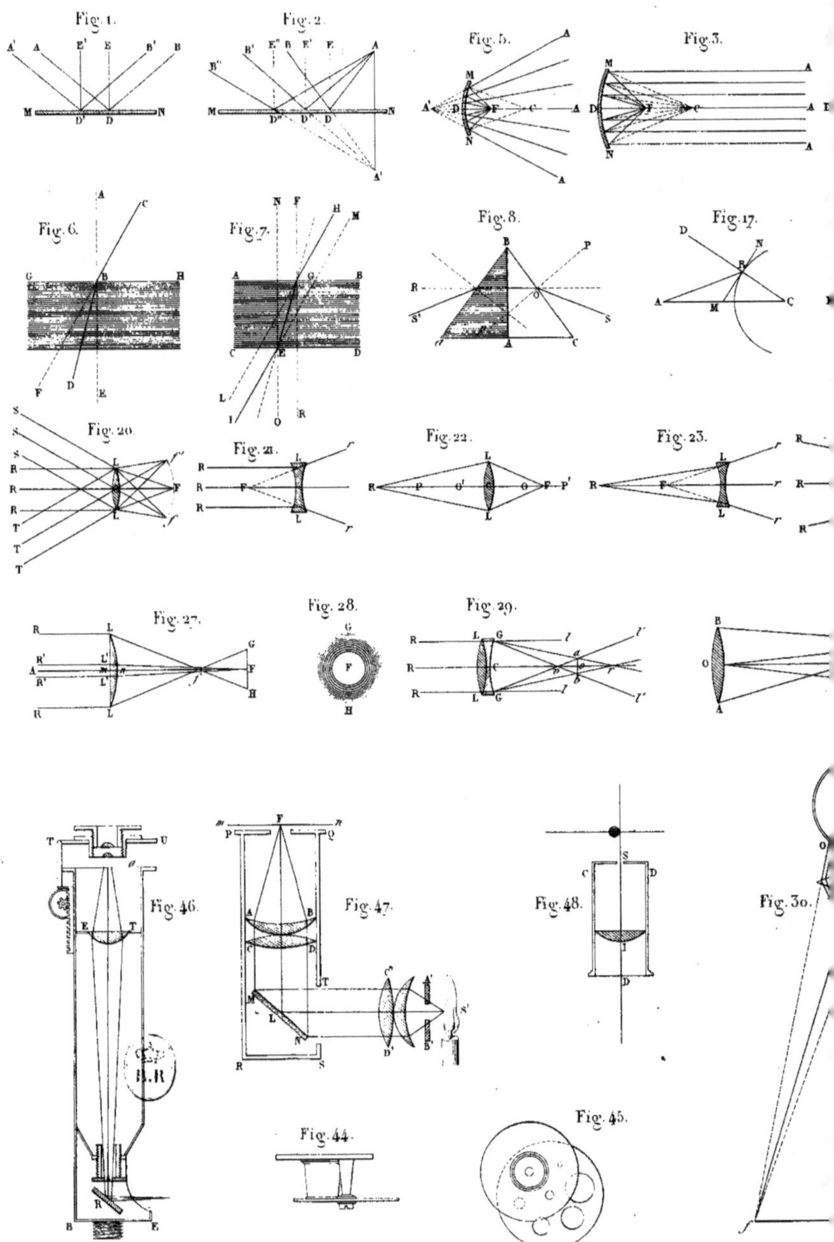

Fig. 1.
Fig. 2.
Fig. 5.
Fig. 3.
Fig. 6.
Fig. 7.
Fig. 8.
Fig. 17.
Fig. 20.
Fig. 21.
Fig. 22.
Fig. 23.
Fig. 27.
Fig. 28.
Fig. 29.
Fig. 46.
Fig. 47.
Fig. 48.
Fig. 30.
Fig. 44.
Fig. 45.
Morlard Sc.

Planche 1.
Fig. 4. 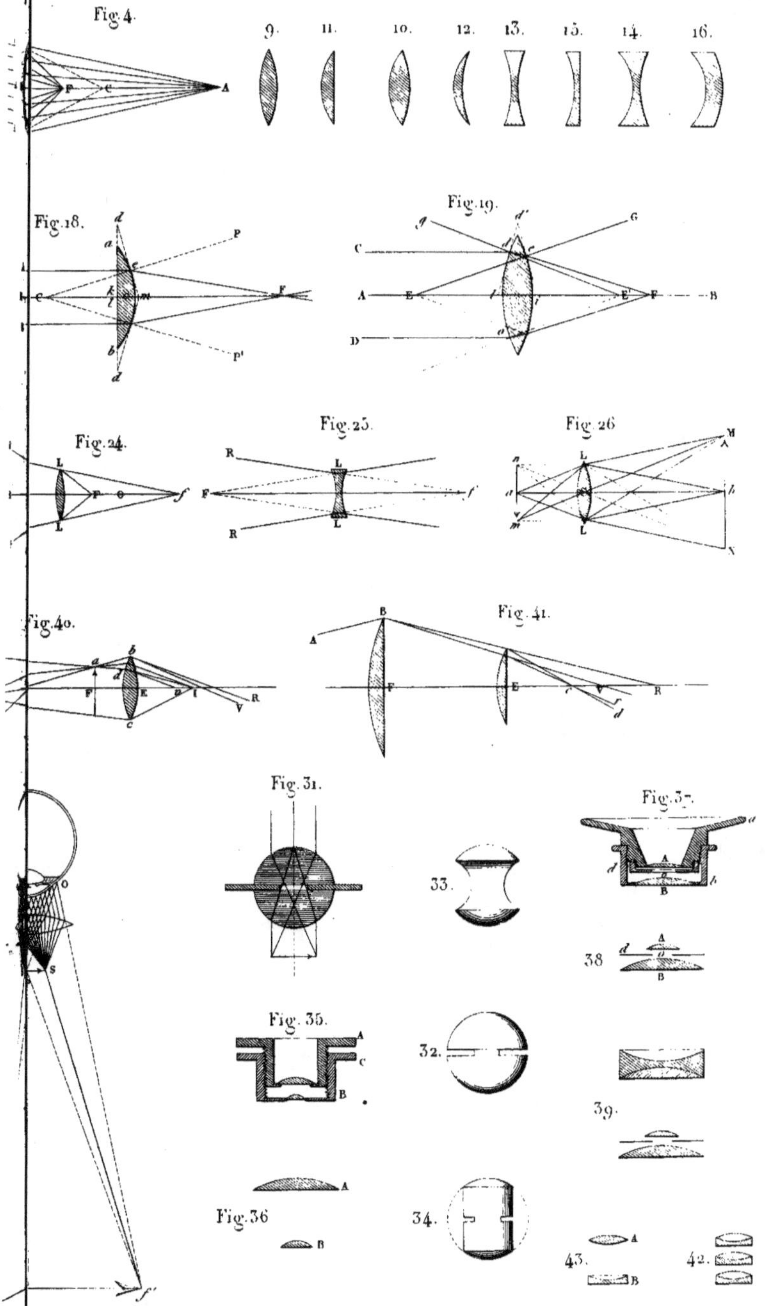
9. 11. 10. 12. 13. 15. 14. 16.
Fig. 18.
Fig. 19.
Fig. 24.
Fig. 25.
Fig. 26.
Fig. 40.
Fig. 41.
Fig. 31.
Fig. 37.
33.
38.
Fig. 35.
32.
39.
Fig. 36.
34.
43.
42.

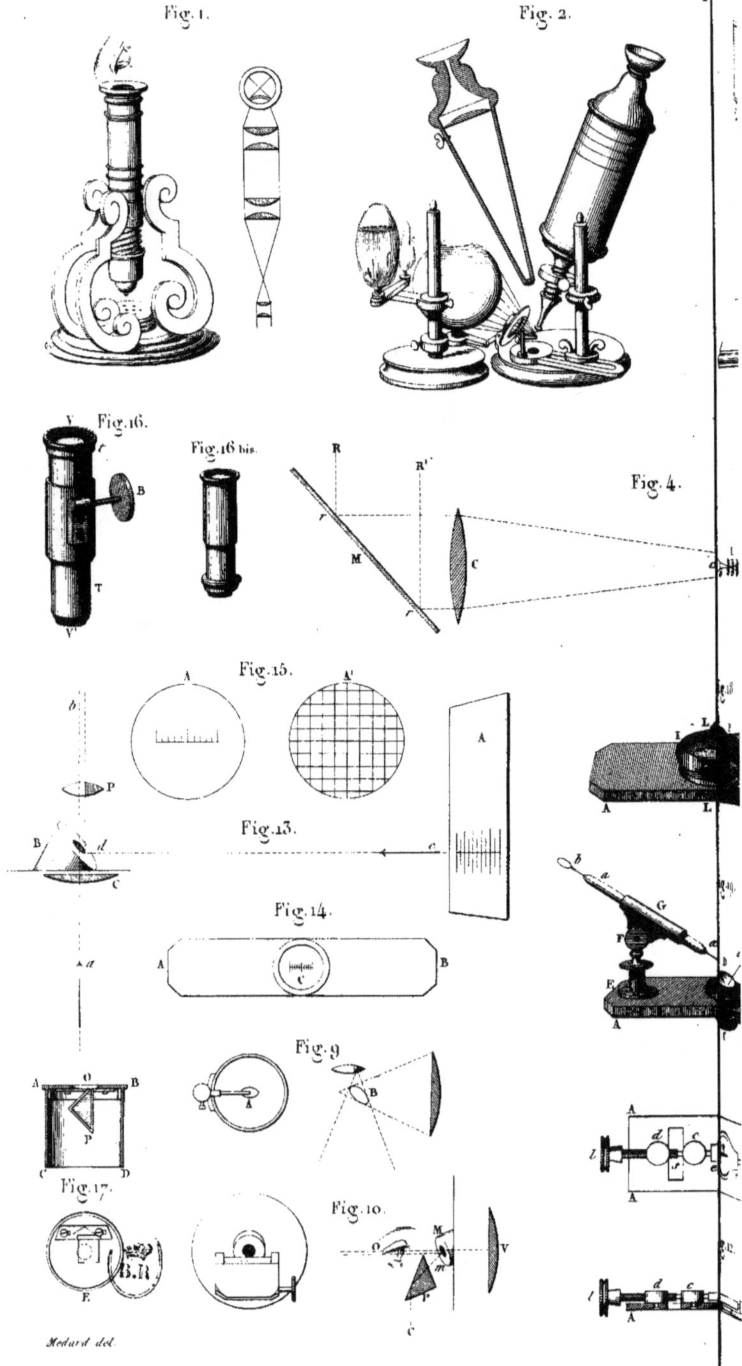

Fig. 1.
Fig. 2.
Fig. 16.
Fig. 16 bis.
Fig. 4.
R
R'
r
M
C
t
B
T
V
Fig. 15.
A
A'
b
P
A
Fig. 13.
B
d
c
C
c
A
Fig. 14.
A
B
c
a
Fig. 9
A
B
A
O
B
P
C
D
Fig. 17.
B.R
F
Fig. 10.
O
M
m
P
V
c
I
L
A
L
b
a
G
P
F
A
A
d
c
r
e
A
A
d
c
A
Medard del.

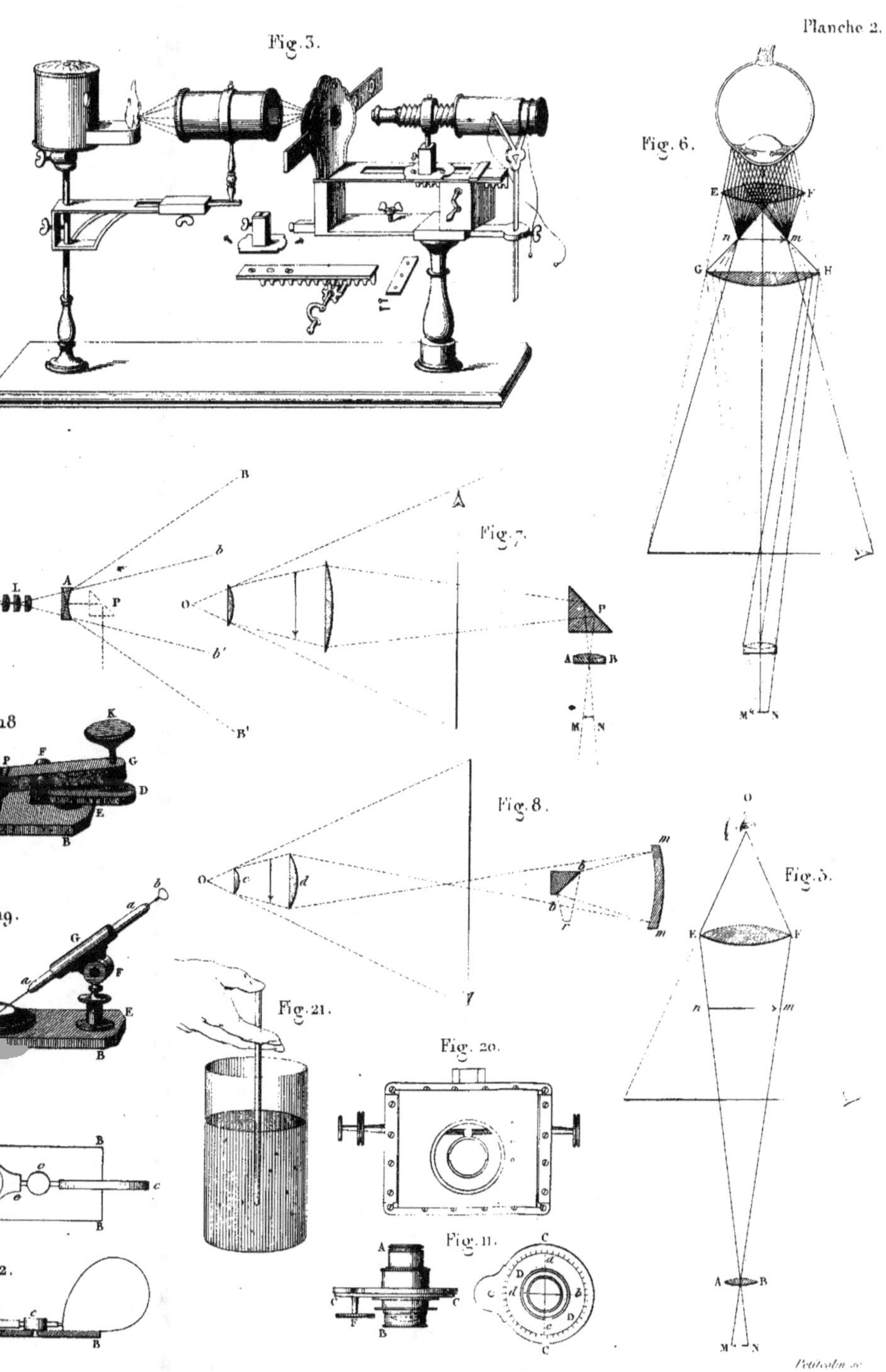
Planche 2.
Fig. 3.
Fig. 6.
Fig. 7.
Fig. 8.
Fig. 5.
Fig. 21.
Fig. 20.
Fig. 11.
Fig. 18
Fig. 19

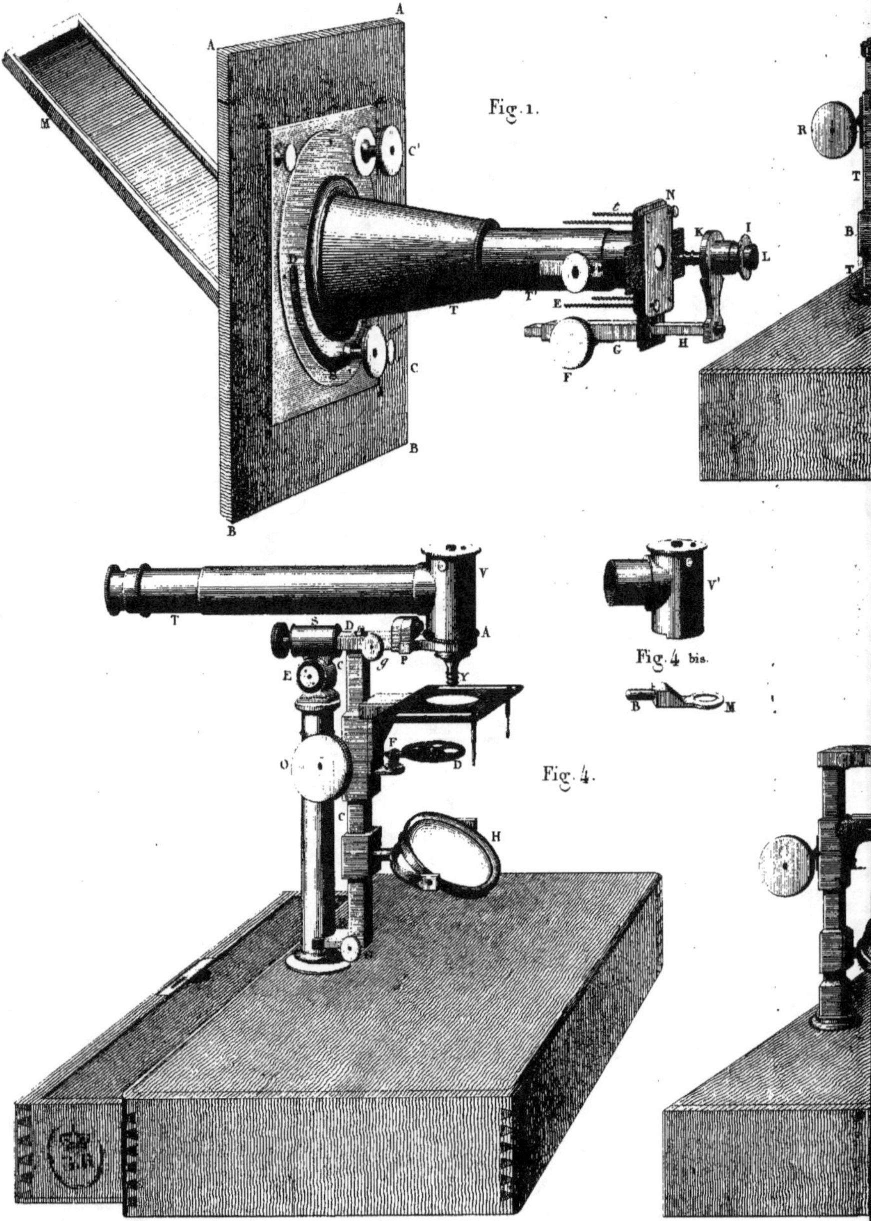
Fig. 1.
Fig. 4.
Fig. 4 bis.
Richom del

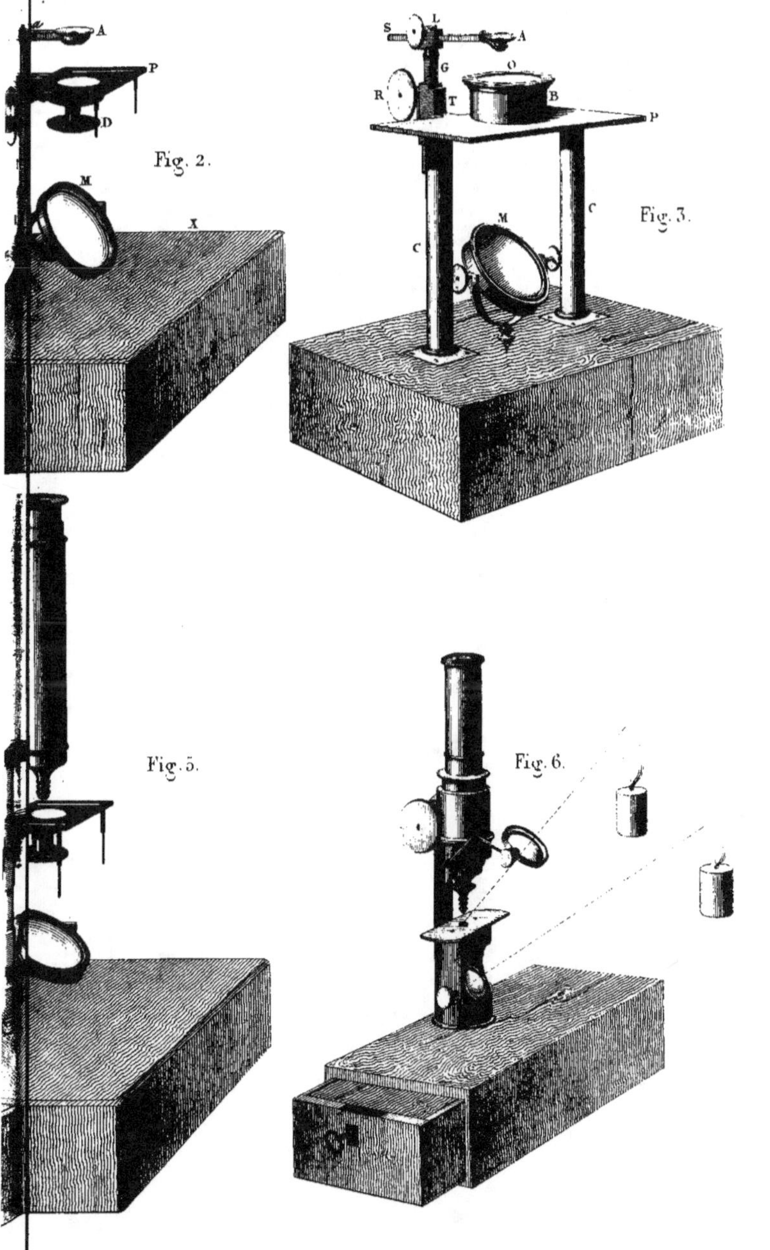

Planche 5.
A
P
D
Fig. 2.
M
X
S
L
A
G
O
R
T
B
P
M
C
C
Fig. 3.
Fig. 5.
Fig. 6.
Petitcolin sc

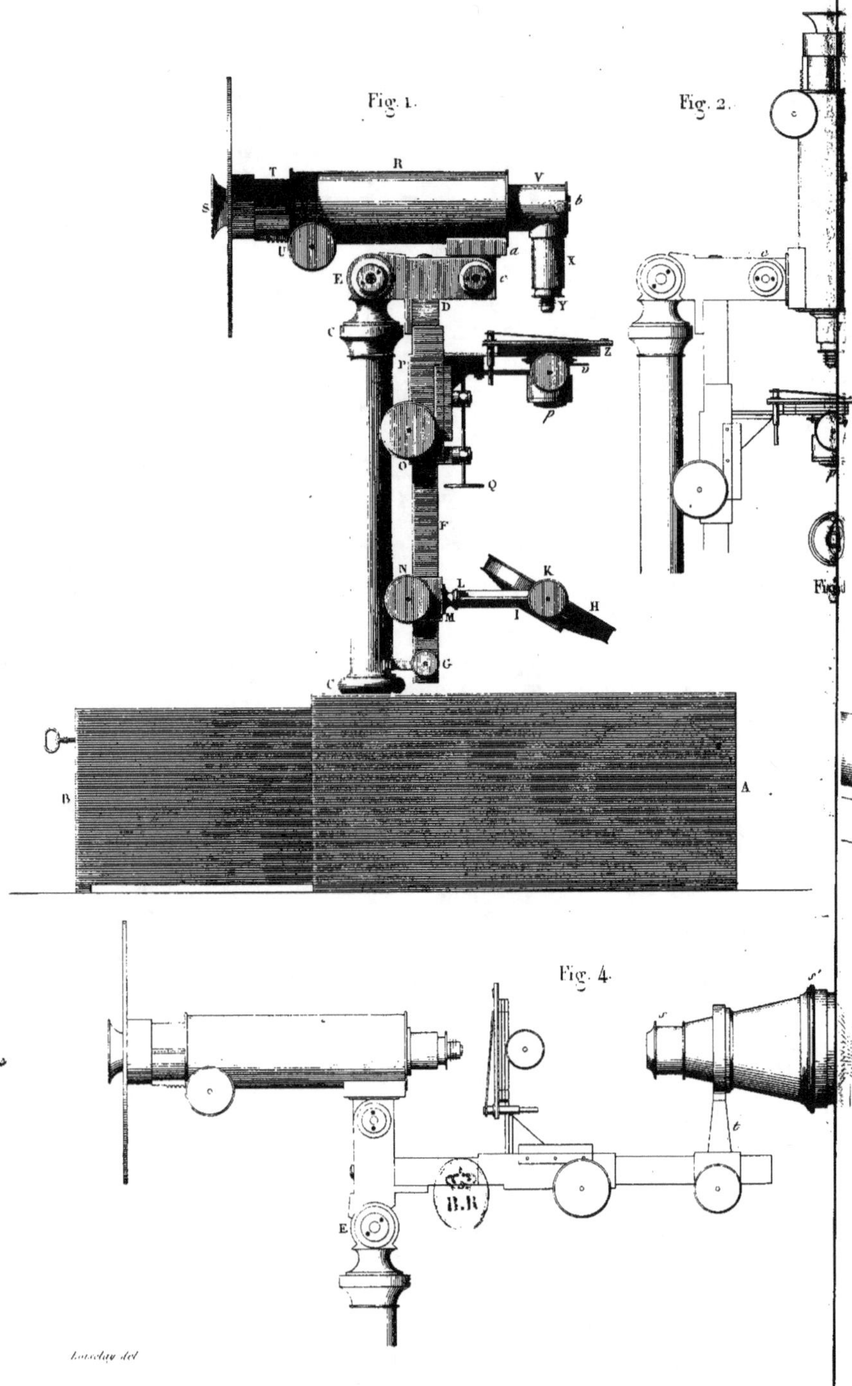

Fig. 1.
Fig. 2.
Fig. 4.
Fig. 3.
Lowday del

Planche 4.
Fig. 3. 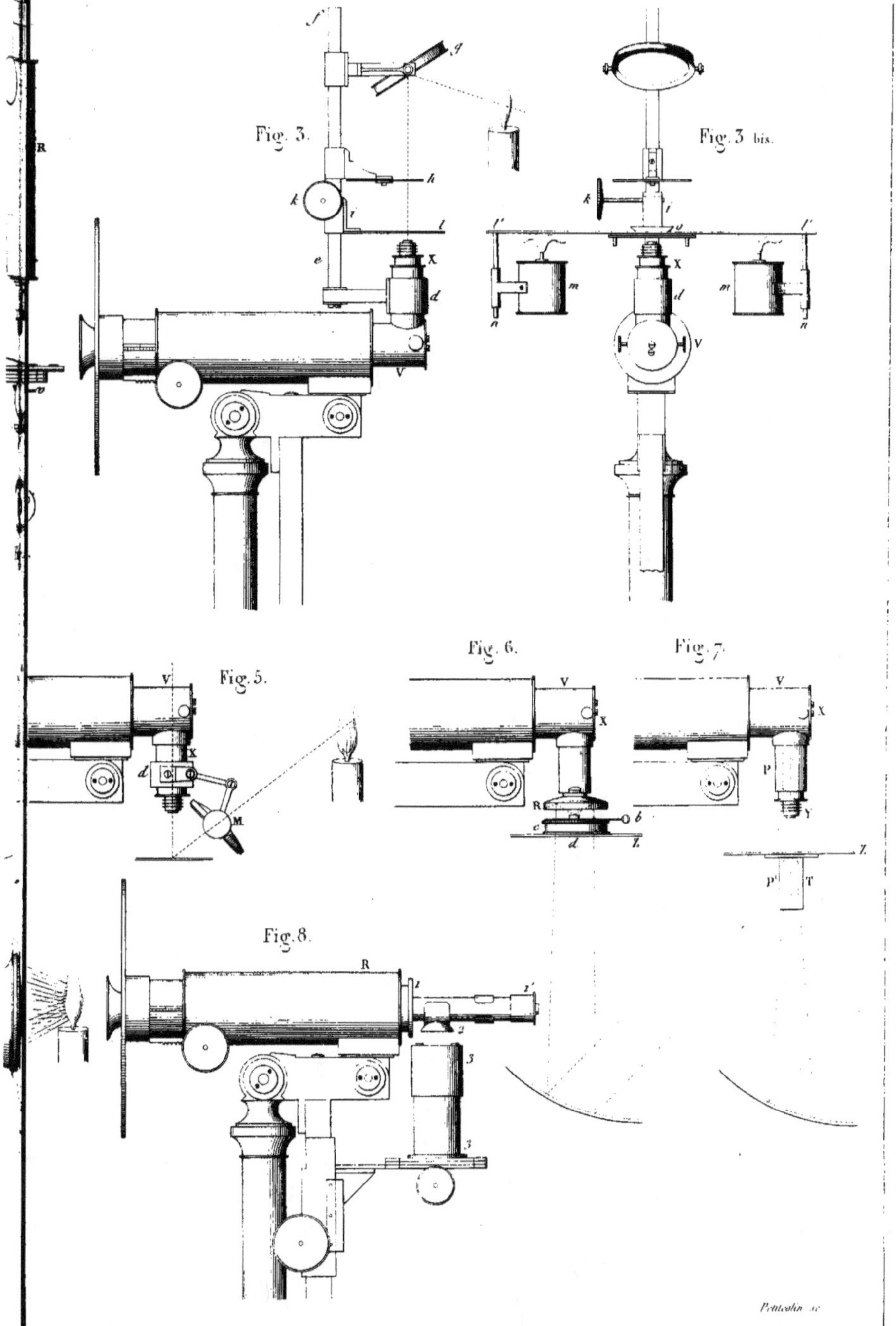
Fig. 3 bis.
Fig. 5.
Fig. 6.
Fig. 7.
Fig. 8.

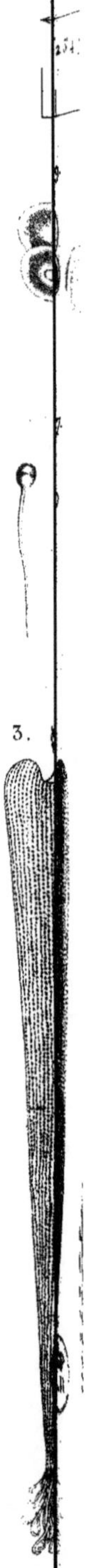

3.
Vaillant del.

Objets d'Épreuve, Étalons
ou
Test-objects.

9 782329 582146